直觉定律

如何正确利用逻辑之外不可忽视的力量

[美] 加里·克莱因　Gary Klein　著

中国青年出版社
CHINA YOUTH PRESS

中青文传媒

图书在版编目（CIP）数据

直觉定律：如何正确利用逻辑之外不可忽视的力量 /（美）加里·克莱因著；黄蔚译.
—北京：中国青年出版社，2017.8

书名原文：The Power of Intuition: How to Use Your Gut Feelings to
Make Better Decisions at Work

ISBN 978-7-5153-4708-0

Ⅰ.①直… Ⅱ.①加…②黄… Ⅲ.①直觉思维—研究 Ⅳ.①B804

中国版本图书馆CIP数据核字（2017）第076827号

The Power of Intuition: How to Use Your Gut Feelings to Make Better Decisions at Work
by Gary Klein
Copyright © 2003 by Gary Klein, Ph.D.
Simplified Chinese translation copyright © 2017 by China Youth Press.
All rights reserved.

直觉定律：
如何正确利用逻辑之外不可忽视的力量

作　　者：［美］加里·克莱因
译　　者：黄　蔚
责任编辑：肖妩嫔　范苗苗
美术编辑：张燕楠
出　　版：中国青年出版社
发　　行：北京中青文文化传媒有限公司
电　　话：010-65511270/65516873
公司网址：www.cyb.com.cn
购书网址：zqwts.tmall.com　www.diyijie.com
印　　刷：北京慧美印刷有限公司
版　　次：2017年8月第1版
印　　次：2017年11月第2次印刷
开　　本：787×1092　1/16
字　　数：290千字
印　　张：21
京权图字：01-2014-5506
书　　号：ISBN 978-7-5153-4708-0
定　　价：58.00元

THE POWER
OF INTUITION

目 录 / Contents

第二章　如何运用直觉

第三章　如何保护你的直觉

示例目录

决策练习目录

图目录

表目录

THE POWER
OF INTUITION

致 谢 / acknowledgments

在写作本书的过程中，我有幸得到了诸多朋友和同事的支持与协助。对于我的思考分析以及本书终稿，他们每一个人都作出了重要贡献。

约翰·施密特，前海军陆战队军官，目前担任部队咨询人员。在本书写作的每一个步骤中，他都不啻为我的关键合作人。我们两人共同为海军陆战队所开展的项目，正是我用于培训直觉决策技巧的根基。约翰审阅了本书各版本的草稿，从概念的层面提出了他正反两方面的意见，而且，他还指出了提升终稿质量的具体建议。不止如此，我在重新撰写本书若干关键细节时，也多次向约翰寻求帮助。我非常感激于他所做的一切，也为我们弥足珍贵的友情而感动不已。

在过去二十年间，我亦有幸在一家赠予我机遇、提升我素质的公司工作，这是其他绝大多数企业都无法做到的。我的四十名同事，自始至终都在为我提供支持、提出批评、设置挑战、并且激发出我新颖的思想——不仅包括学术层面，还囊括了商业层面。

巴兹·瑞德——本人公司的首席执行官——审阅了本书的数版草稿，在我提出问题时，有求必应，对于本书的方方面面都提出了自己的真知灼见。拥有这样一位亦师亦友的同伴，我倍觉感恩。

在过去数年间，若干来自不同组织的朋友为我提供了开设决策工作坊的机会，借此进一步雕琢现有的决策培训方法。他们包括：迪克·巴寇斯，宝拉·希丹思德里克，阿莱斯·迈克康奈尔，吉妮·博勒嘉德，史提芬·布拉特，威尔·海德思利，温蒂·费雷奥，詹妮弗·霍尔托斯以及康妮·基兰。

四位同事慷慨地讲述了他们自身运用直觉决策的实例，他们是：杰瑞·科柏，利亚·狄柏罗，鲍勃·贝克，以及奥莉·马龙。

迈克·麦克劳斯基曾经针对不同人群开展过决策技巧培训，他将自己的经验无私分享给了我。近十年间，拉里·米勒不仅鼓励我寻找培训决策技巧的秘诀，还为我提供了为消防人员开展培训的机会。保尔·范·莱博和托尼·伍德对我的研究充满信心，并邀请我为海军陆战队开发出了一套决策培训项目。帕特·司伟尼针对"如何培训决策技能"这一问题，与我探讨多次，并且提出了若干相关策略，在此谨致谢忱。比尔·柏瑞恩和汤姆·派特兹英格两人帮助我思考如何将直觉决策的思想应用于企业部门当中。

还有若干人耐心地审阅了全部书稿，并且提出了自己的点评意见，因为信任我，他们知无不言、言无不尽。他们是：詹尼·菲利普斯，劳拉·米利特罗，黛比·佩鲁索，丽贝卡·克莱因，戴尔·桑姆斯，以及安·贾巴德。迈克·杜荷提竭尽全力（并且基本上总是能成功）地劝阻我，不要让本书沦为一本针对分析式决策的辩论稿。史蒂夫·贾巴德帮助我审阅了全书中多个具体示例，并且通读了全部书稿。卡尔·维克在本书写作过程中的关键时刻，也作出了突出贡献。

我邀请若干人审阅并且评定了部分书稿内容，并且收到了十分有价值的建议。他们是：肯·博夫，戴维德·嘉文，柏丝·克兰德尔，德瓦拉·克莱因，以及罗博·胡顿。

巴伯·劳，一如既往地对书稿的编辑进行严格把关，发现了诸多令我感到"惊恐"的错误。我与巴伯共事多年，我知道，她总会在关键时刻及时出现。

维罗妮卡·桑格是一位优秀的出版专家，她十分爽快地同意制作本书并且出版发行。有赖于她一如既往的专业素养、能力品质以及工作热忱，我们才顺利地完成了本书的出版工作，对于她的巨大贡献我非常感激。

葛来格·斯莱顿编辑了本书中大部分的图示，而丹亚勒·哈里斯-汤姆森则为我提供了很多图书馆的相关材料。我还要感谢我的经纪人——卡廷卡·麦森以及我的出版商——罗格·肖勒，谢谢他们两个人对于本书理念所给予的协助。我本来非常担心书籍编辑的过程，但是，Doubleday公司的史蒂芬妮·蓝德既是一名优秀的同事，也是一名出色的编辑，能够与她合作我倍感荣幸。

我还要感谢我的妻子海伦。在我因为写书而"心不在焉"的这一年多的时间里，她给予了我充分的耐心与理解。从我刚开始动笔，她就知道自己要面对什么了。尽管如此，她却一如既往地默默支持着我。

加里·克莱因

gary@klein-inc.com

www.decisionmaking.com

THE POWER
OF INTUITION

前 言 / preface

直觉为何如此重要

我本来根本不想去研究"直觉",更不曾预料到自己居然要以此为主题撰写一本书籍。市面上相关的著作汗牛充栋,看似已经能够满足读者的需求了。可是,随着我所开展的实验越来越全面、所阅读的书籍越来越丰富,我逐渐意识到,我必须要写作这本书。以下是事情的来龙去脉:

大概二十年之前,我完成了自己第一个关于决策的研究项目。研究对象是消防人员,他们在工作之中充满了模糊和不一致性较严重的情况,但是,他们却可以在数秒之内,作出举足轻重的决策。作为科研工作者,我们力图探讨个中原因。

我知道,消防人员不会系统性地将所有可能的灭火方式列举出来,再从中进行遴选。因为他们没有那么充裕的时间。我本来预期,他们会构思出两个主要的行动选项,然后将两者进行对比。结果证明我错了。消防人员,尤其是那些经验丰富的老手，某些甚至拥有超过二十年的工作经验，通常仅仅会思考一个行动选项。

事实上，如果亲耳聆听他们的描述，他们会说，自己根本就不会去**思考**任何选项，只不过是迅疾展开**行动**而已。在我们对消防人员所做的访谈中，研究团队成员最常听到的一句话就是，"我们不会作出任何决策。"这让我们目瞪口呆，因为他们明明总是要去作出各种艰难的决策，很多甚至事关生死——但他们自己对此懵然不觉。

这样的结果甚是出乎我的意料。也就在这时，我已经观察到了"直觉"这一现象，只不过当时自己也并没有明确地意识到。事实上，由于数据的模式与预期不符，我甚至还感到些许受挫。尽管我并没有去寻找直觉，直觉自己却主动送上门来。

同事和我起初误认为，这种结果仅仅会在消防人员身上出现，但是，我们马上发现，所有受调查领域内的个体都会运用直觉作出决策。我们由此得出一个结论——人类全部都是直觉决策者。当然，有些人要比其他人更精通此道，还有少数人以此为专长，但不论如何，所有的人都要依赖于直觉。即便是新手，也要高度依赖于直觉的效用，虽然他们这样做的频率不如经验丰富的决策者那样高。

事后回想起来，这些结果并不出人意料。试想我们每一个人每一天在私人和工作领域所需要作出的众多决策，很显然，如果我们凡事都要对每一个决策选项进行认真分析，那么生活根本就无法继续下去。直觉是一种实实在在、力量强大并且深具实效的工具。虽然它间或也存在缺陷，但若离开它，人类就无法生存，更不要奢望出人头地了。

同样重要的是，随着研究的开展，我们逐渐认识到，直觉并非无法解释的神秘天分。我们发现，无论任何领域，一个人只要经验愈加丰富，那么他对于直觉的应用就愈加得心应手。最终，我们了解到，直觉，就是由经验累积而自然生成的副产物。据此，我遂将"直觉"定义为"人类将自身经验转化为行动的方式"。借助经验，我们可以识别出当前正在发生什么（作出判断）以及如何进行回应（作出决策）。由于经验能够驱使我们识别出应该如何行动，因此，我们可以迅速作出决策，无须付出意识层面上的努力。我们并不需要深思熟虑，就能够作出优质的决策。

我仍然记得，起初，"直觉决策"这一说法令我倍感不适。刚开始研究决策时，学者普遍认为直觉这一概念并不科学，所以，当我在专业的学术会议上介绍自己的研究成果时，我会避免使用"直觉"这一术语，以免听众对我的工作嗤之以鼻。即便如此，由于提出决策过程中可能并不需要"比较各可行选项"，我的研究仍饱受争议。我只能在脑中设想，如果大肆宣扬"直觉"这一概念，同行们将会作何反应。

奇怪的是，1995年，我与美国海军陆战队合作开展了科研项目，这让我开始意识到，"直觉"已经不再是不得体的词语了。海军陆战队，作为一个堂堂正正行之于世的组织，可以公开地探讨直觉及其重要性。他们甚至在其《指挥与控制手册》中，引入了"直觉决策"这一术语，并将之与"分析式决策"进行深入对比。海军陆战队资助了我的研究，并且邀请我到其院校进行演讲，因为师生们希望学习如何提升官兵的决策技巧。上等兵对直觉的理念欣然接纳，三星上将亦不例外。他们并不关心术语之争，他们在意的只是如何才能成为一名更加精湛的决策者。既然美国海军陆战队能够接受"直觉"这一术语，那么，我也下定决心，迈出勇敢的一步。

同海军陆战队合作之后，我在描述自己的科研工作时，方才更加从容地使用了"直觉"和"直觉决策"这些字眼。这两个术语可以令我更加透彻地告诉听众，如何提升自身判断事态情境的能力、如何决定采取哪些行动加以应对。

我所定义的"直觉"，是一个特别易于理解的概念。但是在实践中，作为一种技能，它却非常难以掌握。这也理所当然地引出了我的下一个关注点——设计培训项目。假如直觉并非神秘不可解之物，而是由经验累积自然生成的副产品，那么，加速经验获取这一过程就成为了可能。1995年，美国海军陆战队邀请我的公司设计一套决策技能的培训项目，他们对成果相当满意。有鉴于此，海军和陆军马上也建立起了本单位相应的培训项目。洛杉矶郡立消防局也致电本公司，希望帮助他们提升直觉决策技能。提出这一请求的还有美国国家消防学院。

由于针对消防人员开展的研究早在约二十年前即已完成，同事和我遂决定开展后续研究。我们开发出了特别的访谈方法——一种认知任务分析方法，用以细致探查人类在处理棘手事项时如何作出决策。至今为止，通过我们的搜集，数据库中已经积累了一千余项难以处理而且事关紧要的决策案例，涵盖了从"消防"到"重症护理"再到"寻找工作"等七十多个不同领域。我们已经使用认知任务分析方法，开展了一百余项研究，借以理解人类如何作出复杂的决策。

1998年，麻省理工学院出版社出版了我的第一本书籍《如何作出正确决策》。该书描述了确保人类无须进行精细分析即可作出优质决策的一系列能力根基，其中之一就是直觉。其中一节名为"直觉的力量"——指出，人类在掌握直觉决策技巧之后，仅需几秒钟，即可进行决策。我真诚地希望其他学者能够阅读该书，并将其应用于研究生教学之中。

不知是何原因，该书吸引到了媒体的广泛注意。《华尔街日报》对我们的理论倍加赞赏，认为直觉可以成为行动方案合理且可信赖的根据，并且针对我们发表的两篇文章制作了专题报道。《快速企业》杂志针对同一主题，亦发表了长篇文章。《奥普拉杂志》在以直觉为主题的一篇短文中，提及了该书。其他媒体也迅速跟进。自动化机械维修工、民航飞行员、医师、商业高管、软件开发人员以及其他行业的从业者也纷纷发表文章来介绍我们的研究，指出直觉的重要作用。

令我吃惊的是，正因如此，我获得了"直觉研究者"的称号。

由于媒体的广泛报道，陆续有公司致电我的公司，请求我们培训他们的员工，提升其直觉决策技能。为应对此需求，我们开始着手修订原本为海军陆战队所设计的培训项目。鉴于需求持续强劲，最近几年，我们从头开始，专门针对经理及主管设计了培训方法。其中某些部分是对旧有项目的修订，但绝大多数都是全新规划的。虽然仍有部分批评者认为我们无法说明直觉的根基是什么，更别说积极地应用直觉了，但是我现在却坚定地相信，提升直觉决策能力是完全可能的。过去数年之间，同事与我已经陆续开展了数十个工作坊，我们十分荣幸地看到，不计其数的参与者对于我们的思想和方法产生了热忱的回应。在我为某跨国信息技术公司所主持的工作坊上，一位高级主管在工作坊结束之后不到一个小时之内，就将所学到的一种工具应用到了实际工作当中（他使用了本书第七节所介绍的"预演失败法"，借以探查计划中是否存有潜在的漏洞）。

媒体对于《如何作出正确决策》的报道还有一个意想不到的结果——读者希望我再撰写一本关于如何提升直觉决策技巧的书。起初，我对这个想法十分抗拒。以直觉为主题的书已经出版了数十本之多了。我何苦还要多此一举呢？

出于好奇，我开始阅读其他关于直觉的书籍。

绝大多数著作都将直觉视作大自然的神秘力量，并将其与超感官知觉等类似现象联系起来。难怪直觉这一概念的名声如此不堪。另有其他书籍兴致盎然地鞭挞直觉思想，并且列举了种种直觉可以误导人类或者催生谬误的方式。这些书籍指出，我们需要放弃直觉，转而采取一系列分析式方法，以作出判断和决策。但我知道，这些分析式方法在绝大多数场合并不适用。

我读的书籍越多，心情就愈加低落。我担心，如果直觉领域仍然被不切实际的论调所主导、迫使我们彻底放弃对直觉的分析，那么整个直觉课题都将声名受损。假如我们完全听从直觉批评者的观点，那么，我们必将进退失据，一味力图以遵循规则为方式去理解世界，却无法变得更加聪明而睿智、无法积累起丰富的经验。

由此，我认识到，必须写作一本以直觉为主题的书籍，并且将直觉视为经验拓展的自然结果。我竭力在两个误导性的阵营之间开辟出一条切合实际的道路，针对发展并且运用直觉提供实用性指导。

THE POWER
OF INTUITION

第一章

构建直觉的方法

INTUITION
WAYS TO
BUILD IT

·1·

直觉决策：有效而务实的方法

直觉思维是一种神圣无比的禀赋，理性思维则是忠实可信的仆从。我们的社会对待仆从可谓赞赏备至，却将禀赋冷落一旁。

——阿尔伯特·爱因斯坦

直觉：我们也许不相信它，但我们无法忽略它的力量

某些专家鼓励我们去听从直觉的召唤，其他专家则建议我们去压制自己直觉，因为直觉从实质上而言是充满偏误的。乍看起来，我们似乎在这两种观点之间左右为难。所幸，过去十五年间的科学研究已经为我们指明了方向。

为了遵循这个方向的指引，我们必须拒绝左右为难。人类固然不应该完全追随自身的感觉——原因在于它们经常是不可靠的，需要作出修正；亦不

应该去压制直觉——因为直觉在决策过程中是必不可少的，无法被分析或者流程所取代。可见，唯一合理的途径，就是要优化我们的直觉，使它们更加精准，争取为我们提供更加深刻的见解。我之所以写作本书，正是为了提供若干工具和策略，帮助读者提升直觉决策的质量。

让我们再对上述观点稍作更为细致的解释。

我们不能完全追随自身的直觉行事。人类的直觉并不总是完全可靠的。通常它们指引着正确的方向，有时却可令人误入歧途。如果我们总是冲动行事、不计后果，就会陷入到无尽的麻烦当中。许多直觉心理大师的观点看似十分诱人，他们大肆宣扬直觉的魔幻力量，声称每个人内心深处都蕴含着大智慧。这种"直觉魔幻论"认为，人类必须跟内心力量建立起联系，方可借此引领自己迈过生活中的重重坎坷。直觉魔幻论的支持者会说，为了作出最优质的决策，就必须调动无意识的力量。

如果读者希望阅读直觉魔幻论的相关内容，那么本书显然不能令您满意。我写作这本书的动机之一，就是为了提供一种不同的视角，让读者认识到，直觉必须以经验和准备作为坚实基础，方可不断成熟。我相信，直觉的魔幻论观点是弊大于利的。它虽然将"直觉"这一课题带入到公众的视野之中，但却将其与玄妙古怪之事联系起来，使得直觉的名声受辱。

正如前言所述，我将直觉定义为**"人类将经验转化为行动的方式"**。本书的主题，就是"人类如何通过积累经验来构建直觉"。我并不会将直觉视为"超感官知觉"；也并不将其看作天行者卢克所接触到的"原力"。市面上很多书籍都将直觉定义为一种天赋，并且认为"直觉者"是一群拥有特殊感官的非凡之人。由此，这些书的作者也会孜孜以求地教导读者如何依靠自身力量成为一名"直觉者"。与之相反，本书则会向读者介绍如何构建更加丰富的经验，并且更加熟练地运用它们，借以提升直觉决策的质量。乍听起来，这不如能够帮助读者成为绝地武士那样激动人心，但它却更为切合实际。

我并不否认，有时候直觉似乎真的让人感到神龙见首不见尾。但这种错觉的产生原因，在于我们并没有意识到过往经验与这些直觉之间的联系和连接。

举个例子，我曾经研究过诸多身处军事和消防领域的决策者。他们相信自己拥有超感官知觉，有些研究对象还能够回忆起具体的事例，借以支持自己的观点。所幸，我们能够对这些人进行深度的认知访谈，并且成功地发现了他们在从事无比复杂且风险超高的任务当中注意到了什么事物、思考了哪些内容。我们的研究揭示出，这些决策者能够在主观没有觉知的情况下，注意到一些微弱的线索。在重新审视具体事例之后，决策者自己也承认，他们的直觉并不依赖于超感官知觉。类似上述的事例表明，即使是饱经培训的专业人士，也非常容易错误地将直觉归结为一种超自然的心灵力量。

我们都很熟悉一类人，他们似乎无法控制自己的冲动，一旦脑海中有了想法，就马上着手去做，从不顾虑其内在意义和外在后果。这些直觉者通常并不可靠，更不值得我们去效仿。我们不希望自身完全凭冲动行事。冲动和直觉必须通过精妙而理性的分析而实现一种平衡状态。虽然如此，理性的分析却永远不可以替代直觉的地位。

直觉并非是必须被压制的一种错误认知方式。直觉魔幻论催生出了一种对立观点，可惜这种观点同样无所助益。具体而言，部分素享盛名的决策研究者对于直觉这一概念嗤之以鼻。此类学术视角的观点，往往执着于"直觉导致错误"的事例。由此，直觉批评者建议，我们应该抑制自身的直觉，并且代之以缜密的分析。这一建议几乎和完全依赖直觉一样糟糕。的确，分析其存在作用，直觉也并不完美，但是，用分析完全去取代直觉则不啻为一个大错误。

近数十年以来，诸多研究者根据决策支持技术的最新进展，争相呼吁应该在决策过程中加入更多的分析成分。这些呼吁并非植根于科学研究，而是来自于私人信念，因为，支持"在学习如何以分析代替直觉之后，决策质量将得到提升"的证据凤毛麟角。相反，大量的证据表明，上述建议只会使决策质量更加令人不满。有科研数据指出，当人类忽略直觉的作用时，决策的质量会有所下降；当人们学习了决策分析之后，决策质量同样会下降。事实上，在个体开始着手进行分析之前，决策就已经以无意识的状态完成了。将这一过程外显地表述出来，只会使决策结果更加不可信赖。越来越多的证据表明，不信任或者没有能力信任自身直觉之人，其决策质量更低；而且，只要他们顽固地拒绝直觉，决策质量就不可能得到提升。试图以分析代替直觉的举动，非但徒劳无功，而且会适得其反。

人类直觉的基础，是逐渐累积并且不断汇总的经验，而非魔力。所有的决策都离不开直觉的作用。赫伯特·西蒙因其在决策和问题解决领域的建树，于1978年荣获诺贝尔奖。他提出了"有限理性"这一概念，认为单纯通过收集并且分析数据不可能完成重大的决策。数据永远无穷无尽，其组合方式更加不可胜数。决策越复杂，事情的复杂程度也就越递增。

相反，优秀的决策依赖于人类的直觉，而且，直觉的体现方式，恰恰是我们多年来通过学习而熟识的事物模式以及对其的实践。没有这些模式和实践作为根基，决策者注定束手无策。单纯使用分析方法也无法作出正确的决策，即使采取最精妙的算法策略、最先进的电子计算机、输入最全面的数字，也无法改变这一事实。这些只适合有经验的决策者应对有限的、游戏式的任务（如下棋），而且工作量极大。数据分析是直觉的重要补充成分，但在商业决策、职业决策和政治决策中，却无法取代直觉的作用。

在这里举一位我所认识的前高管的例子。这位高管是一家大型机构的领导者。他以精巧的计算而著称，一路获得提升，最后，上级委派他负责一家公司分部的运营。这时候，所有同事才意识到，他细致入微的精妙计算竟然也存在消极面——那就是，他不愿意运用自身的直觉去作出决定。他不得不收集越来越庞杂的数据；他在每一种情况下都必须权衡利弊；他不得不加班加点工作，拼命挣扎，把自己的属下也折磨得筋疲力尽。他从来没有拖延完成重要任务，但是，其日常工作中的"不决策"，却导致公司士气低迷，错失掉不少宝贵的机会。在长达十年错误百出的管理工作之后，他退休了，同事和员工都很庆幸自己终于解脱了。随后，却传来不幸的消息——他被诊断患前列腺癌。幸运的是，现代医学科技已经发展出了针对前列腺癌的多种治疗方案。但不幸的是，病人必须在这些方案中决定自己要采取哪一种。我写作本书时，距离这位朋友被诊断癌症已达十个月之久，这位前高管却仍未能决定选择哪套方案。原因在于，他每天都在不停地收集数据，衡量各个选项的利弊。

质疑直觉的研究者指出，他们当然不甘心为了直觉决策而拿自己的生命安全去冒险。只不过，在某种程度上来说，他们每天都在做着这件事。每当白细胞接触到新异的实体时，免疫系统都会持续性地作出决策。这个新异实体安全吗？它是否具有威胁性？让它顺利过关，还是拉响警报，启动免疫反应呢？这些微小决策的基础，是模式识别，而非分析。年纪较轻的儿童，由于与疾病相关的经验根基较为浅薄，因此并不具备应对威胁的免疫细胞模式或者能力。随着他们年龄渐长，经验根基日益强健——他们感冒的次数越多、他们经历的风寒越严重，他们免疫系统的变化也就更加明显、反应更加敏捷。可见，人类的免疫系统也会作出决策。有时候，它还会作出错误的决策。某些人饱受过敏的困扰。还有些人则苦闷于自身免疫系统的反应太过迟钝。尽管如此，我仍然不认为这些"免疫–反应"决策应该通过有意识的、分析式的方法去进行决断。我们当然不希望白细胞只要遇到一小块未知的细胞碎片，就向机体发出警告、请求指示，打断我们的日常生活。有意识的分析决策，并不会提升免疫系统的效能。尽管人类的免疫体系存在疏漏之处，但其速度和精度却绝对是叹为观止的——其表现水准要超过任何医学实验室的等级。尽管某些科学家奉劝人类不要相信直觉，但是，每一个人却都要依赖于免疫系统进行直觉决策的能力。

时至今日，即便在决策研究者当中，直觉批判者也属于少数群体。丹尼尔·卡尼曼是（继赫伯特·西蒙之后）第二位赢得诺贝尔经济学奖的行为决策研究者，在2002年发表获奖感言时，他提及了直觉与分析之间的相互联系。与持极端观点者不同，卡尼曼对于直觉与分析采取了一种较为平衡的观点，这也与我在本书中所持有的立场相类似。

我自己的体验是，相对于直觉批判者的立场，卡尼曼的观点如今更加具有普遍性。过去数年之间，我与多名决策研究者进行过交流，亦曾在芝加哥大学、密歇根大学、卡耐基·梅隆大学、普林斯顿以及其他研讨会上介绍过自己的研究成果。我发现，绝大多数听众都能够平和地接受我的观点。每一次参加学术活动之前，我都做好了与他人进行争辩交锋的准备。会议结束之后，我却结交了很多新朋友，认识了诸多志同道合之辈。十到十五年前，这种情况是不可能出现的。我推测，由于基于经验的直觉优势明显，令研究者受益颇多，因此，反对直觉的极端立场如今已经不再具有普遍性了。数十年来，美国陆军都一直在采用一套繁琐的决策策略，注重于细致分析所有可行的选项。但是，2003年，在其官方发表的全新原则声明中，对于直觉决策采取了认可的态度，这并非巧合。我发现，这一改变在某种程度上也肇始于我自己所开展的直觉决策研究。同样并非巧合的是，在《哥伦比亚事件调查委员会报告》发表之后，我们即与美国国家航空和宇宙航行局开展合作，强化该局项目经理的直觉决策技能。

我的观点相对而言更加中立。以弗吉尼亚大学的蒂姆西·威尔逊为例。他搜集到的大量证据表明，当人们全部依赖于分析进行决策时，其效果反而次于仅凭直觉作出判断。譬如，蒂姆西及其同事曾经邀请人们预测自己的爱情将会维持多长时间。某一组参与者需要列举出感情走向的具体原因，另外一组则不需写下任何原因、仅凭直觉作出判断即可。结果发现，后一组的预测结果更加准确。分析原因的那一组扰乱了自己的情感官能，因为他们过度强调了那些最容易用文字表达出来的感情层面，或者只纠结于自己对爱情的粗糙理论而无法自拔。

威尔逊敏锐地指出："无知"的直觉和"有知"的直觉之间存在着差异。

他并不赞成人类仅凭冲动行事。为了发挥出直觉的效力，我们应该在"有知"直觉的基础之上，进行决策。

仅仅认识到直觉的重要性还只是起步。人类应该如何令自己的直觉更加犀利呢？我在工作坊中，经常见到雄心勃勃的经理人员，他们渴望知道具体可行的方法。这些内容在商学院亦不会讲授，因为教材上到处充斥着"分析方法优于直觉"的陈词滥调。

位于前方的直觉之路。以下是本书已经说明的观点：我们需要直觉——由于直觉存在缺陷，因此需要与分析相互平衡——但是我们不能用分析代替直觉。正因如此，如欲作出更加优质的直觉决策，比较明显的一种方法，就是要提升直觉的质量。

这是其他方法所无法替代的。

这也是本书的关注点所在，亦即"为了向读者提供实现高质量直觉的策略"。我们可以将直觉视作可以获取的一种技能，视作可以通过构建丰富的经验根基并且善加运用而得到拓展的一种力量。我们对于情境的理解越为透彻，我们的直觉也就更加优异。读者可将本书视作一本直觉练习指导手册加以阅读。我们练习得越为充分——重复次数越多——我们也就更加强健有力。随着我们掌握的模式更加多样、策略内容更加丰富，直觉决策的质量也就更加喜人。

领导者知道，在作出艰难决策时，必须依赖于自身的判断和直觉。但却无人可以指导他们如何作出可靠的决策。他们或许并不清楚，在精确的直觉决策背后，实际上蕴含着一门科学，而且，它是可以通过培训而加以掌握的。正因如此，直觉决策的工具和策略才愈加显得必不可少。

人类的判断技能不会自然而然地得到提升，恰如慢跑运动员的进步不可能一日千里一样。假设运动员平时训练的节奏是每九分钟前进一英里，那么，他很难一跃而至每七分钟一英里的水准。这种进步需要付出心血和努力。同样，优秀的消防人员和经验丰富的高管们所具备的判断能力，亦需要付出心血和努力才能获得。他们一点一滴构建起来的经验根基，可以确保自身准确把握眼前局势并了解如何应对。

尽管存在缺陷，我们却仍然需要依靠直觉。因此，关键的一点，就是要将其发展成为可靠的工具。以锻炼身体为例，如果简单地花费时间去进行运动，"反复"做几组动作，也会取得一些成果。但是，如果运用恰当的策略，则可能更上一层楼。这就意味着，个体需要持续不断地挑战自己、作出艰难的决策，坦诚地评价这些决策、从中吸取经验教训，积极主动地构建起经验根基，并且学习如何将直觉和分析结合起来。随着能力的提升，个体能够观察到很多先前所忽略掉的事物，只有对这一点多加重视，方可掌握恰当的策略。

如读者所见，这本书并不会兜售所谓的"灵丹妙药"或者"成功秘笈"。书中没有妙语警句，如"跟着直觉走"；没有能够占卜正确决策的咒语；更没有什么神奇法则，譬如在一整套评价维度之上比较一系列行动选项。书中也没有提升决策质量的捷径。不过，我相信，只要足够重视，我们可以更迅速地提升自己。对于我所提供的一整套工具，读者若能善加运用，那么无论在任何领域，都可成为一名更加优秀的直觉决策者。

据我所知，采取如此脚踏实地路线的直觉相关书籍，仅此一本而已。至此，读者或许在暗忖：强化直觉的策略既然如此明显，著书之人又何必如此大惊小怪呢？这是因为强化直觉这一概念，对于那些持有直觉魔幻论的拥趸而言并不明显；对于那些提倡人类应该压抑直觉的顽固分子而言也是如此。即便是那些深刻领悟直觉之重要性的论者，也并没有提出实现高质量直觉的策略。不必再进行无意义的争论了——哪条途径才是正确的，直觉还是分析（"永远要相信自己的直觉"抑或"永远不要相信自己的直觉"）。我们可以看到，两者皆必不可少。真正的挑战并非是否能够相信直觉，而是如何强化直觉，令其更加值得信赖。

如何构建、运用、保护你的直觉

本书的总体目标是帮助读者强化直觉决策技能，以便读者了解如何安全、可靠而且高效地运用直觉。为此，本书涵盖了一个直觉训练项目，旨在帮助读者更加迅速地发展出高效的直觉，更加合理地运用洞察力，并且巩固自身的直觉。为了获取更加优秀的直觉，并非只能被动地等待经验的累积，读者也可以遵循若干步骤，加速这一进程。你的职业发展可是时不我待之事。

本书包括三大部分，其主旨各有不同。

第一章——构建直觉的方法（第二节至第五节）。这一部分将帮助读者逐渐理解直觉的涵义，借此指出构建直觉的方法。读者可学习到若干方法，从而提升直觉决策的技能（详见第四节），并且理解如何将直觉和分析融合起来（详见第五节）。

第二章——如何运用直觉（第六节至第十二节）。读者将学习如何在工作环境中更加高效地运用直觉。这几节所提供的工具可以帮助读者运用直觉进行决策，这些工具包括：发现问题，管理不确定性，评估情境，创新工作方法，以及改良旧有方法。

第三章——保护你的直觉（第十三节至第十七节）。工作中难免遭遇重重阻碍，因此，捍卫自身的直觉决策技能就显得尤为重要。这几节重点介绍如何更加有效地沟通直觉决策内容，如何训练他人成为富有经验的直觉决策者，怎样充分运用数据——定量数据以及在面对推崇分析式思维、贬低直觉的基于计算机之信息技术时，如何审时度势、捍卫自身决定。

利用直觉成为职场赢家

本书适用于任何需要在工作环境下进行决策之人。该书适用于组织领导者，因为他们需要在巨大的风险下作出正确的决定。同时，它还适用于不断进步的职场人以及处于两者之间的群体。

高级主管人员应该对直觉感兴趣，因为那就是他们手中交易的股票，也是其他人前来征询指示的原因所在。高级主管应该能够以火眼金睛识别出问题的早期征兆及潜藏的机遇，无需搜集到所有的相关数据或完成全部的计算。他们数十年的丰富经验，足以转化为作出重大决策的坚定信心。主管们在坚守自身直觉时同样要面对压力。总会有人针锋相对地告诉他们，世界已经发生了天翻地覆的改变，老一辈的专业知识大部分已经陈旧不堪了。他们被批评为因循守旧之人，总是抓住旧有范式不放手。有时候，他们不得不解释为什么自己的想法与数据分析的结果有所差异。如果高级主管无法理解自身直觉的来源；如果他们无法分辨直觉什么时候会引人误入歧途；如果他们无法说服他人严肃对待自己的直觉，那么，他们或许就会感到左支右绌，难以树立应有的威严。

直觉对**中层管理人员**而言也属于必须之物，因为这是让他们在同侪中脱颖而出的法宝之一。他们厘清情境、顾全大局的能力，或许能够决定自己将来究竟是能够承担更艰巨的职责，还是花费十到二十年的时间困在工作的死胡同止步不前。只要直觉足够精准，他们就可以成为一个组织内部的"大拿"——其他人遭遇难题时，会向他们寻求解答。

新入职人员同样需要重视发展自身的直觉，因为他们暂时还不具备太多值得信赖的直觉。他们面临的挑战在于如何尽可能迅速地构建起直觉决策技能。这一点不仅适用于刚刚从学校毕业的大学生，也适用于跳槽到新公司、担任新职务的职场人。新入职人员所接受的直觉能力培训极少，甚至完全没有。正因如此，职场"新人"或许会挣扎、受挫，并且养成不好的习惯，沾染上消极的态度。

在那些鼓励员工强化自身直觉的组织中，工作人员往往更加富有自信，适应能力亦更强。在很多情况下，雇员之所以被限制在自身职责范围之内，恰恰是由于他们无法看到所需直觉的发展路径。我曾经采访过一家《财富》五百强企业内部的高级信息技术人员。她吐露了一个秘密，公司曾经提升她到另一个部门工作，但是她拒绝了，因为该部门的人员对于某新型电脑系统的经验比她丰富得多，她无法想象自己应该如何施加领导力。正因如此，她仍然退缩到自己旧有的岗位之上，而她的公司也失去了培养一名新管理人员的宝贵机会。对于自身能力欠缺的顾虑真是太普遍了。为此，公司应该为表现优异的雇员提供培训，帮助他们在新领域内迅速取得进步。

上述三组人员——高级管理人员、中层管理人员以及新入职人员——都可以从本书当中有所获益。阿尔登·林最近在《哈佛商业周刊》上撰文指出，职场人在组织中所处的层级越高，他们对于直觉的需求也就越为迫切。我相信这句话是正确的，但我同样知道，直觉不是凭空而来的。新入职的人员需要着手开始发展直觉技能。中层管理人员需要拓展并且应用自身的直觉技能。而高级主管则需要巩固自己的直觉技能，并将其传给传递给下属，而不是单纯地抱怨某些下属天资聪颖、举一反三，有一些则资质愚钝、不可救药。

所有这些成就的基础，在于充分了解直觉的定义及其运行原理。长久以来，直觉都被误以为是"罕见的巧合"和"侥幸的猜测"。现在，我们应该严肃对待这一问题了！

直觉的效用

我认为，如果不发展自身的直觉，就根本不可能有效地作出决策。为了说明直觉为何如此重要，我选取了一件事例，对比两位护士在面对同样的危急情况时的表现。其中一位护士已经发挥出了精湛的直觉决策技能，另外一位则还处于学习这些技能的过程中。

在事例中作出决策的护士就职于新生儿急救护理中心，该特护病房负责对健康情况堪忧的婴儿进行不间断地观察与护理。

护士的直觉为什么如此准确

新生儿急救护理中心里的婴儿大部分都属于早产儿。某些婴儿的体重还不到一英镑，很多孩子的呼吸系统、循环系统或者免疫系统发育不良。

每名婴儿都放置在一个不足月婴儿人工抚育器或者医用摇篮中，他们身上全都黏合上了各种导线，接通到旁边的数个监视器之上，显示婴儿的心率、血压、呼吸、血氧水平以及其他关键体征数据。营养物质通过静脉营养方式进行供给，或者使用滴管直插入食道、直通胃部，传送营养物质。抚育器内还配有恒温器，负责精准地控制温度。

新生儿急救中心内存在的一个严重威胁，就是感染。家长在探望和抱孩子之前，需要对双手到手腕的位置进行五分钟的手术清理。中心内部严禁儿童进入，因为他们接触到的细菌过多，很容易传染给婴儿。

来自爸爸妈妈、哥哥姐姐、表亲和其他成员自制的祝福卡片和照片，通常都会粘贴到抚育器的玻璃外壁上。抚育器内还会放置小小的橡胶玩具，譬如米老鼠或者小熊维尼的玩偶，用以陪伴婴儿。但是这些玩具必须事先由护士进行消毒，因为玩偶表面通常都含有大量的尘螨。

进食量必须进行的严谨的计算。显然，喂食的目的是为了帮助婴儿成长，但同样重要的是要确保体重的增加不致超过心脏与肺部的承受能力。不只营养摄入需要经过仔细地衡量，排泄物亦不可轻忽。每一块尿布都需要称重以监测婴儿的新陈代谢。新生儿急救中心的特护病房内，基本上所有的事物都要受到持续地监测和调整，在这些脆弱的人体系统上维持岌岌可危的平衡状态，直到婴孩的成长达到可靠状态为止。

每天的工作都要异常严谨、按部就班地完成。医师每日必须采取血样以进行常规测试、开展声谱记录程序、实施呼吸疗法、或者开出药方。不过，主要负责第一线工作的，还是新生儿急救护理中心的护士们。他们需要实施医师所确定的治疗方法，监控婴儿的身体状态，并且对婴儿体征发生改变的信号随时保持警惕。

鉴于婴儿处于极度脆弱的状态，很多问题都可能出现，而且几乎每个问题都会严重危及到这些小生命的延续。最常见也是最严重的一种危险情况，就是败血症，这是一种系统性感染，会侵蚀到婴儿的循环系统。败血症足以致命，尤其对体重较低的婴儿而言更是如此。早产儿从降生之时起，其免疫系统即发育不良，非常容易受到败血症的侵害。对抗感染的第一道防线，就是婴儿完整的皮肤以及黏液细胞膜，可惜在新生儿急救中心，这第一层防线已经被静脉营养装置、导管以及其他侵入式医疗器械破坏了。通过血培养可以检测到败血症的出现，但是，这一检测需要花费二十四小时的时间，在此期间婴儿很有可能已经受到严重的感染，无法救治了。败血症发作的同时，婴儿身体还会发生其他一些微妙的改变。因此，护士对于这些微小改变的识别能力，就是尽早发现败血症并且开展相应治疗的关键之所在。新生儿急救中心的护士们必须时刻警惕这些信号的出现，以防止婴儿受到感染。

某些婴儿仅会在新生儿急救中心呆上几天时间；某些不得不住上几周甚至更久；还有一些婴儿则不幸离世。护士们必须正确面对这一现实。

有些护士认为上述挑战和他们的使命非常光荣，并且将新生儿急救作为自己毕生的事业。尽管如此，多数新入职新生儿急救中心的护士们往往坚持不到一年半的时间，即会进入工作倦怠的状态。照顾这些危在旦夕的小生命，其复杂程度以及无法排遣的巨大压力令他们不堪忍受。

达琳就属于非常适应于这一环境的典型代表人物。在下述事件发生时，她已经晋升为新生儿急救护理中心的助理临床协调师。这意味着除了完成中心的日常工作之外，她还要负责培训、指导以及工作质量检测等任务。达琳拥有护理学的理科学士学位。她全部的护理经验都着眼于婴儿，而她供职于新生儿急救中心的时间已长达六年。

琳达同样是一名经验丰富的护士，但是，她刚来到新生儿急救中心任职，因此仍然属于被培训人员。她已经完成了新生儿急救中心的初期培训，并且开始在本楼层轮班，接受达琳的一对一指导，不过她们要负责照看不同的婴儿。两个人如此配合工作已经持续两个月的时间了，到了这一阶段，达琳对于琳达更多的是监督而非指导。

直觉拯救危险中的婴儿

琳达主要负责一位女婴——梅丽莎。按照新生儿急救护理中心的标准来看，梅丽莎并不属于特别严重的病人。梅丽莎是一个早产儿，跟新生儿急救中心内的其他婴儿一样身体孱弱，但是她并未罹患任何严重的疾病。只需略加护理，她即可脱离危险状态。她并没有被安放在通风装置内。她能够摄入少量的婴儿食品——每次至多两盎司，在喂食的时候她年轻的父母甚至可以抱着她。她的体重亦逐渐提升。所有的迹象都表明，她马上就要成为一个健康的小宝贝了。

某日清晨，琳达和达琳马上就要平稳地交班了。所幸，没有任何紧急情况出现。如果说有什么异常现象的话，那就是梅丽莎并未像平时那样大哭大闹。或许，这是她身体健康情况好转的迹象。病房里面静悄悄的，除了护士和婴儿，空无一人。和大多数来访者一样，梅丽莎的父母经过一晚的看护，疲惫不堪，回家休息去了。病房的灯光被调暗，只剩下每个工作台上开着的一盏台灯，供护士们工作使用——主要包括一些常规工作，如量取体温、更换尿布、喂食、喂药、记录监视器数据以及根据医师所制订的标准调整仪器设置等。婴儿监视器不时会发出一声声的警报，不过基本上都是错误警报——通常是由于线路变松导致数据传输受阻而引起的。此时，护士就会及时出现，冷静地分析情况，并且重新调整监视器参数。偶尔会有婴儿大哭大闹，这时候护士就会积极回应。除此之外，病房内部都是静悄悄的。

在梅丽莎按照既定时间进食时，她看起来有些昏昏欲睡，不过这个时间又有谁不犯困呢？琳达先前一直在定时给梅丽莎测量体温，结果发现有几次的读数偏低，不过尚处于正常范围之内。为了让梅丽莎舒服一些，琳达在发现体温偏低之后就会调高抚育器的温度设定。接近换班的时候，一位医师过来进行常规的采取血样以供后续分析。采血所使用的是足跟刺的方法，会在梅丽莎的脚踝部位留下一个小小的针眼。医师在针眼上贴了一块小小的彩色创可贴。假如医术精湛，那么足跟上的针眼在采取血样之后几乎能够马上愈合。如果手法粗糙，那么针眼则有可能流上几分钟的血。梅丽莎的足跟针眼流了一点点血，在创可贴上形成了一块深颜色的血渍。

梅丽莎属于琳达的病人。达琳与琳达曾经讨论了几次这个孩子的病情，但是到了这个阶段，达琳已经不再定期地来检查梅丽莎了。

未曾想，接近换班的时候，达琳走过梅丽莎的抚育器时，她的目光竟被吸引住了。用她后来的话说，这婴孩"就是有些地方看起来不正常"。不是什么大事，也没有什么明显的表现，但她认为梅丽莎"看起来并不健康"。达琳走过去，仔细观看，终于注意到了具体的细节。她发现，足跟上的针眼并未停止流血。对达琳来说，梅丽莎看起来有些"气色不佳"，而且"生有斑点"，不止如此，她的肚子看起来亦略显肿胀。尽管每一名婴儿的肤色和身形都各有不同，达琳也并不了解梅丽莎的正常状态是怎么样的，但她还是注意到了上述细节。快速的外科检验发现，梅丽莎的胃中还存有异常大量的残留食物，这导致了腹胀的出现。达琳检查了梅丽莎的数据图，她注意到，孩子的体温在她们值班期间持续地呈现出下滑趋势。她把琳达叫过来，询问她梅丽莎在两人值班期间是否显得缺少生气。琳达回答："是的。"之后，达琳迅速冲到电话旁边，叫醒了值班医师。

"我们有一个孩子的情况非常危险，"她说道。她又详细解释了具体症状表现。医师赞成达琳的观点，他也认为梅丽莎状况危急，因此他迅速申请了抗生素和血培养。二十四个小时后，血培养结果表明：梅丽莎的确患有败血症。倘若他们注射抗生素的时间再晚一些，即使知道了血培养的结果，也可能无济于事了。

故事有了一个好的结局。多亏经验丰富的护士凭借直觉意识到孩子"看起来并不健康"，梅丽莎才得以存活下来。

直觉：穿透表象，直击本质

起初，达琳怀疑琳达没有识别出败血症的典型症状——这些症状都特别明显。在两人共事如此之久后，她本来认为琳达可以识别出这些征兆。

事实上，琳达**已经**能够识别出所有单独的症状了——可惜，绝大多数症状都能够用多种方法给予合理的解释。

琳达注意到了梅丽莎的体温呈现出下降趋势。但是，由于体温从来没有下降到正常范围之外，所以，琳达每次的处理方法都是调高抚育器的温度，连续调升了四次。与之相对比，达琳凭借自身的经验，则意识到体温的下降即意味着婴儿无法维持核心温度——这是机体处于某种应激状态的标志。

琳达知道足跟的针眼在流血，但她并不知道正常婴儿的止血时间有多长。除此之外，流血也有可能是医生的操作手法过于草率而导致的。达琳则认识到，持续性的流血同样属于一种危险的信号。

琳达注意到了梅丽莎看起来"犯困"——她并没有称其为"昏昏欲睡"——不过她认为婴儿们的睡眠时间一般都比较长。

她能够识别出肿胀的腹部和长斑的皮肤——这或许表明皮肤的血液供给已然停止——但这是在经过别人提醒之后的事情。最开始，她并没有意识到这些线索存在什么重大的涵义。按照琳达的经验，中心内的婴儿经常由于不明原因而出现肤色加深或者变浅的现象，而且，随着他们的消化系统逐渐成熟，腹胀的出现亦属于意料之内。与之相对比，达琳则注意到了梅丽莎皮肤上呈现出淡淡的橄榄色，并将其作为感染的征兆。琳达能够看出肤色的改变，但对于其重要性则不甚了了。

如此看来，单独的症状表现并不重要，将其以特定的方式结合起来才是问题的关键所在。琳达能够发现所有的征兆，但她无法将其整合为对事物的宏观描述。

在接受我们访谈的过程中，达琳指出，败血症的表现很难确定，"除非你亲眼所见"。

我们通过研究发现，达琳是新生儿急救中心内一名典型的经验丰富的护士，她能够在采取血样进行测试之前，就探测出早产儿罹患败血症的事实。正是由于可以提早注意到败血症的表现，护士们才能尽早开展治疗，挽救婴儿的生命。某些线索在先前发表的医学文献中亦有所提及，但是，这些护士们所能够识别出的大多数线索，都并没有被前人所发现（事实上，我们的研究成果之一，就是为新生儿急救中心的护士编撰了一本败血症手册）。

如何让直觉变得更加高效

达琳仅仅看了婴儿一眼，她的直觉就告诉自己，梅丽莎并不健康。此种直觉的本质是什么？读者可以在本书的第三节"我们的预感从何而来"中寻找到答案。

有赖于多年的工作经验，在护理过多名如同梅丽莎一样的婴儿之后，达琳方才发挥出了自身的直觉决策技能。读者可以阅读本书的第四节"直觉技能训练：加快你的学习曲线"，从而了解相关技巧，迅速提升直觉技能。

达琳并没有单纯地依赖于自己的直觉。她还针对自己就梅丽莎所作的判断，寻找正面及反面信息。读者可阅读本书第五节"使用分析支持我们的直觉"，学习如何将直觉和分析结合起来。

达琳认为事态紧急，需要给梅丽莎注射抗生素。她所使用的是哪种类型的决策过程呢？请参照第六节"如何作出艰难决策"。

达琳的直觉使得她可以将目标对准在威胁梅丽莎生命安全的败血症之上。阅读过第七节"如何在问题失控之前未雨绸缪"后，读者将会了解怎样凭借直觉发现潜在问题，将局面保持在可控范围之内。

达琳知道应该向琳达询问哪些数据，又应该忽略掉哪些数据。她并没有在申请测试之后再去打扰医师——恰恰相反，血液检测的结果还没有出来，她就已经打电话给医师让他带抗生素过来了。读者可阅读第八节"如何管理不确定性"，了解如何运用直觉管理不确定性。

数据搜集完毕之后，达琳认定梅丽莎的健康状况堪忧。第九节"如何评估情境"描述了如何运用直觉厘清事件的意义。

达琳本以为她为琳达所作出的指导已然绰绰有余了。结果却并非如此。读者可阅读第十三节"执行意图：如何沟通你的直觉"，了解如何有效地传达自身的直觉。

达琳和新生儿急救中心的其他护士都表示，医学检验的主观本质使得新护士很难掌握它们。护士们很难使用详细而精准的术语，来描述她们在直觉层面所注意到的一切。读者可使用第十四节"指导他人发挥出强大直觉"中所提供的指导原则，协助下级迅速成长。

达琳并没有被数据记录而误导。她研读了梅丽莎体温读数的发展趋势，并且重点观看了进食示意图，结果发现梅丽莎并没有完全消化掉胃中的食物。读者可采纳第十五节"克服数据问题"中所提出的建议，运用自身直觉主动地解读数据，不可如琳达一般被动地接受。

达琳深知，不可完全依赖于监控仪器，如欲作出正确诊断，必须要亲自查看婴儿的状态。为了避免成为信息技术的奴隶，请阅读第十六节"聪明的科技或许会令人类变得愚蠢"。

·3·

我们的预感从何而来

读者还记得院校中关于"如何正确地作出重大决策"的课程内容吗？按照标准的教材内容，在作出决策之前，应该透彻地分析问题，列举出所有不同的行动选项，再根据一套普遍适用的标准衡量这些选项，评定每一选项在每一标准之上的得分，进行数学运算，然后将各选项进行对比，分析哪一个最为符合自身需求。如此看来，决策似乎不过是简单地选择那个得分最高的选项而已。

这就是决策的经典模型，它较为富有吸引力，令人感觉可靠而安心。它的基础并非奇想或者直觉，而是坚实的分析与逻辑推理。它是系统性而非偶然性的。它可以确保我们不遗漏掉任何重要信息。它不容许事情发生任何偶然性的变化。只要你保证一丝不苟、按部就班地完成整个过程，即可作出优秀的决策。它能够让你将自己的决策过程清晰地解释给他人。它还具备一定的科学性。

整体看来都特别令人满意。有谁不希望滴水不漏、自成体系、理性客观且富有科学性的决策方式呢？

唯一的问题在于，这整个模型不过是空中楼阁而已。现实情况是，决策的经典模型在实际生活中的应用效果并不理想。在科研实验室中，其效果尚差强人意，但是请注意，这些研究大多招募本科生作为实验参与者，令他们作出一些无关紧要的决策。很可惜，该模型在现实生活中的表现并不令人满意，因为真实的决策更加具有挑战性，情境更加复杂、令人困惑，信息较为稀少或不确定，时间有限而风险巨大。在这种环境下，经典的决策分析模型几乎毫无用武之地。

正因如此，人类才极少运用经典模型——即使他们口头上表示自己认同该模型。不过我认为，内心深处，每一个人都非常了解这种情况。基本上在每一个领域，每一个即使仅仅作出过少数艰难决策之人，都会意识到经典的决策分析模型在实际情况下效果不佳。这种方法根本就不适用于绝大多数现实生活中的决策。即便我们竭力去保持开放的思想、同时思考若干行动选项，我们通常从一开始即已经知道自己真正钟意的是哪个选项了，就此，整个决策过程就变成了一个"看手势猜字谜"的游戏，我们不过是将自己所认同的选项和其他两到三个编造出来的选项进行对比而已。而且，按照此程序所得出的解决方案如果与我们内心深处的想法不符，我们就会调整评价标准，直到答案与我们所一直钟意的那个选项相同为止。读者是否也经常这样做呢？

那么，我们**究竟**怎样作出决策呢？事实上，这一过程很大程度上依赖于直觉。请读者思考，自己先前一定也有过这样的经历，那就是对某件事有某种感觉，即使自己也无法解释这种感觉的来源。**某位下属是否能够胜任某项艰巨的任务呢？** 在你的想象中，他一定会把事情搞砸。最好还是把这任务分配给其他员工。**为什么客户迟迟没有付款呢？** 你有种预感，客户现在或许正在面对资金流动方面的问题。**合同的进展是否顺利呢？** 书面报告和支出率看起来还不错，但你在项目团队中感受不到任何激情。或许你应该更加深入地开展相关调查。

直觉决策的过程

究竟是哪些事物敲响了你脑中的警钟呢？答案是，你的直觉。人类在反复获取相关经验之后，会无意识地将其交织在一起，形成一定的模式，而直觉就是在此基础之上不断进行累积的。

所谓的"模式"，意指一系列线索，通常以组块方式聚集。因此，一旦发现其中某些线索之后，个体即意识到，其他线索也可能存在。当你注意到模式存在之后，你心中或许会涌现出一种熟悉感——是的，之前我就经历过这种情况！无论我们在哪个领域工作，都会积累起大量的经验，构建起一座"可被识别之模式"的仓库。我们所掌握的模式越多，将新情境与仓库中的模式进行对比也就更加轻松。新情境出现时，我们会将其与过去曾经历的模式进行比照，从而识别出其是否具有熟悉性。

举例而言，一位消防人员在看到浓烟的颜色及其翻滚的力度之后，即怀疑有毒化学物质或许已经开始燃烧。一位经理注意到一贯严谨的下属最近频繁犯下细小的错误、言语不再那么流畅、无法按时上下班、脾气稍显暴躁，此时，他就已经在思考这名下属是否在酗酒或者吸毒了。

请读者思考本书第二节中所提及的婴儿患败血症之事例。类似的事件表明，新手与专家在看待世界时，其视角的差异是多么巨大。达琳知道，除了那些连接在婴儿身上的传感器之外，婴儿的皮肤也是健康情况的重要指标。她在新生儿急救中心的走廊内踱步，将目光集中在婴儿身上，而非那些电子监控装置。将所有症状表现——皮肤颜色，出现斑点，肿胀的腹部——结合起来，符合某一特定模式。其他的数据也符合这一模式，再次对其予以验证。她已经无须再去费心观看其他图表了。

达琳的直觉以模式为基础，而这些模式是她在先前受到系统性感染的婴儿身上所习得的。她之前曾经处理过相似的案例，败血症发作后的症状表现极为明显。她曾经亲眼目睹婴儿死于败血症。因此，每当她经过婴孩时，都会多加留意是否出现了败血症征兆，她在主动地寻找问题的表征。琳达先前从来没有处理过败血症的病例。她力所能及的范围，不过是尽忠职守地更新图表数据，希望借助这些数字对问题进行预警。

经验丰富的经理会犯下与达琳同样的错误。他们错误地认为，下属也能识别出自己看来再明显不过的模式。销售监管或许非常不满意新入职的员工，因为他们总是在字斟句酌地思考应该对消费者说什么，以至于没能够观察到消费者的反应和情绪。质量管控专家也将倍感受挫，因为接受培训的人员不辞辛劳地研习部件说明书，却仍然无法检测到产品所出现的微小错误。对于识别事物模式的能力，人们很容易将其视作理所当然，但却很难真正地掌握它。

部分心理学界的顶尖研究者——包括诺贝尔奖得主赫伯特·西蒙——已经证明，模式识别可以解释人类如何在不开展精细分析的前提下作出高效决策。

一旦我们能够识别出某一模式，即可初步理解眼前的情境：我们知道哪些**线索**非常重要，需要加以重点监控；我们知道自己有能力完成哪种类型的**目标**；我们也初步了解了下一步应该**预期**什么。而且，模式内部还包括了例行的回应方式——行动方案。如果我们能够识别出典型的情境，即可识别出典型的回应方式。如此，我们方可运用直觉掌握事态进展情况，并且了解自身应该开展哪些行动。

直觉，就是人类将经验转化为判断及决策的方式。它也是借助于模式识别出具体情境下的事态进展情况以及用于反应的行动方案，从而进行决策的能力。经验丰富的决策者一旦识别出模式之所在，那么他们所作出的任何决策通常而言都已显而易见了。

图一显示，行动方案会"影响"到情境。大多数情况下，它们会**改变**情

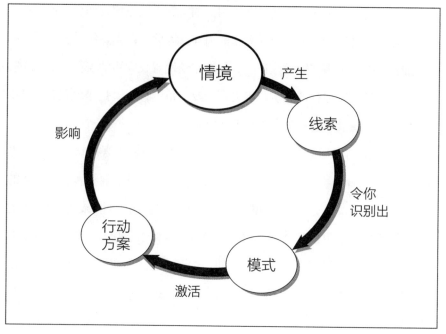

图一 直觉决策背后的模式识别过程

境。尽管如此，某些时候最佳的决策就是任由事态发展，**无须**做出任何改变。要避免在错误的时机进行干预。

可获取的模式及行动方案越为丰富，我们的专业知识就越为渊博，决策也就越为轻松。模式告诉我们应该做什么，而行动方案则告诉我们应该怎么做。如果缺乏模式及行动方案的储备，我们就不得不从头开始思考每一个情境。

鉴于模式识别可以在一瞬间之内完成、无须意识层面上的思考，因此人类往往无法意识到自己是如何作出直觉决策的。所以，直觉决策才显得如此神秘。

即便某一情境是我们前所未见的，我们仍然可识别出它与过去若干事件之间的相似性，因此，我们自然而然地知道应该如何应对，无须深思熟虑地罗列出多重选项。我们了解哪些方法有效、哪些方法无效。从根本上而言，就是在这一刻，我们才成为了一名直觉决策者。

分析是直觉不可或缺的辅助力量

对于"在决策过程中应该使用分析代替直觉"的这种观点，我持批判态度。但是，我当然同样不认为直觉可以解决所有的问题。在进行直觉决策的过程中，分析扮演着恰如其分的支撑角色。如果时间充足且可获得必要的信息，分析即可帮助人类揭示出线索和模式。某些情况下，它还可以用于评价决策的效果。但是，它无法取代直觉在决策过程中所占据的中心地位（尽管这恰恰是部分决策研究者所大力推崇的观点）。我之所以反对分析，仅仅限于它干扰到直觉发挥作用的情况下。读者可参阅本书第五节的内容，了解如何高效地运用分析过程。

直觉：作出好选择无须纠结

起初，当我发表演讲，指出人类可以在"不比较各选项"的前提下进行决策时，听众纷纷对我提出的观点表示质疑。如今，这种情况仍会出现。但是，在过去的数年间，又有听众向我提出了全新的批评意见："当然了——难道那不是很明显的吗？人类就是要利用经验去识别眼前情境的处理方式啊。"

我深知，直觉在决策中的作用并非显而易见。现如今，对于那些坚持反对直觉的顽固决策研究者而言，它并不显而易见。十到二十年前，顶尖的决策研究者认为个体必须要构思出一系列行动选项，在一套普遍使用的评价标准上衡量各选项，之后，再计算总分，择优而选。对这些研究者而言，它更加不是显而易见的。按照决策分析学派的观点，任何偏离了决策分析的方法，都有可能会导致错误的出现。时至今日，在绝大多数商学院和工程学院当中，形式决策分析法仍然在教材中被树立为标杆。

1978年，两位顶尖的决策研究者，李·比奇与特里·米切尔大胆地指出，在决策过程中，某些情况下应该运用分析，某些情况下则要依赖于直觉。

但是，比奇和米切尔无法清晰界定直觉的涵义。他们仅仅能够说明直觉不是什么——直觉并不是进行分析。这之后，他们即停止不前了。他们充其量所能提出的观点，即认为直觉依赖于类似抛硬币、玩"一个西红柿，两个西红柿"的游戏、或者第六感的心理过程。对于人类在不进行分析的前提下作出决策的具体过程，决策研究者知之甚少。

1985年，我携同事为美国陆军开展了关于"经验丰富的消防人员如何作出决策"的研究，在此过程中，我们发现了一窥直觉本质的若干线索。我们的研究对象是消防指挥官，他们需要在面对迅速蔓延的火势或者其他紧急状况之下，作出艰难的决定。我们本以为在时间如此紧迫的情况下，指挥官们应该没有精力去比较过多的选项；我们本来预期他们在面对每个决策点时，都将仅仅比较两个行动选项。

然而我们大错特错了。消防指挥官异口同声地坚称他们并没有比较**任何**选项。他们指出，在绝大多数情况下，自己仅仅构思出一个行动方案，就立即加以实施了。

这一结果不仅摧毁了我们的假设，而且引发出两点疑问。第一点疑问是消防指挥官为什么如此信任自己所构思出的第一个行动方案。我们的研究显示，这基本上都是经验的功劳。他们先前积累的经验（成为指挥官之前和成为指挥官之后），逐渐内化为丰富的模式，如图二所示。

面对比较熟悉的问题时，人类所构思出的第一种行动方案往往可以取得较好的效果。为什么？因为在绝大多数情境下，我们并不需要最佳的选项——相反，我们需要尽快确定一个可以接受的行动选项。或许还存在更加合理的方法，但是如果该方法需要花费几个小时去构思、评判，那么这种对于最佳行动方案的寻找也就丧失了其实际价值。正如古语所言，"更好"是"尚可"的大敌。

第二点疑问是消防指挥官如何在不与其他选项进行比较的情况下，评价

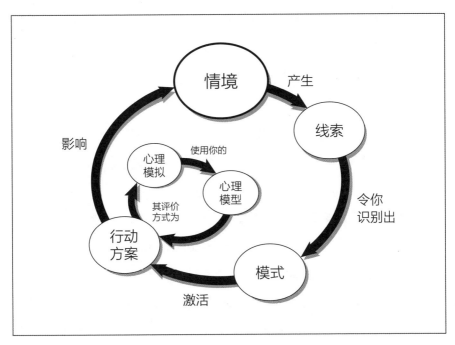

图二 识别启动决策模型

某一行动方案——潜在的行动方案。他们如何估测以往使用过的常规方案是否适用于当前情境呢？所有传统的决策理论都指出，个体必须要系统地比较不同选项之间的优缺点。据此，如果说消防指挥官并没有构思出任何其他行动选项，他们理应无法作出评价。正确答案是：消防指挥官依赖于"心理模拟"的过程进行评价，如图二所示。

通过更加深入地观察消防指挥官的决策过程，我们发现，他们在评价行动方案时，会有意识地去**想象**将其实施之后将会发生什么。我们将此过程称作"心理模拟"，因为决策者需要预想并且模拟某一情景——在头脑中进行演示，倘若他们在某一案例中采取了某一决策，他们预期将会发生什么。他们会构建出一幅内心预期的画面，然后，他们会仔细观察一次这幅画面，有时甚至会反复观看。如果他们满足于自己所看到的画面，就会作出积极回应。

如果发现了疏漏之处，他们一般会更改行动方案。假如他们发现问题无法解决，就会果断放弃这一行动选项，然后审视下一个行动选项，但是不会将其与其他选项进行比较。

这种包含有"模式匹配"和"心理模拟"两部分的过程即为"识别启动决策"模型，它解释了人类在无需构思及比较一系列行动选项的前提下是如何作出优秀决策的。模式识别可以启动决策过程，但是它需要通过心理模拟进行验证。

借助心理模拟，我们可以在实施某一行动方案之前评价自身的决策质量，思考决策所产生的后果，如此即可判断该决策的结果是否令人满意。

譬如，某生产制造公司的市场代表需要为不同的产品准备投标。这名市场代表意识到，某一潜在客户所描述的新产品与该工厂数年之前所生产的相同。所以，此时将先前的投标内容拿来运用即可。这就是模式识别的实际运用。尽管如此，市场代表还需要评估旧有投标是否仍然有效。此时，心理模拟即可发挥作用。该代表需要构建出一个心理模型，思考工厂如何配置其仪器以进行切割、塑形和组装。随后，代表或将运用这一模型，借以想象生产任务如何得到执行。在想象工厂如何制造零件的过程中，市场代表或许会意识到，某些加工过程存在一定的难度——譬如，几年前开始使用的某个关键设备遭到损坏且尚未更换。这种情况当然会改变投标的形势。

为了构建起高效的心理模拟，我们需要设定出适当的**心理模型**，说明事物如何运转。这既属于专业知识的另一个层面，也属于"经验转化为行动"的另一种方式。对消防员而言，为了构建起某一行动方案发挥作用的情景，他们的心理模型必须能够解释火焰的蔓延方式、不同类型的建筑在起火之后的具体表现以及在屋顶开洞之后热量将如何作出反应。与败血症相搏斗的护士们，其心理模型必须解释败血症如何产生、又将如何发展。为了做出精准的投标，生产制造公司的市场代表的心理模型必须能够解释不同零件的组装方式。他们需要了解改造仪器所耗费的时间和精力以及装配某一复杂零件的学习曲线。否则，他们所做出的投标，就无法准确预估出相应的费用与时间。心理模型就是人类关于"不同的程序如何运行"的理念。它能够引导我们所作出解释和预期。

优秀的管理人员知道，协助下属建立起更加合理的心理模型至关重要。一位高管曾经向我解释，为什么他从不会雇佣只具备会计事务经验的人担任公司的首席财务官。一旦某个下属掌握了会计事务的相关经验之后，高管就认为他应该更换部门了——例如去担任工厂管理员、工作组监察员或者负责产品监控，接着提升为公司管理人员，负责管理若干分部。只有经历过这些岗位，员工们才能透彻地理解公司的运转方式，并且胜任首席财务官的职位要求。

总结识别启动决策模型的关键过程可知，直觉决策包含以下基本原理：

● 借助线索，人类可识别模式；

● 模式可激活行动方案；

● 行动方案通过心理模拟进行检验；

● 心理模拟受到心理模型之驱动。

我们的数据分析结果显示，消防指挥官在面对艰难情境时，使用识别启动决策模型的比例超过了80%。

1986年，同事与我将上述科研结果公之于众，在那之后，我们很想知道识别启动决策模型是否适用于其他领域。1989年，我发表文章指出，美国陆军军官在谋划阶段进行决策时，运用直觉的比例为96%。1996年，同事与我发表了美国海军指挥官的相应结果：在他们的决策中，95%基于直觉；不到5%基于对不同选项进行分析式比较。

其他研究者以不同的群体为研究对象，也发现了类似的结果。凯西·莫熙儿于1991发表了关于商用客机飞行员的研究，她指出这些飞行员"基本上不会花时间比较不同行动选项"。1996年，郎娜·福林及其同事以离岸石油钻井平台的经理为研究对象，发现在其决策中90%依赖于直觉，只有10%涉及多重选项之间的比较。拉斐尔·帕斯奎尔以及西蒙·亨德森于1997年研究了英国陆军军官，乔瑟芬·兰德尔及其团队于1996年研究了美国海军电子战专家，他们全部得到了相似的结果。识别启动决策模型在上述所有研究当中都得到了验证。研究结果一致表明，虽然决策者在某些情况下需要构思出全新的行动方案，但是他们几乎从来不会去比较不同选项的优劣。与之相对比，在绝大多数情况下，对于90%的艰难决策（或许常规决策要超过这一数字），决策者皆会运用识别启动决策模型。这些科研文章有力地说明，即使在艰难的情境下，经验丰富的决策者亦仍然高度依赖于直觉，极少运用频频出现在课本之上的分析式方法。过去数年之间，直觉决策的理念终于进入到了消防人员这一集体当中，在某种程度上，该思想也影响到了美国陆军及海军陆战队。

直觉决策亦开始大举进军商业领域。早在1984年，丹尼尔·艾森伯格就研究了经理及主管如何解决问题、如何进行决策。艾森伯格指出，高管们并不会运用分析式方法作出重要决策。他解释道：

高级管理人员应用直觉的方式至少包括五种。首先，他们会直觉地感觉到问题的出现。其次，管理人员要靠直觉将熟稔于胸的行为模式迅速付诸实践。直觉的第三种功能，是将零散的数据及经验整合起来，形成一幅全局图，通常伴随有"啊哈！原来如此！"的体验。第四，某些管理人员会将直觉作为一种核查手段。用于检验理性分析所得到的结果。第五，高级管理人员会借由直觉绕过深度分析，迅速提出可行的解决方案。通过这种方式，直觉基本上成为了一种即时运转的认知程序，管理人员可以有效识别出熟悉的模式。直觉并非是理性的对立面，亦非漫无体系的猜测。相反，它的基础是个体在分析问题、寻求解决办法并将其付诸实践的过程中所积累起的丰富经验，这些经验的逻辑性有多么强、基础有多么扎实，那么直觉也就有多么强、多么扎实。除此之外，高管们通常还会将直觉与系统性分析、定量数据及思辨过程充分结合起来。

艾森伯格的研究成果对于商业经理与主管的培训及指导具有重要意义。以下示例就形象地说明了艾森伯格对于直觉的观察。

● 示例一　依赖于直觉的银行

杰里·科柏执掌国民联邦银行（Citizens Federal Bank，其总部设在俄亥俄州代顿市）已经长达四十三年之久，表现十分优异。期间有六年（从1984年至1990年）他被借调到美联储，担任克利夫兰德地区董事会的主管。1955年，杰里作为新人入职，担任出纳员。那时，他刚刚大学毕业——他在密西根大学主修商学、辅修会计。除了曾经在美国陆军就职过（担任译解密码者）一段时间之外，他在公司内部平步青云，直到1972年成为首席执行官，那年他只有三十七岁。当时，国民联邦银行拥有一百名雇员及两亿美元的资产。

1998年，国民联邦银行被收购，当时其资产额已达四十亿美元之巨，员工则多达一千一百名。其股价从每股九美元飙升至每股五十五美元。增幅达到了1400%。

杰里的管理风格属于团队导向。担任首席执行官的二十五年间，他在作出判断时，主要依靠一个由七名工作人员所组成的管理团队。当然，他并没有完全放弃自己的权威——当他与其他人员的观点产生冲突时，他规定自己手中掌握着五张选票。但在这二十五年之间，他从来没有动用过自己的选票区块。只有一次例外。

二十世纪八十年代中期，杰里感觉到国民联邦银行应该变革发放抵押贷款的方式。该行绝大多数资产都属于抵押贷款，截至当时，该行发放抵押贷款的方式还较为保守，它要负责抵押资产，并且将其记录在账目上，直到分期偿还完毕或者资产易手再一笔勾销。如此一来，每一笔银行资产每次都要被占用长达三十年之久。这就是银行的商业运转方式。

尽管如此，杰里的直觉告诉他自己，国民联邦银行应该采取更加积极的工作方法。在建立起抵押之后，国民联邦银行应该将其售卖给次级市场（譬如房利美和房地美），收取服务费用，并且将收益用于接下来的贷款之中。这种策略被称为"抵押银行"，与传统的银行抵押贷款发放方式截然不同。

杰里的直觉来自哪里呢？来源之一，是杰里在经济萧条时期的惨痛经历。当经济进入到萧条阶段时，银行的资金被提取一空，用于购买政府抵押品。这种情况在二十世纪六十年代中期之后日趋恶化。当时，政府赤字严重，逼迫其不得不与银行进行竞争，通过提升利率争取存款。结果，银行不可避免地丧失了偿债能力。1973年，杰里再次经历了一次萧条期。在二十世纪八十年代早期的大萧条中，政府居然将利率调至18%。银行无法与其竞争，只得停止自己的抵押贷款行为——它们的资金不足，无力发放贷款。不止如此，也很少有消费者乐于在18%的高利率下从银行贷款。

挺过这次萧条期后，杰里对自己说，一定还有其他更加合理的应对方法。二十世纪八十年代中期，金融环境呈现繁荣稳定之势，利率也十分可观。不过，杰里却感到必须要在下一次萧条来袭之前，对银行进行彻底的变革。他以全新的视角，分析了银行抵押业务公司。"为什么我们不能将抵押的资产利用起来，反而要让本行的资产冻结几十年呢？"他不断思索："这些银行抵押业务公司需要我们的资产——为什么我们不投资呢？"

某些公司的主要业务就是进行银行抵押，但它们本身并非是银行。杰里非常熟悉这些公司，因为它们会到国民联邦等银行贷款，用于自身的经济活动。由于不是银行，这些公司无法将存款用于发放贷款。银行抵押业务公司所承担的风险要高于传统银行，它们并非存款的守卫者或者储户的责任人，而是更类似于股票交易商。银行抵押业务公司的商业模式，即被称作是在利用贷款。

相对传统银行而言，抵押贷款银行家将经历更多的失败——不过某些失败之所以出现，原因在于这些公司并无发放贷款的途径。国民联邦银行无须面对这个问题，因为它自身即可提供贷款。而且，与抵押贷款银行不同，类似国民联邦的传统银行可以在资产可用期间收取服务费用，借此确保持续不断的现金流。杰里在脑中想象了一下，如何将国民联邦银行的抵押贷款发放行为转换成银行抵押策略。他并没有发现什么严重的疏漏之处，反而可以预见到许多重大的优势。当时，全美采取银行抵押策略的银行数量不多，也并没有哪一家是杰里所熟识的。

杰里还有一种直觉：他认为国民联邦银行的员工无法担当实施此一战略的大任。银行必须要招募经验丰富的抵押贷款银行家。

管理团队的其他成员对此想法表示出了强烈的反对。他们熟稔传统的抵押贷款发放业务，过去数年之间国民联邦银行的表现亦可圈可点。新策略所具有的风险性令他们大感焦虑——利率的动荡拥有摧毁银行的力量。新策略无异于以保证金的形式购买股票，之后只能寄希望于其股价上涨。团队同样不希望招募外人进入银行。即便国民联邦银行要采取银行抵押策略，指派本行的抵押贷款发放部门负责不是效果更佳吗？将本行价值三十亿美元的抵押贷款证券投资组合拱手献给他人，似乎并不明智。

杰里对此并不认同。他很清楚应该指派谁来掌管本行所设置的新部门。在与银行抵押业务公司合作的过程中，他发现其中一个团队的思路非常清晰，即便是在萧条时期亦从未遭遇过挫折。他对于该团队的佼佼者尤其印象深刻，该人并非首席执行官，而是一位亲力亲为处理具体细节的女士。看着她忙碌的身影，杰里知道，本行的抵押贷款专家尚未建立起胜任新岗位的心理模型，他们无法分辨工作中的细致差异以及挑战所在。为了进行银行抵押，你要把贷款拿到"门口"，将其"打包"，然后选择恰当的时机，将其再次"发送"出去。你需要理解并且预估利率的涨跌趋势，只有如此，你才不会在利率为8%时借款，结果错过了最佳时机，眼睁睁地看着最优惠利率上升，蓦然发现自己已经无法售出贷款了。国民联邦银行的员工中没有一个人的专业知识——或者说心理模型——能够与那位女士匹敌。

杰里的直觉告诉自己，借助这份来自外部的专业知识，他能够让新策略大放异彩。他从那时候起就已产生该信念，今天他则更加坚定，如果国民联邦银行坚持使用原有的员工，那么新策略必然一败涂地。邀请银行抵押专家入伙并不轻松——他同时还要将该团队的首席执行官收入麾下。所幸该首席执行官马上就要退休了。

最后，杰里遵循了直觉的召唤，他相信这才是银行的光明前途之所在。"之前，作为首席执行官，我并不受人欢迎。"他回忆道。但是从那之后，他越来越受到他人的认同。截至1998年国民联邦银行被收购时，其相应分支机构已经一跃成为全美第十三大银行抵押部门。

示例一显示出，首席执行官可以依赖于自身的直觉，提升银行的业绩表现。他在心里模拟了一段"婚姻"，嫁娶双方分别为吸纳存款的传统银行以及回收利用贷款的银行抵押策略。他的直觉还告诉自己，必须招揽英才、各司其职，方可令新战略取得成功。

当今世界，商业社会瞬息万变，这一点已广为人知。不过，虽然"速度"、"灵活性"和"适应性"这些字眼在很多领域蔚为成风，但在决策这一关键领域，它们却并不适用。讽刺的是，借助直觉决策，我们恰恰可以提升"速度"、"灵活性"和"适应性"这些核心品质。

为什么鼓励人们进行分析式决策的旧有商业模式如此历久不衰呢？为什

么接受直觉的重要性，放弃"所有的思维过程都可得到严格控制"的想法又如此之困难呢？

破除直觉的阻碍

直觉发展之路会遭遇一些重大阻碍。这其中，某些阻碍源自于组织政策。其他阻碍则包括不断加快的变革节奏乃至还有信息技术的广泛采用。

组织政策影响直觉的方式有很多种。其中一种，就是重视书面证书多过实践经验。还有一种阻碍，经常出现在依赖于远程团队的跨国组织——远程团队很难分享经验和教训，不便开展员工的互帮互助。

人员的快速流动导致员工很难获得与某一岗位相关的丰富经验。组织内的人员之所以快速流动，原因在于公司在晋升方面采取了"不升职即离职"的政策，或者是人员提升的速度过快等。如果组织采用精简型员工的策略，那么一旦某一员工离职，就会导致严重的问题。即便新成员并未进行充分的准备，空缺的岗位亦须迅速补充，这样做还会导致一系列连锁反应，若干员工将被调配到新的岗位之上。随着每一个岗位上人员的经验水平逐渐降低，公司的实力亦难免受到削弱。

变革速度持续提升。以前的商业模式迅速过时，资深员工的经验因此亦不受重视。久经考验的工作方法被视作历史遗留问题，必须及时修正。而掌握这些方法的工作人员，也同样成为了历史遗留问题。

为了应对上述问题，诸多组织求助于**工作流程**这一理念。公司主管为了谨慎行事，将工作任务分解为若干流程，可惜，这些流程并没有真正地捕捉到所有细微的区别和商业的秘诀。将一份工作转化为一系列工作流程，可以协助新人履行其职责使命，也使得问责变得更加轻松，主管只需查证员工是否严格地遵循了工作流程即可。不幸的是，由于削减了主观判断的需求，这一做法导致直觉的发展变得更加困难。很显然，在迅速应对紧急情况、培训新入职员工时，我们需要工作流程。可一旦一系列工作流程就位之后，主管人员或许就不再愿意去教授下属相关的技能，以便他们理解和修订工作流程。正因如此，本来能够成就一家伟大公司的直觉，就此消失得无影无踪。美国的文化强烈推崇将所有的事情都流程化，将所有类型的工作都缩减为一系列步骤。可惜，我们无法将直觉也缩减为一套流程。

为了将决策与判断缩减为工作流程，组织可能采取的一种方法，就是定义**数据**（亦即可测量的目标）。数据通常被视为取代直觉的一种方式。数据可以防止人类过度依赖于主观印象，但决策若一味依赖于数字，也必将产生直觉完全被"侵蚀"的风险。

最后，**信息技术**也不啻为直觉的一种阻碍。辅助决策的智能系统，经常使人类退化成为记账员，仅仅满足于将数据输入电脑系统。在新生儿急救护理中心，护士们所接受的培训，基本上都是如何操作各种监视系统，极少涉及如何检测婴儿在患病时出现的细微症状。就此，人类消极地接受着信息系统的建议而放弃了自身的直觉。

与上一辈人相比，对于现任岗位，我们累积专业知识的时间和机会显得愈加捉襟见肘。再加上前文所列举出的种种阻碍，我们的直觉受到严重削弱。退化的专业知识、快速的人员流动、专业培训的缺乏、逐渐增快的变革速度、过度依赖于工作流程和数据、信息技术在决策过程中的广泛运用——所有这一切结合在一起，对直觉构成了前所未有的猛烈冲击。

为什么我们能够忍受这许多阻碍呢？因为人们并不理解直觉的定义及其发展过程。因此，他们并不知晓这些阻碍的存在，对其累积效应亦一无所知。这种对直觉的侵蚀将无休无止，除非我们采取积极的措施，"防卫"自身。

商业领导者很少能够搜集到充分的数据去进行相关分析。随着时间及成本压力渐增，试验每一行动选项以探查其可行性的机会亦日渐减少，这迫使职场人必须迅速作出决断。在这样的情况下，必须要用直觉去代替猜测。正因如此，直觉决策技能的丧失才带来如此严重的危害。

我们守卫直觉的行动越迅速，其效果就越突出。我们可以不受限于软件和分析方法的组合、数据系统或者必须牢记在脑海中的那些工作流程。真正的抉择在于，我们是要无奈地退化成为这些人造物，还是要大幅度超越它们。

·4·

直觉技能培训：加快你的学习曲线

高效运用直觉的关键，就在于"经验"——更确切地说，是**有意义**的经验——它可以帮助人类识别模式，并构建心理模型。因此，提升直觉技能的方式，就是强化经验根基。最有意义的经验类型自然是实际生活经验。提及"有意义的经验"，现实世界绝对是无法绕开的一个重要来源。它给我们提供的教训最为真实，印象也最为深刻。

不过，若将经验的来源全部寄托于现实世界，则存在着若干问题。首先，大部分人并没有充足的机会针对某一特定领域积累起足够多的实际经验，因此也就无法成为专业人才。其次，切实着手去做某事，在错误中吸取教训，这对大多数人来说，代价实在太过惨痛。这就形成了一种自相矛盾的情形：当你走上某一工作岗位时，其他人都预期你应该特别擅长这项工作。这是理所当然的，否则你根本就不会有承担这一责任的机会。但是，如果未曾在某一岗位上切实地开展一段时间的工作，你又如何积累起相关的经验，从而提升自己的工作业绩呢？这正是直觉训练的出发点。

直觉训练项目之基础，是一系列目的明确的练习，帮助受训者提前实践工作岗位的决策内容，以便积累起有意义的经验——这对于直觉而言是必不可少的。

同任何"条件作用项目"类似，受训者需要构建起自己理性的工作内容，方可取得最佳的成绩。"心理条件"如欲产生最佳的效果，则必须具备相当的体验性，不能命令受训者遵循一定的步骤或者流程作出决策，要让他们在"实践"中去"学习"。这其中就涉及了"有意练习"这一概念，此术语由安德斯·艾里克森和尼尔·查内斯所提出，用于指代若干领域内专家积累专业知识的方式。有意练习意味着不仅是"为了练习而练习"、"漫无目的地积累经验"，它指的是在练习过程中，内心应该时刻牢记具体的目标。

直觉训练项目的最初起源可追溯至1996年，当时，我们为培训海军陆战队的步枪班班长及军官开发出了一套培训项目。这一项目成效显著，目前已成为海军陆战队班长培训的固定内容。

此后，我们不断拓展该培训项目的范畴，先后将其应用于商业飞行员、海军飞行员及洛杉矶县消防部门——具体而言，重点培训其队长及主要军官。全美其他地区的消防部门亦不约而同地采用了该项目，其中包括阿尔伯柯基消防部门，他们将其称为"识别启动决策培训"，因为培训的目的就是帮助受训者掌握识别启动决策的方法。

同时，有人请求我们扩大既有项目的范围，针对高管发展项目量身定制培训方案。在过去几年间，我们的确为商业主管——包括高级经理以及跨国公司的副董事长——开展了若干次培训，以期提升他们的直觉决策技能。培训项目先后进行了数十次之多，受训者包括数百位商业领导者。

具体而言，直觉训练项目的目的，就是帮助受训者：

● 更迅速、更轻松地评估情境；

● 更迅速地识别出问题及异常现象；

- 对于自身所构想出的第一个行动方案之可靠性满怀信心；

- 能够清晰地预测事态的发展趋势；

- 避免因数据过多而感到不堪重负；

- 在时间压力和不确定性面前保持镇静；

- 在原定计划遭遇挫折时，找出替代的解决方案。

与本书所一贯坚持的精神相一致，培训项目中并不存在什么"灵丹妙药"，亦不强求受训者改变自身的信仰。所谓的"秘密"，根本就算不上秘密。培训的方法都非常简单，直觉决策技能和其他任何技能一样，都需要通过刻苦努力方可掌握。无论是界定培训目标、确保投身实践的机会还是开展反馈培训以期提升自己未来的工作表现，一切都取决于你自身。

除此之外，受训者亦无须担忧为了作出优质决策必须去学习全新的方

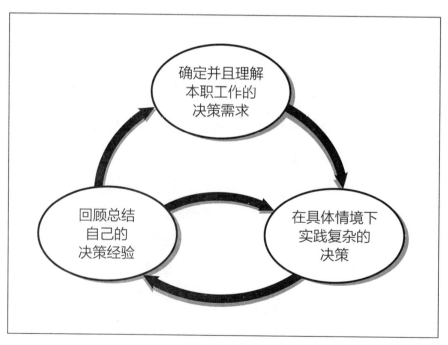

图三　直觉训练的三大基本元素

法。过去的方法同样可以发挥重要作用。真正需要的是更加丰富的经验根基以及在决策过程中更加合理的心理模型。

如果上述文字对你来说全无革新性的话，这就对了。在诸多领域内，专家们在进行决策并且与其他人竞争之前，都会做好充分的准备。国际象棋大师用于准备和钻研的时间，要远多于真正对弈的时间。运动员们开展训练的时间，亦远多于真正比赛的时间。

直觉训练项目中的心理条件包括三大基本元素，分别是：确定并且理解本职工作的决策需求，在具体情境下实践复杂的决策以及回顾总结自身的决策经验。

识别你的工作所需要的决策

所谓"决策需求"，就是为了稳妥地完成一项工作所必须掌握的直觉、判断与技能。举例而言，飞行员的决策需求之一，就是要知道何时应该穿越风暴天气区域，何时应该改变既定路线。飞行员为了胜任本职工作，必须要依据自身的经验基础，作出艰难的决策。在某次工作坊中，我们发现，某组飞行员能够很轻松地就列举出自身所使用的线索及模式。于是，我们询问新入职的飞行员如何才能学习并且掌握所有这些关键的线索。这组飞行员认为，新人很难注意进而运用列表上的绝大多数关键项目。正因如此，新人们不论如何尽心竭力，都无法作出优质的决策——他们根本不具备相关的专业知识。

确认本职岗位的决策需求并不像读者所想象的那样轻松。下文将介绍本公司在针对海军陆战队的步枪班班长开发决策训练项目时所采取的措施。首先，我们会邀请步枪班班长确认自身的决策需求，他们要详细列举出自己在训练场上最频繁面对的艰难决策情境。对此，他们轻声地嘟囔抱怨，不过，作为海军陆战队员，他们还是服从了我们的要求。十五分钟之后，他们就写下了一份包括有三十项决策的列表，这还只是个开始。仅此一点已足以令他们大开眼界，因为起初他们坚持认为：作为士官，自己无须作出决策，执行命令即可。

我们重点关注了其中一项决策内容：计算某班战士从一个地点移动到另外一个地点需要多长时间。我问道："这真是一个十分艰难的决策吗？"他们全都笑出声来。他们解释道，一般而言，自己会使用一个简单的方程进行计算：部队每小时可以行进2.5英里。这是对徒步行军速度的标准估测。但他们又解释说，这"每小时2.5英里"的准则实际上并不实用。它忽略了地势及植被的类型，气候条件，地面的泥泞程度，部队携带的装备和补给数量，队伍中是否包括伤员，被敌军侦测到的风险高低以及其他一系列重要因素。在现实情境下，这是一个非常困难的决策。因此，我接着询问道："既然这是一个如此重要的决策，又是一个如此困难的决策，那么，你们如何训练这项技能呢？"

他们从来没有意识到这居然是一种可以进行训练的技能。海军陆战队员们接受了"每小时2.5英里"的定律，其原因是他们认为这一决策的随机影响因素过多，根本无法进行优化。但是，一旦经过深思熟虑之后，他们就认识到，估测出每次徒步行军所需的时间实际上非常容易。他们可以将自己的估测与实际所用时间进行对比，找出估测发生偏差的原因，并且在下一次估测中进行修正。简而言之，此一"时间估测判断"，与其他训练课目别无二致。只要积累起足够的经验，他们就能够构建出反映"时间-距离"关系的直观感觉。

我们发现，大多数人都并未透彻地理解自己在日常工作中所作出的决策以及为什么作出这些决策如此困难，又需要运用哪些方面的洞察力才能作出更加优质的决策。在某些情况下，更加充分地理解自身的决策对决策质量的提升大有裨益。

对于企业高管而言，关键的决策或许包括：

- 预估工作时间线，从而制订预算方案或者修订既有计划；
- 在承包商之间进行选择；

- 遴选对本公司而言最为宝贵而且值得投入最多资源的机遇；

- 雇佣或提拔员工；

- 评测某一项目是进展良好还是偏离正轨。

你的决策需求，就是那些**反复**出现的判断及决策。在着手提升决策质量的过程中，你将非常期待相关的反馈，否则你怎能吸取到经验教训呢？你还应该积极接触公司内部那些十分擅长同类决策的精英。

理清上述信息的一种方法，就是填写一张决策需求表格。该表格的基本形式如图四所示，随着经验不断丰富，读者可根据自身需求对该表格进行修订。借助该表格，读者可以标记出判断或者决策的本质，填入自己决策困难

决策需求表格		
为什么作出这一决策如此艰难？	决策过程中的常见错误包括哪些？	与新手相比，专家在作出该决策时的表现有什么不同？（确认线索及策略）
下次作出类似决策时，如何应用策略并且获得反馈？		

图四　决策需求表格

的原因，并且列举出自己和他人可能犯下的错误。表格中另有一列，用于记录自己在与专家的交谈中所掌握的诀窍。

　　毋庸多言，人类每天所作出的决策类型都极其丰富，不胜枚举。因此，在表格中，只需写下那些出现频率最多的决策，写下那些给人带来最多困扰的决策。在你确认了工作中可能出现的决策内容（例如估测完成某一任务所需的时间）之后，你需要自问：此时我应该切实掌握哪些技能？是估测完成某一任务所需的时间，抑或设想出可能打乱既定日程安排的意外事件？还是说要在计划当中安排足够充裕的空档期，以便应对时常出现的意外小"插曲"呢？

　　一旦你确定自己需要重点加强的素质之后，就要在能够获得反馈的领域寻找作出决策的机遇。倘若检验自身能力的机会没有及时出现，那么你就应该主动与同事筹划练习项目，借以积累专业知识。

　　你还可以跟组织内部擅长同种类型决策的员工进行交谈。他们能够看到哪些你所忽略掉的事物？要尽量安排出空闲时间，与他们详谈某一具体事件，为什么他们看待该事件的方式与你截然不同？他们是否意识到了你所懵然不觉的事物呢？他们是否预见到了你所后知后觉的事物的内在含义呢？

　　在一个为商界人士所举办的工作坊中，我请参加者列举出他们在工作中反复出现的、需要全力应对的判断及决策。以下是他们回答内容的摘选：

　　"我是否应该购置所需的元件呢？我的时间和资源都很有限，而且我总是低估完成任务所需的时间。"

　　"我如何为新的提案制订预算呢？我的经验尚浅，很难预测本公司需要投入多少资源。在此之前，我为子任务所分配的时间和资金都太过拮据了。"

　　"我正在斟酌是否要进入一个全新的商业领域，但是，我对该领域的了解比较匮乏。过去，我对于投资收益的估测都过于乐观了。"

　　"我是否应该接受邀请去作报告或者主持工作坊呢？我手头上的工作都已经忙不过来了，如果再去受领过多毫无意义的任务，那无异于是浪费时间。"

"对于这份提案我应该投入多少时间和资源呢？我必须在投资收益、现有工作负担以及客户需求之间作出平衡。过去我就曾经在这方面犯过错误，和同组的成员沟通不够，事先提出的问题也不够全面。我本以为，公司无法拒绝任何一个机遇，实际上，我们可以；我本以为，我们无所不知，实情并非如此；而且，我还低估了进行谋划所需的时间。"

我请参与者思考如何才能强化自身的直觉，他们提出了若干相对而言较为简单的方法。某位参与者意识到，在制订预算的过程中，她可以向经验更加丰富的提案撰写者寻求意见建议。她还意识到，自己过去总是操之过急了——整体项目的相关方案还未形成，就急匆匆地开始预估各子任务的成本了。

另一位参与者指出，为了更加准确地评估应该接受哪些演讲或者工作坊的邀请，他可以写下自己此时此刻接受该项目的原因，然后思考在演讲或工作坊结束之后，这些原因是否仍然成立。这可以帮助他意识到是否存在自欺之举。

在另外一次工作坊上，参与者皆来自一家信息技术整合公司，他们一致认为在自己的工作中主要包含两大决策需求，这两方面的决策技能需要得到提升。其一，是设定任务的优先等级。职场人的每一天都是在忙忙碌碌中度过的，总有各种干扰事项和其他人的要求纷至沓来，因此，个体必须时刻作出迅速的决定——是继续完成手头上的工作，还是转移自己的工作重点。其二，是估测完成某一项目所需要的时间。正如海军陆战队员需要估测部队从某一点转移到另一位置所需时间一样，经理们也必须学会如何作出切合实际的估测，不可过于理想化。估测时间或精力需求并无简单的公式可以套用；所幸，个体可以通过有意识的实践及其反馈，来提升相应的判断技能。经理们可以记录公司每次对于新项目的估测情况，明确其机制，并且在任务完成之后开展跟踪回顾，借此令自己的直觉更加敏锐。

经理们针对第二项决策需求所制订的决策需求表格如下所示。表格每一列的内容与相邻列皆不存在任何关系，因此，使用者无需在不同列之间归纳主题。决策需求表格的意义在于记录下相关信息，并非开展优雅而精密的分析。

决策：估测完成一项任务所需的时间		
为什么作出这一决策如此艰难？	决策过程中的常见错误包括哪些？	与新手相比，专家在作出该决策时的表现有什么不同？（确认线索及策略）
• 难以估计个体的能力及速度 • 客户的日程安排 • 难以掌控相关资源 • 理想主义 • 不熟悉此种类型的项目	• 没有考虑到内务操作时间 • 合同中没有明确规定客户的职责 • 没有任务相关领域的专家 • 没有考虑到潜在的问题 • 没有预留额外的时间 • 调研不足	• 预先考虑到内务操作时间 • 与客户共同商榷工作状态 • 将条款分解为便于管理的板块（譬如，某一组成任务×时间量） • 开展背景调研

下次作出类似决策时，你将如何进行练习并且获得反馈？
记录下每一次的估测结果，检验其精确度，并且分析精确度欠佳的原因之所在。

　　该组参与者所设定的决策需求表格，为他们所亟需的训练及相关准备工作绘制出了一幅蓝图。根据"为什么作出此决策如此困难？"一列的内容，使用者了解到，他们需要花费更多的时间去估量团队成员的个人能力，同时还要搜集更多的信息，从而了解客户对于日程安排提出了哪些要求。他们还需要加强对相似类型任务的研究，并且在接受项目任务之前，针对所需资源进行更加深入的协商。

　　根据"决策过程中的常见错误包括哪些？"一列的内容，使用者可以进一步明确自己需要在哪些方面加强准备以及需要开展哪些方面的调研工作。对于这些错误进行深思熟虑的过程，帮助使用者构建起了更加成熟的心理模型，可用于筹备将来的相关商业项目。

第三列内容列举出了管理者可以运用的若干线索和策略，譬如，在计划中预留出更多的准备时间，此外，亦可将困难任务分解成为易于估测的板块进而加以掌控。

这是一种直接的训练。管理者如果花些时间记录自己最初的估测结果，就可以在事后进行回顾，判断该结果是否精准。如果出现了偏差，他们则可以就此分析出自己所疏漏掉的因素，同时准备好在下一次工作中一鼓作气、取得优异表现。

练习艰难的决策

至此，读者已经深入理解了工作中常见的艰难决策，下一步就是要抓住机会，付诸实践。为作出优质的决策，我们需要进行心理调节，而实践正是这一调节的核心。在这个极为重要的阶段里，你可以积累起大量的经验，并借此进行模式识别、构建心理模型，这对于直觉决策而言是必不可少的。诚如我所言，我们所追求的并非为了练习而练习，而是目的明确地进行练习。

某些情况下，个体可以在日常经验中寻找实践的机会——譬如前文所提及的海军陆战队以及需要估测某一项目完成时间的企业管理者。

可惜，对于大多数人来说，在日常事务中寻找到实践机会极其困难。个体必须要自己制订具体的决策训练计划。通常，这意味着设计出某种训练的形式，或者说"决策游戏"。

所谓"决策练习"，是心理调节的一种核心形式，属于简单的思维训练，通常包括若干书面形式，用于介绍典型而困难的决策之精髓。

决策练习会呈现出由诸多细节而组成的两难情境，通常包括诸多不确定性因素，借此挑战受训者，要求他们制订出相应的行动方案。练习材料中可以包含可视化材料，譬如目标领域的示意图、流程图、收益/损失表格或者组织架构图等。图片是构建并且聚焦某一课题的有效方法，虽然它并不适用于所有领域。部队在进行决策练习时，待分析情境的地图（包括地势信息、友军及敌军的相对位置）往往是工作的核心。

精心设计的决策练习，能够以令人惊异的高效率捕捉到艰难决策的精髓，同时还不会产生过多成本，过程也不会过于复杂。不仅如此，完成练习所需的时间也不会太长，因此受训者可以反复进行训练。

以下是基于前文所述的决策需求表格所设置的决策练习示例。决策内容是：估测完成某一任务所需的时间。

● 决策练习一　按照董事会要求谨慎地选择软件

最近，你刚刚获得了管理学学士学位，受聘于一家消费品公司，该企业拥有450名员工。你所在的具体部门是研究与开发组，负责新产品的概念设计。

六周之前的十月二十五日，主管把你叫到办公室，给你布置了一项绝佳的任务——你需要领导一个小团队，为公司的会计部门测试若干软件。

上一次公司董事会会议于十月十八日召开，一位董事指出，公司所使用的电脑系统已然过时。这名董事最近坐飞机时遇到一名会计软件专家，该专家喋喋不休地向他介绍了当前软件行业的迅猛发展。最新的数据软件包不仅处理速度更快，而且操作更加便捷。这些最新软件的价格也呈现出大幅下降的趋势。

首席执行官向这名董事保证，公司会认真研讨这一提议，在十二月十三日即将召开的下一次董事会会议上，将介绍相关软件，并进行情况简报。

就此，这项光荣的使命被赋予给你。你对主管说自己对于会计事务一无所知，但她认为这项工作的核心是遴选软件系统。会计部门的领导已经习惯于效率低下的工作方式，需要外部人员对其进行改造。你又提出自己对软件同样一无所知，可主管解释说会计部门的领导对信息系统部门心存芥蒂，后者无论撰写出什么样的报告，他都会加以抵制。因此，你就是最佳人选。

"你需要做的，就只是看看这些新软件而已。会计部门现在使用的软件效率极其低下，你分析一下他们是否应该采用新的软件系统。我们希望让董事会感受到我们对于他们所下达命令的重视。"主管对你解释道。

（之后你发现，是主管主动提议由你负责这项工作，以此为交换条件，让首席执行官批准她请假。你还发现，首席执行官最近为了争取某一新岗位，正在发动一轮背水一战的权力斗争，并且竭尽所能地抚慰董事会的全体成员。）

公司为你指派了一个小团队，具体包括：两名来自会计部门的员工，基本每天能为你工作半日；两名来自信息系统部门的员工，同样每天只能工作半日；一名文案写作人员，在项目结束之际可以为你工作一周；以及一名全职助手。在与他们进行协商之后，你设定了如下的工作日程安排：

任务	时间线	月份		
		十月	十一月	十二月
一、确认相关的会计软件包	10月29日至31日	▓		
二、设定评价标准	11月1日至5日		▓	
三、针对现有会计事务设定评价标准	10月29日至11月15日		▓▓	
四、安排展示日期，介绍最优秀的三到四套软件包	11月1日至2日		▓	
五、举办展示会议，由软件开发人员介绍相关情况	11月5日至9日		▓	
六、针对每一款软件包进行成本/收益分析	11月7日至21日		▓	

续表

任务	时间线	月份		
		十月	十一月	十二月
七、为向董事会推荐做准备	11月11日至28日		▓	
八、撰写一份简报，准备向首席执行官进行简要报告	11月29日至12月5日			▓
九、等待报告及简报的反馈	12月6日至10日			▓
十、完成报告及简报的最终版本	12月1日至12日			▓

今天是十一月二十一日。迄今为止，你已经按照时间节点循序渐进地完成了相应任务。你的团队已遴选出了三套软件系统以待考察。你发现，自己所率领的六人团队，只需奋战两天，即可深入认识到每款软件的精髓所在。而成本/收益分析亦并非如你本来所设想的那般复杂。一旦工作走上正轨，全体队员只需一至两天，即可分析完一款软件——来自会计部门的员工业务水平十分精湛。

从目前看来，这三款软件中，有一款的质量并不令人满意，另外两款相对于现在使用的旧系统而言优势明显，但是每一款也都存在着一定的不足。

之后，助手急匆匆地冲进你的办公室，告诉你上周二（亦即十一月十三日）一款新的软件刚刚发布了。软件发布后，各种测评显示，这正是本公司所需要的产品。助手已经与该公司进行过协调，要求对方发送一份演示稿的复印件，并举办一次远程展示会，由一组顾问人员利用网络向你详细说明软件的细节。感恩节过后的下周三或者周四，他们就能够将一切安排妥当。

你迅速将下属们召集起来，询问人员情况。一名会计部门的人员可以继续为你工作；另外一名则无法再负责该项目。一位软件专家下周能够为你工作三十个小时左右；另外一位则必须着手负责另一个未完成的项目——但他保证，可以为你指派一名替代人员。文案写作人员在十二月五日之后即无法为你工作，但同样向你坚定地表示可以找到替代人员。

星期日	星期一	星期二	星期三	星期四	星期五	星期六
十一月						
			21	22 感恩节	23	24
25	26	27	28 推荐软件	29	30	
十二月						
						1
2	3	4	5 撰写报告及 简报初稿	6	7	8
9	10 审阅初稿	11	12	13 进行情况 简报	14	15

你的主管已经离开公司，驾车长途跋涉回家过感恩节去了，还说"这一周我的手机都会关机"。首席执行官也已回家过节去了。

大家全部都在等候你的号令。你要怎么做呢？

请在五分钟时间之内，确定你将如何安排团队的工作。

这个决策练习并不存在所谓的正确答案。如果你决定继续撰写报告，并且声称该软件的发布时间过晚、不予考虑，那么其他人可能视你为懒惰者。毕竟，软件是在董事会会议召开之前一整个月发布的，而且它可能恰恰最为符合公司的需求。另一方面，如果你试图对新软件迅速进行评价，那就必然要损失团队的若干成员，经验丰富的员工也要被新人所代替。或者，你也可以拼凑出解决方案，譬如既审阅该软件，同时也准备按期在执行委员会上进行情况简报，但是正式的报告要在会议结束之后的一周左右时间再予分发。你的脑海中可能还有其他想法。眼前的情况，可以促使你就当前情境下真正的战略性目标开展有趣而有用的讨论。确实是要评价新软件吗？抑或这一切不过是首席执行官在权力斗争的漩涡中为了安抚董事会成员而采取的手段呢？现实生活中的艰难决策，通常都掺杂有上述因素。

你所设计的决策练习应该易于实施，技术上应该更加简单而非复杂，规则应该简明扼要，还需保证相当的灵活性与适应性，能适应于多种环境——这意味着它既可以在快餐店内实施，亦可利用旅行中途的时间穿插进行。

决策练习中存在着诸多普遍性元素，包括名称、背景信息、对于情景本身的记叙性描述，通常还含有某种可视化展示。

最佳的决策练习，通常会以引人注目的故事作为形式，随着情节逐渐推向高潮——两难情境，参与者也会感到如坐针毡，被迫要作出决策，排忧解难。

同样重要的是，决策游戏不能只有唯一的正确答案。否则，参与者就无法勇敢地表达自己的观点，仅仅执着于寻找所谓的"正确"答案。正因一个问题可以有若干种合理的解决方式，你才可以组织讨论，鼓励大家踊跃地交流各自的思想。实际的决策，相对于其背后的思考过程，反而显得不那么重要了。决策练习不过是一个载体，它可以触发决策过程，帮助你反思自己的决策并与他人沟通。

设计决策练习。设计决策练习的方式之一，是将自身经验转化为相应的情境。但需要注意的是，这种类型的决策游戏通常都存在所谓的"正确答案"。切不可误以为某一情境在现实生活中的发展过程即为唯一的正确答案。

　　另外一种设计决策练习的方法，就是选取那些反复出现的、令员工们感到极其棘手的判断或决策问题。借助决策需求表格，你可以一窥自己和员工亟待练习的难题包括哪些类型。

　　设计决策练习时，亦可另辟蹊径，将待处理的商业项目转化为决策游戏，帮助员工未雨绸缪，对将要面临的困难提前做好准备。在将决策练习和当前项目联系起来的过程中，你可以充分考虑到以往的经验以及员工各自的性格特征。大家对情境越熟悉，你对情境的描述就越应该简洁明了。多数管理游戏会将背景信息删去，以便使游戏具有普适性。此原则并不适用于这里——为了锤炼自身的直觉，我们非常需要背景信息。正因如此，能够真实反映你和团队所面临的挑战的游戏，才最为合理。

　　某一工作坊中，我们正在教导参与者如何设计决策游戏，他们询问是否可以进行分组合作。他们推崇合作——每一张桌子旁都混坐着来自不同领域的专家，这种"多功能"的组合本身即存在相当的优势。因此，我们允许每一组参与者们齐心协力，设计出自己的决策游戏，然后再与其他参与者互相交流。那一次的工作坊显得十分活跃。

　　每一组成员都要就自身所面临的困难交换意见，还须思考如何使其他参与者所面对的情境更具挑战性。某一组根据项目启动初期常见的困难设计了决策游戏，并且在两难情境之外，还安排内部客户要求公司在不收取额外费用的情况下，开展额外的工作。第二组所设计的决策游戏，则重点关注商业项目执行过程中的意外折损给员工带来的沮丧之感。

　　这种开放性的形式鼓励某一组与另外一组进行竞争，受到了参与者的热烈欢迎。好几名参与者计划利用午休时间定期举办这类活动。他们感到，定期与同事共同设计并实施决策练习，不啻为一种很好的机遇，不仅有助于他们进行跨职能学习并形成紧密的联系，亦有助于他们构建直觉决策技能。决策游戏的核心是现实工作中面临的问题，这使得决策练习与每个人的工作都息息相关，亦可协助他们解决困扰自身的问题。参与者们甚至认为，可以将决策游戏推广到高级管理层，帮助他们表达出自己的困惑。

进行决策练习。进行决策练习最重要的原因，就是提供模拟经验，因为绝大多数职场人都没有足够的机会，去夯实自身所亟需的经验根基。

决策练习的作用多种多样：可以评估并且预演某一计划；可在问题出现之前就予以识别并确定解决方案；还可以使团队成员相互熟悉、相互理解，如此一来，团队成员就会更加了解其他人在面对各种类型的情境时将作何反应。请回想前文所介绍的决策练习——"按照董事会要求谨慎地选择软件"。你能够预测自己的老板将如何作出决策吗？或者你的下属会如何进行决策呢？能够预测到他们对于类似情境的反应方式，对你是否有好处呢？

下文详尽列举了决策练习的功能和作用：

● 决策练习可以揭示出心理模型的局限之所在，并且丰富其内涵，拓宽其范围；

● 决策练习可以协助个体认识到关键线索及模式的重要性；

● 决策练习可以填补个体经验根基中的漏洞；

● 决策练习可以教导个体如何管理不确定性；

● 决策练习可以协助个体练习如何解决目标之间相互存在的矛盾；

● 决策练习可以教导个体如何发现关键点——构建新行动选项的起始点；

● 决策练习可以帮助个体进行问题探测；

● 决策练习可以向个体展示如何通过他人的视角看待问题情境；

● 决策练习可以使个体掌握分配有限资源的方法；

● 决策练习可以将个体置于模拟情境之下，从而更迅速地掌握事实性知识和技术性知识；

● 决策练习可以教导个体如何下达指令，或者如何清晰地说明个体的评估结果或者个人意图。

读者还可以将决策练习作为留存公司资料的一种形式。传统做法是记录下潜在的重要观察内容，以某种方式将其存储，以便后人进行参考（他们若能找到则实属万幸）。如果将观察内容或者事件整合为决策练习，则可立即进行使用，或者供将来的员工参考。

下述示例说明了如何将决策练习作为一种指导策略加以使用。

● 示例二 学习布线图，就像赖之以为生一样

我们为飞行员举办了一场工作坊，目的是提升其决策质量，保证航班安全。工作坊上，我们请飞行员回忆了令他们意想不到的危险情境。一位飞行员回忆道，某次，他在夜间驾驶着一架小型喷气式飞机，结果，电力系统失灵了，而且是完全失灵。他最后在不明就里的状态下，成功令飞机降落。但他仍然认为，自己能够捡回一条命，纯属上天眷顾，跟自身所拥有的技能毫无关系。

同组的其他参与者难以自抑地纷纷指出他应该采取的若干措施，随即发现这些方案都离不开某些依赖于电力的子系统。最终，大家意识到，他们本应按照这样的方法学习电力系统——并非死记硬背接线图，而是直接面对这种类型的困境。如此一来，大家脑海中关于电力系统的心理模型，直接关乎自己的生死。

探究决策练习。你可以独自探究决策练习，就像解答谜题或者脑筋急转弯一样。尽管如此，为了达到最佳效果，最好在一个小型团体（大约六到八名成员）内实施决策练习。给参与者施加压力，令他们必须在其他人面前表现自我，同时互相参考借鉴。决策困境和材料要呈现给小组成员，而主持人则需要点名要求参与者回答问题（我总结认为，不可一味地让参与者自愿回答问题。原因在于，这会让大家觉得自己可以心不在焉。我们应该让参与者时刻保持警惕，甚至稍感焦虑，因为自己随时有可能被主持人点名）。如果决策类型本身只对时间比较敏感，那么也应给参与者设定时间限制，不可令

他们深思熟虑（而且要不时提醒他们时间正在一分一秒地过去）。这样做更加有趣，效果会更加令人满意，也更加实事求是。在我们所组织的绝大多数决策游戏中，一般都会给参与者限定三到五分钟的时间。

譬如，如果在小组内练习"按照董事会要求谨慎地选择软件"，为了介绍游戏，主持人可以将可视化材料贴在黑板上，朗读相关情景；亦可分发文字材料，供参与者阅读，从而用心体会两难困境中的关键之处。之后，给他们五分钟的时间，用于构思解决方案。主持人须请一名参与者说明自己的想法，并且探索该答案背后的基本原理，同时还要追问行动方案中所存在的弱点与不足之处。然后，主持人可以邀请他人点评这一答案，并且说明自己构思出的方案。这样一来，即可以让数名参与者轮流体会"如坐针毡"之感。

最后，你还可以组织总结讨论，分析如何避免这些问题或者将其影响降至最低。这或许是整个决策游戏中最具价值的部分——团队领导者应该如何制订计划并且预先澄清相关问题呢？此时，你就可以应用自己通过决策需求表格所掌握的信息了。譬如，上述决策游戏中所描述的领导者，即忽略了对于客户的内在需求。如果该项目仅仅检验那名董事在旅行过程中潦草写下的几个软件，董事会是否会感到满意呢？董事会中是否有成员已经知晓了最新发布的软件包呢？究竟什么才算是大功告成——找出所有最佳软件包的备选项，还是找到一款能够优化会记工作流程的软件包呢？又或者，仅仅令首席执行官能够标榜自己已经做出努力即可呢？我们不知道答案是什么。团队领导者需要开展更加细致入微的工作，设定合理的工作预期。

这些并不是对那些进行决策练习参与者的批评——他们只是太过执着于既定计划而已。尽管如此，决策游戏应该让参与者清醒地意识到这些缺点。事后回顾起来，参与者是否能够思考出团队领导者本应采取哪些行动呢？

决策练习应该简单而易行，惟其如此，参与者才不会感到厌烦。一般而言，决策游戏大约应该维持三十分钟左右的时间，再加上二十到三十分钟进行跟踪讨论——亦可利用午餐时间开展此活动。约翰·施密特——作为海军陆战队内推广决策练习的先锋，在评价成功的决策游戏时的核心标准是：在主持人宣布练习完成之后，参与者们在走回办公室的路上时，仍然兴致勃勃地讨论相关情景。正因如此，约翰建议决策游戏不可完全"耗尽"对于某一情境的探讨。他希望在练习结束之际，还留有一些令人回味的空间。

倘若在你提议进行决策练习时，其他人抱怨说："我们已经做过这样的事情了"，或者"几年之前我们尝试过但结果毫无用处"，请详细询问他们的观点——先前的练习属于哪种类型？精细程度如何？大家上一次开展该练习是在什么时间？需要请专业的公司修订并且组织该练习吗？在设计并且开展这些练习的过程中，大家有哪些收获？

多数组织都针对某些领域设有某种形式的不甚精确的练习。很可惜，这些练习总是召集了太多的参与者。又或者，由于组织协调不力，练习难免变得索然无味。某些情况下，公司无法针对迫切的需求——譬如公司马上要接受一个大项目，需要员工及时做好准备——设计出合理的练习。或者，练习仅仅每年实施一次，没有达到每月进行数次的程度——这才是真正产生效果所需的频率。倘若发生这种练习不足的情况，根据我的猜测，其原因在于练习设置得太过精细，受限于各种实际因素，只能每年进行一至两次。可惜，在这种频率之下，练习很快就会在文山会海中被尘封、被遗忘。

经理和高管们是否应该责成人力资源部门设计并且开展这些练习呢？我并不以为然。为了设计并且实施这些练习，个体需要掌握大量的知识，深入了解新员工的具体情况和各项工作的意义。决策练习属于一种领导力工具。一般而言，只有那些最为了解公司、岗位以及员工之人，才能设计出最好的决策游戏、最为有效地开展组织协调工作。约翰·施密特表示，他之所以如此热衷于设计并开展军事决策游戏（他已经设计出了一百多套游戏，主持过数百场决策练习），是因为每一次的工作都令他更加深入地领悟到战略战术的精髓。

在团体内部开展决策练习时，需要安排专人进行主持协调并开展跟踪讨论。最优秀的主持人，应该对练习主题了如指掌，享受组织讨论的过程，能够认真倾听从而发现有价值的思想并揭示出计划中存在的漏洞，而且能够听出发言内容的深层含义与弦外之音。某些主持人喜欢采取强势的态度，令参与者感受到压力，这一策略仅适用于部分主持人。其他主持人则乐于营造出轻松而活泼的氛围。在这样的气氛之下，参与者更有可能畅所欲言并接受诚恳而坦率的反馈。

决策练习的局限之一，是某些情况下很难让参与者和主持人聚在一起。可能公司的专家和领域专家在某一个地点，而那些需要受训的雇员可能在另一个地点。将所有人都召集到同一地点，其花销可想而知，更不用说很多员工本来就因为出差过多而疲于应对了。

解决此一问题的方法，是运用互联网开展决策练习。约翰·施密特及其他相关人员提出了一个概念，称为"决策网络"，大体而言，就是依赖电脑网络进行分散式决策练习的一种技术。迄今为止，我们已经花费了数年的时间完善决策网络，先后将其应用于多个不同的领域，其效果之喜人令我们非常惊讶。

不论以哪种方式开展决策练习，都不能仅仅满足于询问参与者"他们将如何进行决策"。应该询问他们将搜集哪些信息、将面临哪些问题，或者他们将如何评估眼前的情境。可以询问他们预期将会出现哪些问题，或者将来会发生什么。还可以询问他们能够给出什么解决方案。这些全部都属于人类运用直觉的方式。本书后续每节中所介绍的决策练习，都将采取上述形式。

决策练习结束之后的跟踪讨论或许——事实上也应该——比决策练习本身更有价值。因此，在一个团体内，主持人应该邀请若干参与者回答问题，然后探讨每个人的答案及其方法之间的异同。通常情况下，主持人都会发现：某些人所能够发现的线索和模式，其他人则视而不见。

最早进行"按照董事会要求谨慎地选择软件"练习的五名参与者，分别提出了五种不同的解决方案。第一名参与者认为，团队拥有足够的时间和资源去评价最新发布的软件包，并将其涵盖到书面报告当中；第二名参与者认为，团队应该坚持既有日程安排，如无必要，不应为了精益求精而使员工陷于工作倦怠之中；第三名研究者再次审视了软件评价工作的核心目标，他认为，只需满足董事会的要求——将现有软件升级——即可，没必要选择更新、更好的替代产品；第四名参与者意识到，应该重新修订工作日程安排，一边撰写书面报告，一边评价最新发布的软件系统，最后再将评价结果加入到报告当中；第五名参与者则表示，他会针对所有的软件包开展初步审查，然后告诉董事会，更深入的评测工作正在进行过程中。

回顾决策经验，汲取养分

"经验"是绝佳的教师，但"经验"本身并非最高效的学习方式，其获取过程往往是令人痛苦而且耗费时间的。为了尽可能高效地学习，在工作中，我们应该更加深思熟虑，更加遵守规则，同时进行更加透彻的分析，尽可能充分地吸取每段经验中所蕴含的"养分"。与心理调节类似，这一过程并不存在什么灵丹妙药，我们应该将任何经验都视作学习的机会。此外，还可以通过下列方法，获得对自身决策的反馈：

征求其他人的意见，尤其是你所在领域里经验更加丰富的决策者。公司里必然有若干员工擅长于该类型的决策，你应该与他们进行沟通。他们能看到哪些你所视而不见的事情？对于某些现实生活中的事件，他们的视角与你截然不同，应就此与他们进行交流。他们是否意识到了你所遗漏的事物？他们是否体会到了你所忽略的深意呢？若条件允许，在开展直觉训练之前，就应向各位前辈求教，接受指导，请他们评价你在决策练习和实际工作当中的表现。

示例三即生动描述了高效的反馈。这反馈恰恰是无心插柳之举，而非深思熟虑、巧妙设计的产物。

● 示例三　反馈：测评中心的秘方

奥利·马龙，现任桂冠达公司的副董事长，负责组织发展事务。1989年时，他就职于斯普林特电话公司，负责管理一家测评中心，他自己原本就是一名测评师。测评中心的目的，是通过电子邮件和小组讨论等标准手段，帮助主管遴选新的管理人员及销售人员。测评中心并非一个全职机构，每个月仅工作一周，而且测评师本身都属于高管，这里只不过是他们的兼职岗位。奥利注意到，这些主管只需"瞥"一眼应聘者，看看他们走进房间及与其他人握手的方式，就可以迅速判断出这个人会不会成为斯普林特公司的合格员工。而且，这些主管们可谓"火眼金晴"，极少犯错——那些成功通过能力测验的应聘者，恰恰也是测评师从一开始就青睐之人。

百思不得其解之后，奥利终于豁然开朗——测评中心之所以如此成功，就在于测评师们全都是高管而非全职的测评人员。测评师们一直在监督所聘用员工的工作状态，所以，他们能够就自身在遴选应聘者的过程中所作出的判断得到反馈。这种反馈能够帮助他们完善自己对于应聘者的直觉性评价。

此外，每个地区都会按照销售人员的业绩进行排名。因此，即便应聘者到另外一个地区的岗位任职，测评师仍然可以了解他们的工作表现情况。

优秀的直觉性判断，其秘诀就是测评师拥有获得反馈的机会，他们可借此反思自身决策的效果。这也使得他们在对应聘者的潜在表现进行判断时，相关的专业知识能够逐渐累积起来。如此一来，本来十分困难但又极其重要的技能，即可被测评师所掌握并运用。

我们亦可给自身提供反馈。事件发生过后，我们每个人都会思考自己的决策，这是自然而然的。对于欠妥的决策，我们自责不已；对于优质的决策，我们大加庆祝。我们会作出各种"如果……那么……"形式的假设。我认为，最有价值的方式，就是顺应这种人之常情，并且重新定义它，为它设下规矩。不应仅仅执着于分析某一决策的优劣，应该将关注点集中在决策过程之上——我们为什么作出了某一决定，我们又是如何作出该决定的。

此种类型的反馈可帮助你修正并且提升自身的直觉。倘若个体没有过多的机会去处理棘手的事务，就必须尽可能彻底地分析自己曾经经历过的事件，这意味着在事后花费大量的时间去吸取相应的经验和教训。这对实际经验和决策游戏而言同样适用。

当个体遭遇到某种类型的阻碍（包括失败的案例）时，反思自身的决策经验尤其具有价值。失败能够吸引并且维持我们的注意力，它们也是明确的信号，说明我们的心理模型并不合理。失败固然令人心痛，但它同时亦令我们感到刻骨铭心。我认为，走出失败最好的方法，就是思考出自己本应该做什么，同时希望自己能有机会重来一次。示例四说明了我是如何利用反馈来提升预测技能的。

● 示例四 "歉收年"还是"丰收年"

数年之前，我的工作职责之一，就是预测本公司的收益。这项工作关系重大。若是我所作出的预测偏差过大，那么公司的生存都会发发可危，因为现金流将无法满足支付的需要。如果即将进入"歉收年"，则公司应该迅速提升营销工作的产能。如果公司需要削减成本，则在财政年度开始之初即应谋划妥当，方可高效运作。如果公司业务纷至沓来，则必须准备招募更多员工，或者对外咨询。

判断公司的总体收益是一件非常困难的任务，所以我会将其进行分解，判断公司各项提案的成功概率，或者发掘曾经与我们联系过的潜在客户的情况。我一定要估计出公司拿下一个项目的概率，项目的规模以及其可能的起始日期。

我需要在财政年度开始之前的六到八个月之内完成收益估算。提前如此之早即须判断预期收益的数字，这是一项非常困难的决策。

有鉴于此，我会重点审阅自己去年所作出的预测，了解自身的直觉和判断有何不足。

我发现，某种类型的合同竞争程度很高（中介仅会从收到的提案中选择10%进行投资），极难作出准确的预测。但是总结过去一段时间来看，我公司的成功概率大约是21%。因此，在计算此类合同时，我会将这一过往成功概率加入到预测公式当中。

我发现，对于那些客户半真半假予以承诺的项目，我所作出的估测过高。倘若我将这些项目的成功率标记为3%或者5%，随后又在头脑中设想出种种可能性，那么我所绘制的图像也许就太过浪漫了。因此，我会将这些概率记录在预测清单上，但是不会过度地依赖它们。

我意识到，即使是那些已经签署过合同的项目，也不能保证其收益数目万无一失。付款人自己有时候会遭遇财政危机，并且要求我们公司减少工作量。又或者，一个项目有可能发生严重的拖延情况，因此其收益只能出现在下一年的财报当中。

随着时间推移，我掌握了利用结果反馈优化自身估测的方法。最终，我能达到的能力层级是：我在财政年度之初所作的收益预测值，与财政年度终期的实际收益值相比，误差不会超过10%。

多数研究已经清楚地表明，对于"过程"的反馈——譬如反思自身进行决策的方式、反思如何更加迅速地进行模式识别——使人获益良多。相比之下，对于"结果"的反馈则意义不大。

| 决策评价的形式 |

直觉训练的第三种基本工具，叫作"决策评价"。其目的是针对决策质量以及决策过程提出反馈，并借此反思个体所作出的决策。决策评价旨在帮助个体反思自身进行判断及决策的方式，以探明哪些方法行之有效，哪些方法应该改变。

直觉决策，就是通过模式来识别出某一情境下所发生的事件，并识别出应该以哪种行动方案加以回应，借此作出决策。因此，决策评价需要包含多项内容。它需要帮助个体检验自身评估情境的方式——包括个体识别出以及忽略的线索和模式。它还需要帮助个体检验自身的行动方案是否有效，是否存在更加合理的方案。

只有针对性较强，决策评价的效果才最佳。我习惯于围绕某一具体事件开展决策评价，再深入到事件内部，去检验那些棘手的判断、评估和决策，那些或许需要随机应变的时刻，那些必须作出的解释以及那些必须填补上的遗漏信息。

在为他人开展决策评价时，我一般会让他们绘制出一条时间线甚至是一幅示意图，并在其中标记出判定情境本质、制订行动方案的时间节点。下文即列出了我们曾经使用过的一个决策评价示例。当然，其中并不存在严格的规则，因此读者如果发现更有效的评价方式，可根据需求进行更改。决策评价完全可以作为情况简报会议的框架进行使用。驱动决策评价的是人类的好奇心——个体如何对情境作出解释、他们注意到了哪些模式，而并非任何的标准化的"核查清单"的心态。

当提出"为什么个体觉得这一决策如此艰难"这一问题时，可以绘制出一幅决策需求表格：经验较为欠缺的个体将犯下怎样的错误，哪些类型的知识较为重要，此情境下需要构建起哪些类型的心理模型。

关于"解释当前情境"的问题，其着眼点为：帮助个体认识到自己本应

> ### 决策评价
>
> 如何安排时间线？写出关键性的判断，以及随着事态展开所作出的决策。圈出此项目或者情境内的艰难决策。针对每一艰难决策，回答下列问题：
> - 为什么这一决策如此艰难？
> - 你如何解释当前情境？事后看来，哪些线索和模式是你应该重点关注的？
> - 为什么当时你挑选了某一行动方案？
> - 事后看来，你是否应该考虑或者选择另一行动方案？

该捕捉到的线索和模式。本书的第九节"如何评估情境"将对这一问题进行详细的介绍，帮助读者深入理解相关内容。

关于"行动方案"的问题，其目的是帮助决策者反思大脑中的各个方案。也许他们的方案数量不足，或者类型不够丰富，或者即使存在更优选项，他们仍然习惯于使用某一固定方案。

读者或许对于最后一个问题感到百思而不得其解，因为看起来这个问题恰恰是在鼓励答题人比较不同的行动方案。但我认为，在**事后**进行选项对比，具有相当深远的意义。

某些组织，譬如军队，已经开始召开"教训总结会议"了。很可惜，根据我们的观察，与会人员往往执着于事实和细节的争辩，却完全忽略了直觉决策的独特视角。在工业领域，教训总结会议以及情况简报会议极少召开。即使召开，与会人员也将注意力集中在事件和事实上，毫不理会决策作出的过程。很不幸，如此一来，这些会议难免沦为了"相互指责"大会。这就像是针对某人的驾驶行为给出反馈时，仅仅列举出他所撞毁的车辆，却不去检查他的视力一样。在某些情况简报会议上，主持人居然会暗中指使与会人员，诱导他们说出所谓的"正确"答案。

真正富有成效的情况简报会议，不仅需要对所完成的工作进行讨论，还应帮助与会人员认识事物的模式——譬如问题什么时候被首次发现？大家是否忽略了一些早期征兆？个体应如何解读眼前情境？对于事态进展情况是否存在其他的观点？哪些情况使得事态明朗化？人们是否能够更早地获得相关信息以削减不确定性？大家是否一味地守株待兔，寄望于不确定性自行消失，实际上反而应该尽快行动、掌握主动权呢？

在回顾决策的过程中，个体可以认识到自己应该加强哪方面的技能，可以进行"决策练习"或者"任务安排"等。个体还可以更加充分地理解决策需求本身——尤其是确定每一种决策类型中的重点、难点所在。

个体可利用决策评价来审视实际发生过的事件，亦可据此组织决策练习之后的情况简报会议。事实上，在本公司所提供的培训项目中，我们通常都会将决策评价和决策练习结合起来，共同加以运用。

切记，使用决策评价的目的在于获得反馈，从而提升自身"决策"的质量。没有反馈，则强化"决策"的质量不啻为痴人说梦。

全神贯注：将经验转化为专业知识

倘若直觉的基础是经验，那么经验又是如何进行整理加工的呢？仅仅积累经验是不够的，还需将经验转化成为专业知识。

为了构建起专业知识，必须满足以下条件：我们需要获得关于自身决策及行为的**反馈**；我们需要**主动地**获取并且解释这些反馈，不可消极地等待他人告诉我们决策质量是好是坏；我们需要**反复**进行练习，从而获得实践决策（并收到反馈）的机会，同时逐渐明确哪些情况是典型而常见的。

决策需求表格帮助我们揭示出了自身所亟需提升的技能，如此，我们方可有针对性地将练习与反馈的收获加以应用，使其发挥最大作用。决策练习是一种练习的方式——通过反复练习，使得我们具备作出直觉决策的能力。决策评价则是针对直觉决策作出反馈的一种形式。

这三种工具构成了直觉训练项目的坚实根基。但是，正如接下来的每节所示，该项目远不止是"练习"及"反馈"。本书的其他部分将为读者提供更多的有效工具，帮助你应用自身的直觉，同时应对那些干扰决策的重重阻碍。

关键要点	
决策练习的特点	
名称：	决策练习应该拥有易于辨识的题目，以便后续查找。名称可以包含总体情境、物质环境、两难处境或者其他显要特征。
背景：	决策练习应该描述出事件的发展过程，怎样从开始演化到需要作出决策的情境。
情景：	亦即对参与者所面临的两难处境进行描述。决策练习应该说明现有的情境的起源以及决策在何时应该作出。组织者应该告诉参与者他们所扮演的角色，他们应该达成的目标，外在环境，他们所拥有的资源以及两难处境。上述类型的信息可以通过多种合理的方式进行组织，通常情况下，应该遵循"从一般到具体"的原则，或者按照时间先后进行排序。
视觉呈现：	如条件允许，决策练习中应该尽可能包含某种形式的示意图、地图或者表格，借此展现出环境中丰富的细节信息。

·5·

使用分析支持我们的直觉

不论是"分析"还是"直觉",如果只偏重其中一项,都不能完成高效决策的重任。因此,我们需要探索两者之间的关系,明确偏废其一的后果。最终,我希望读者能够学会通过分析提升直觉式思维水平,并了解应该避免使用哪些分析式决策策略。

直觉＋分析,发挥最高效能

直觉与分析的结合,如果想要发挥出最高的效能,必须要将直觉置于主导地位,令其指导我们对于周边环境的分析。如此一来,直觉即可帮助我们识别情境并决定如何反应。与此同时,分析可以核实直觉的内容,确保直觉并未引导我们误入歧途。

某些决策研究者虽然表面上也赞成将直觉与分析结合起来,但是内心深处对直觉不以为然。在他们看来,两者相互协调的理想状态,就是要将直觉置于严密的掌控之下。但是这样做并不合理，它剥夺了我们运用直觉指导自己、纵览全局的天赋。

波特·德雷福斯与斯图尔特·德雷福斯在他们的著作《思想高于机器》中，提出了所谓的"有意理性"概念，我深以为然。

> 被视为神秘之物的直觉与理性的分析长久以来即被区别对待，这并不合理。二元论具有误导性，其理论支撑点中并未提及普通的、非神秘性质的直觉，而根据我们的观点，这恰恰是人类智慧与技能的核心之所在……在人类的思想中，分析与直觉协同发挥作用，尽管直觉是最终的成果。不过，对于某一技能的初学者而言，分析乃是必不可少之物。在专业知识的最高层级，分析同样可以发挥作用，它能够令人类的直觉式感悟更加敏锐而且明确。深思熟虑与直觉思维是不同的，但二者不应被视作相互排斥的对立选项，而这又恰恰是很多简单化论述的案例中所常犯的错误。

这种分析与直觉的整合，在我介绍识别启动决策模型时已有所述及。模式识别可以帮助个体初步理解并且识别出如何针对特定事件作出反应；而心理模拟（想象反应如何渐次展开）则为个体提供了"有意思维"——亦即"分析"，并借此确定行动方案是否切实有效。

关于这一过程的绝佳示例，即为人类的视觉系统。我们每只眼睛都包括有一个视网膜中央凹和一个边缘结构。

中央凹使人类能够区分出精确的细节。阅读过程中，人类会将眼睛的中央凹对准正在注视的字母。而边缘视觉主要提供整体的视野，避免人类在空间中迷失方向。

在日常生活中，人类既需要中央凹，也需要边缘视觉。两者之中，边缘视觉系统更为重要。那些摧毁掉边缘视觉的疾病，譬如色素性视网膜炎，会

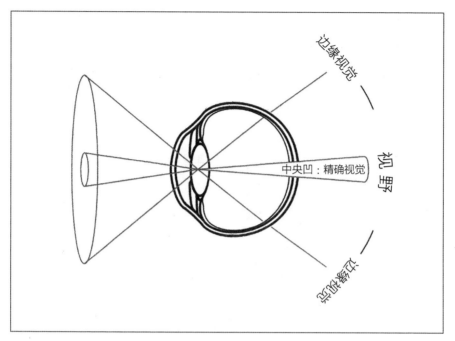

图五 中央-边缘视野对比

使患者仅残余中央凹视觉，就像只能透过一根吸管窥探世界，令人完全茫然不知所措。中央凹每次仅能展示出世界的一小部分——伸出手臂，将目光集中在大拇指指甲上，这大概就是中央凹所能够覆盖的区域大小。

倘若人类因为某些疾病——譬如黄斑变性——而使中央视觉受损，这固然也很严重，因为患者将丧失阅读能力，也无法完成在视觉上有精确要求的任务。但是，他们至少能够操纵自身行动，移动范围亦不受限制。

人类的直觉如同边缘视觉一样，确保我们能够调整自身方向，同时了解周遭情境。至于我们的分析能力，其运行机制则更加类似于中央凹视觉，能够确保我们精准地进行思考。我们或许误以为，自己的一切思考和决策，全部来源于头脑中的分析式思维以及目的明确而且经过反复推敲的思辨，但这只不过是由于我们没有意识到引导着有意识思维过程的直觉而已。

　　某些情况下，人类需要更多地依赖于直觉；另外一些情况下，则需要寻求分析的帮助。倘若情境时刻处于变化当中，或者时间压力较大，又或者目标较为含混，那么分析就无法展开，个体必须依赖自身的直觉。如果个体经验丰富，则完全可以在不权衡各种行动选项的前提下，识别出应该采取的做法。

　　如果决策过程中涉及复杂的计算，譬如判断采购一台全新的彩色复印机相对于租赁而言是否更加节省成本，则个体无论多么信任自身的直觉，也必须掏出计算器，否则无法给出满意的答案。如果你需要解决不同个体或者群体之间的冲突，就不应置他人的直觉于不顾，仅采纳某一个人的直觉内容。为了促使全体成员达成具有公平性的妥协，你或许应该使用一套共通的评价

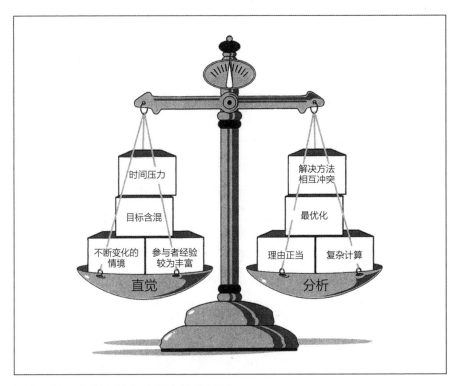

图六　适用直觉方法与分析方法的情境

标准衡量各个选项，以便每一人都能清楚地认识到自己在每个选项下的得失。倘若为了解决某一问题，你不满足于仅找出一个可行的方案，而着力于寻求最佳的方案，那么你就应该分析不同方案的优缺点。而如果在你作出决策之后，又需要给决策找出正当的理由，最令人信服的一种方法，就是列举出所有可行选项，然后解释为什么你的选择是最明智的。

直觉的局限性

为什么直觉有时候并不可靠呢？追根溯源，其影响因素包括：我们所面对的决策类型；我们是否拥有发展直觉的机遇以及专业知识的固有性质。

复杂而不确定的任务使得直觉难有用武之地

如果待解决问题的情境过于复杂，那么根据模式识别而发展出直觉就十分困难。即便个体以为已经识别出了一种模式，亦有可能是在自欺欺人。举例而言，在赌博领域，轮盘赌具就有诸多不确定因素——器具磨损的微小差异，即可能导致某些数字出现的几率更高。赌博团伙会花费数天的时间计算相关比率，以判断某一轮盘赌具是否出现了不平衡的征兆，从而抓住时机，大发其财。而一名赌徒观看轮盘赌具一到两个小时之后所形成的直觉，其根据是随机性的变化，并非客观实际。

股票市场亦过于复杂，难以发展出精准的直觉。没有任何一个人的专业知识能够丰富到足以完全掌握市场的地步。股票交易人员不过是掌握了自身岗位的例行公事而已。他们可以向客户解释推荐某一股票的理由，他们能够滔滔不绝地谈论千差万别的指数。但是，他们却无法作出精确的预测。股民或者会对某些股票怀有直觉性的偏好，但是只需认真观察这些股票的交易记录，即可马上知晓它们并不可靠。当然，由于股票市场过于复杂，即便利用分析方法亦难解开谜题，不过这又是另外一个课题了。

| 决策者或许并无机会去获取专业知识 |

倘若人类无法获得自身所作判断的相关反馈，则极有可能无法构建出坚实的经验根基。譬如，判断人力资源部门工作效能的标准，是该部门在招聘工作中是否**高效**，而并非所雇佣人员的**素质**高低。

最近，我与同事开展了一项研究，探讨高智商大学生的求职策略（请参见示例五）。

当我向其他人介绍这项研究成果时，对方通常都会跟我分享自己在职业发展过程中不断改变的求职策略。但是总体而言，他们所采取的策略与示例

● **示例五　找工作**

该研究的目的，是帮助客户分析如何在招聘中提升自身竞争力，吸引有才能的员工。我们采访了十七名个体，借此了解他们的求职策略。

令我沮丧的是，他们的主要策略，就是接受第一份收到的聘约。在全部四十五次求职经历中（绝大多数访谈都提及了被访者一系列的求职经历，并不仅限于大学毕业后的第一份工作），仅有十五次，个体会比较两个或多个企业。

读者或许认为，上述结果符合识别启动决策模型的预期——优秀的决策者通常会选择自身所思考出的第一个选项，我应该感到振奋才对。不过，这些受访者并非优秀的决策者。在某些案例中，受访者先前根本就不具备求职经验，亦并未获得关于自身决策的相关反馈。

为什么求职者依赖于这一策略呢？绝大多数情况下，我们都发现，应聘者非常厌恶找工作的过程。想到没有几家公司向自己伸出橄榄枝，他们就感到焦躁难安。他们同样厌恶各种各样的面试——那意味着会被他人品头论足，甚至要接受猛烈的批评。越早结束这段经历，他们就越感到心情愉悦。

中的大学生没有本质差异。这种情况令我思绪难安。假设某人只**争取**到一个工作机会，那也别无选择；可是在我们的访谈对象中，很多人坐拥大把工作机会，但他们却仍然会选择第一个选项，不去考虑更多的可能性。鉴于应聘者并没有比较一系列选项，求职并不属于严格意义上的分析所有方案的决策。此种类型的求职行为所依靠的是直觉，但直觉的根基却并非可靠的经验。

｜经验根基或被扭曲｜

即便人类了解如何获取并且评价经验，但是所获得的反馈究竟是否可靠，仍然令人担忧。可以用"偶发性厌食"的现象说明此种问题。倘若某人在吃完某一类食物之后，马上就感染了胃部病毒，那么他/她就会将病症与该种食物联系在一起，虽然事实上两者之间的关系完全是随机的。个体在直觉上就会避免任何含有该种食物的菜肴，即使并无确凿证据表明该食物就是导致疾病的原因。我们也发现，儿童在睡觉之前，会进行一些仪式化行为，借以躲避藏在衣橱或者床下的魔鬼。并无证据——或者说反馈——证明魔鬼确实存在或者仪式化行为确实有效，但是这些举动能够舒缓焦虑之情，而且会持续很长时间。在商业领域，很多行为本身虽然效率低下，但却已经成为办公室文化的一部分，以至于人们无法鼓起勇气放弃它们，这同样说明了反馈并不可靠的一种情况。

｜思维定势的问题｜

请读者思考一下专业知识的功用。它能够帮助人类迅速将某一情境归为某一典型类型。它能让你知道应该将注意力集中在哪里，又应该忽略哪些事物。不过，在某些情况下，若我们对自身所知洋洋自得，在遇到意外情况时，就很有可能遭遇失败，如示例六所示。

这便是专业知识硬币的反面，简单地展示了专业知识是如何蒙蔽我们的。所谓思维定势问题，指的是人们受到自身专业知识的局限而犯下错误。出现

● 示例六　水罐示例

　　1970年的一项研究证明，先前的经验可能会限制个体高效应对新情境的能力。首先，请实验参与者假想他们有三个尺寸不同的水罐以及不限量的水资源。他们的任务是思考如何使用这三个水罐，向一个大水箱中填入一定量的水。譬如，在第一个问题中，甲罐容量为21夸脱，乙罐容量为127夸脱，而丙罐容量为3夸脱。如何使用这三个水罐向水箱中填入100夸脱的水呢？

　　请解决这个问题，然后，按照前后顺序依次解答一下表中的其余问题。

	水罐容量（以夸脱为单位）			水箱中所需填充的容量
	甲	乙	丙	
1	21	127	3	100
2	14	163	25	99
3	9	42	6	21
4	23	49	3	20
5	20	59	4	31

　　可见，对于所有这五道问题，为了向水箱中填入一定量的水，首先应填入一乙罐的水，再舀出一甲罐的水，之后，再舀出两丙罐的水。公式为：乙罐减去甲罐再减去两个丙罐。

　　但是，第四道问题存在更加简单的答案：只要先填入一甲罐，再舀出一丙罐即可。在一项研究中，如果直接给实验参与者呈现类似于第四道问题的题目，则他们能够回答出"甲罐减去丙罐"的简单算法；但是，如果先呈现更为复杂的题目，如同上表中的顺序一样，则实验参与者会反复采用复杂的解决方案，根本无法意识到第四题可以用更加简单的方式进行解答。在后一种条件下，只有26%的参与者会分析是否存在简单解法；而74%的参与者则毫无必要地继续采用复杂解法。

这种问题的原因是人们对世界的认知已然固化，无法用全新的方式去看待问题。专业知识固然赋予了我们忽略那些无关紧要之线索的能力，可它同时也导致我们错过相关的新线索，忽略了潜在的有效策略，因而无法注意到重要的机遇之所在。示例七讲述了发生在工业领域的一个事件，同样揭示出了思维定势的问题。

● **示例七 你在呼吸着什么**

米利肯化学公司的操作员们需要对一个化学槽进行空气净化，以去除掉先前生产过程中所产生的烟雾，净化过程共需二十四个小时。操作完成之后，一名员工走进了化学槽，呼吸几下之后，应声倒地。监控人员看到了这一幕，赶紧冲进去救援，呼吸几下之后，同样应声倒地。轮班主管看到两名员工昏迷后，赶紧冲进去想要施以援手，结果也应声倒地。

这时候，其他员工终于开始思考是不是大家忽略了什么。第四名员工被绳索吊着被放到化学槽中，同样昏迷不醒，众人赶紧将他拽上来。部分员工穿上自带呼吸装置的防护服，冲进化学槽将几名昏迷的同事救了出来。

问题在于，用于清除烟雾的软管没有连接到空气管——反而不慎连接到了氮气管上。

第一名走进化学槽的员工不幸离世，其他三名则大难不死。

上述事例中，同样出现了思维定势的问题。起初，一切都看似正常，正因如此，第一名员工、监控人员和轮班主管这三人都没有考虑到昏迷是缺氧所致。即便看到两名下属昏迷不醒，主管也没有质疑是不是出现了什么异常情况。只有在新情况明白无误地展现出来时，搜救人员才采取了更加严密的防范措施。

思维定势问题说明人类的直觉是存在缺陷的。即使将直觉建立在专业知识的基础之上，我们仍然难以确保自己没有忽略重要的事物。事实上，经验丰富的员工常常因为循规蹈矩而对新的可能性视而不见。

对于直觉的局限性不必反应过度

直觉的局限性确实存在。不过，某些时候，人类对此的反应亦未免稍显过度。请阅读伯纳德·巴斯所写的一段话：

> 作为实用主义者，管理者倾向于为自身的直觉以及"摸着石头过河"的能力而感到自豪。不过，已有研究证明此类直觉判断错误重重，完全依赖直觉的决策远远谈不上完美……譬如……若要求个体利用五秒钟的时间，估算 $1×2×3×4×5×6×7×8$ 的得数，则平均结果为 512；而对于 $8×7×6×5×4×3×2×1$，平均结果则为 2250；事实上，根据计算结果，真正的答案是 40320。

巴斯只是在攻击他想象出来的观点而已。本来就没有人提倡在进行复杂的数学运算时扔掉口袋里的计算器，完全依赖自身直觉。当然，大多数情况下，数学家们都会通过直觉去推测大致的答案。倘若结果看似有误，数学家们即可警觉地思考计算过程中出现了哪些纰漏。优秀的数学家为了攻克难题、找到新的解决方式，同样需要借助直觉思维。那么，他们如何构建此种直觉呢？答案是：解答不计其数的数学难题，构建起"关系"与"结构"的心理模型，以此累积经验。

对直觉的不信任中包含某种滑坡谬误。常见情况是：刚开始只是说"直觉并非永不出错的"，随后又说"永远不能完全信赖自身的直觉"，再到"直觉基本上是不可靠的"，最后，观点摇身一变成为"必须不惜任何代价避免直觉"。巴斯的引文就印证了这一变化过程——他的观点是：鉴于在解答数学问题的过程中直觉不可信赖，那么其他任何事情皆不可依赖于直觉。

我并不认同这种逻辑。人类的眼睛并不完美——它们存在盲点；有时候由于异物进入，视物会稍显模糊；出现这种问题之后，往往需要通过佩戴眼镜进行矫治。但是，我们并没有完全拒绝那些通过眼睛而获得的信息。直觉固然存在缺陷，但这并不意味着我们不能对其善加利用。

部分决策研究者——如巴斯——无法接受直觉决策这一概念。他们将直觉视作困惑与迷信的来源，随意性过大，这并不科学。这些研究者指出，很多研究结果表明直觉判断通常都是存在错误的（他们忽略了"分析判断同样易于出错"这一事实）。他们提出了一些事例，证明直觉决策导致了灾难的发生，譬如美国决定进兵越南以及英国在二战前夕对希特勒采取绥靖政策等。他们坚称，经由细致入微的分析，政治家们本可以避免犯下此等大错（他们忽略了那些效果令人赞叹的直觉决策，譬如，朝鲜战争中麦克阿瑟决定在仁川登陆；里根从直觉上感到苏联即将解体；曼德拉凭直觉认为自己对种族隔离政策的反抗，将会产生重大影响；马丁·路德·金依据直觉判断认为，在美国，对种族隔离政策采取消极抵抗策略，将会取得成功）。他们嘲笑福特公司居然凭借着直觉推出了失败的"艾德赛尔"车型，但他们同时又在驾驶着"野马"和"大篷车"，这两款车型的设计者是李·艾克卡，他在福特工作时，依据直觉设计了上述车型。

根据上述事例，部分决策研究者作出结论，认为人类不可相信自身的直觉，唯一的出路是基于可靠的分析作出决策。这种极端观点认为，仅凭借分析即已足够，而直觉只会成为把事情搞砸。但是，一旦进行深入的审视之后，即可发现分析同样存在着若干缺点。

克服分析的局限性

我们可以这样界定"分析"过程：为了理解某一问题，将其分解成为各子成分，然后针对这些成分进行逻辑推理或者数学运算。借助分析方法，如演绎式推理，可以帮助人类得到合理的答案。不过，依赖于分析方法的风险之一，就是在对问题进行分解的过程中有可能扭曲了原问题，以至于当我们再把各部分组合起来时，已经面目全非了。

影响最为广泛的分析式决策方法，是理性选择模型——根据一套普遍适用的标准体系，比较各个选项之优劣的方法。很多人喜欢这种方法，因为它普适（可以在任何领域内应用）、可靠、全面而且可以量化。

譬如，如果你想购买一辆二手车，你可能会预选几款车型，然后使用同一套标准，比较各款车型的优劣。

表格一就是这种分析的一个示例，读者可将其作为"列举正面理由与反面理由"的升级版。比较对象包括"水星"、雪佛兰和本田。为了简单起见，分析仅依据四个标准：颜色，预计保养费用，空间大小以及价格。左侧一栏显示，购买者对于价格的重视胜于其他标准——在评价过程中，价格这一标准的权重为"4"。

底层的评价标准既然已经确立，则决策者只需要将表格填充完成即可，每一个特征需要作出0到100的评分。对示例中的买家而言，银色可以得到90的得分，黑色得到了70分，而白色仅仅得到了50分。他们需要再乘以3——颜色标准的权重，得出各款车型在颜色方面上的总分。示例中还列举出了各款车型在其他标准上的评价分数及总分。"水星"的总分最高——840分。

我们再深入地探讨一下理性选择方法所采用的决策策略。事实上，直觉贯穿了分析的全部过程，包括识别问题、分解问题、设定评价量表、给定具体数值以及预测各种可能性等。没有直觉的力量，人类就不可能进行分析。

此外，为了得到自己所期待的结果，个体还有可能完全**推翻**理性选择方法。假设你内心深处喜欢本田，但是计算结果却以"水星"为最高，那你很有可能再回过头来，改变某一个标准下的评分数值。譬如说，本田的预计保养费用较低，但是这个标准的权重仅仅为3；如果你将它调整为4，然后将空

表格一　决策的理性选择模型

标准	权重	选项												
		"水星"				雪佛兰				本田			
		特征	得分	权重	总分	特征	得分	权重	总分	特征	得分	权重	总分
颜色	3	银色	90×	3=	270	黑色	70×	3=	210	白色	50×	3=	150
保养费用	3	低－中	50×	3=	150	低	40×	3=	120	高	80×	3=	240
空间大小	2	高	90×	2=	180	中	70×	2=	140	中	70×	2=	140
价格	4	15000美元	60×	4=	240	12000美元	90×	4=	360	14000美元	70×	4=	280
总计					840				830				810

间大小的权重降低为1，这时候，本田就会摇身一变成为最佳的选项。又或者，你可以改变评价颜色的方式，将"白色"设定为最喜爱的颜色（毕竟其可视性更佳啊）。你还可以加入更多的评价标准——本田转手的时候售价更高，这可以作为第五个标准。不论如何，你都可以使用种种手法使本田的得分最高。之后，你就可以向世界宣布：自己是一名理性决策者——纵使你通过操作数据，使得结果朝着有利于自己想法的方向发展。

分析存在的另外一项不足是，进行比较所花费的**时间**过长。填充表格需要花费半个小时左右的时间，如果情境始终处于变化状态，填入的数值又可能随时失效。这些都给理性选择方法的使用带来干扰。

将决策任务进行分解的过程中，还有可能出现"**扭曲**"的问题。在示例中，颜色与价格的权重几乎一样，或许也存在其合理之处，购车者可能喜欢银色远多于白色，但是，我们真的愿意多出一千美元买"水星"而不买本田，仅仅是因为本田的车身颜色不讨喜吗？分配权重然后再予以评定的方式，导致了一个诡异的决策结果。

此外，示例假设，购车者仅仅关注四个标准维度，而且每名经销商手头仅有一辆二手车卖给你。试想，如果你要比较十款车型，而不是三款；要使用十五个参照标准，而不是四个。那么，计算将变得**复杂**无比，你对自己的选择也将感到信心不足。

另外一个问题是，为了比较各个选项，评价标准必须**普遍适用**而且属于抽象层面，只有这样不同的选项才能使用同一套标准进行衡量。为什么大体上而言你喜欢银色多于白色呢？白色在某一款车型上难道不会是更加亮丽的吗？就此而言，为什么颜色的权重要设定为"3"呢？对于某些车型来说，颜色的重要性要更加凸显一些。

将决策缩减成为定量计算是一种错误。与之相对比，人类在进行评价时所使用的代表性策略——本书第三节详细讨论过的心理模拟，更能适应不同的情境。使用心理模拟的时候，个体实际是在判断某一选项是否适用于某一情境。

仍然存在的一个问题是，表格一中所示的理性选择形式，其前提是决策者无法在各选项之间作出准确的评价；可是该方法的根基，又恰恰是决策者在小问题上作出准确评价的能力。这是**自相矛盾**的，因为，那些针对小问题的判断——衡量每一选项在抽象评价标准上的得分，将是更加困难的。所以，相对于喜欢银色还是白色，你或许更加容易判断自己是想买雪佛兰还是本田。

最后，分析决策还存在一个问题，我将其称为"**两可地带**"。假设，你必须要比较两个选项，其中一个非常合理，另外一个极其糟糕，那么你根本无需作出任何分析。这是非常容易作出的选择。随着两个选项的吸引力愈来愈接近，决策亦将变得愈加困难。表格一中所示的方法，最适用于极其困难的抉择，亦即各选项的吸引力不相上下的情况。话说回来，遇到这种情况时，无论选择哪一个选项其实都已无关紧要了（请参见图七）。在"购买二手车"的示例中，我们可以发现，三个选项非常接近——它们皆拥有大体相当的优势和劣势，三者之间的差异性甚至可以忽略不计。鉴于它们如此接近，仅仅通过投掷硬币作出决策就已足够了。

考虑到上述所有局限性，决策研究者无法确凿地证明"分析式方法能够切实提升人类的决策质量"，也就不足为怪了。事实上，商业领域内的决策分析者也承认，类似我上文所列举的分析式方法，并不能切实地帮助个体作出决策，它们真正的作用在于紧要关头下帮助我们探索某一问题，以便更好地理解**在作出决策之前**应该考虑哪些事情。

甚至有若干研究表明，使用分析式方法会导致决策结果变差。原因在于，这些方法可能会干扰到个体的直觉。

匹兹堡大学的乔纳森·斯库勒指出，鼓励个体进行分析式决策，实际上就是强迫他们以语言重新定义决策任务，仅此一点就足以扭曲决策任务了。

从直觉决策的观点来看，有意识的分析恰恰是对决策的阻碍。提倡"所

图七　两可地带

有思维过程都必须是有意识的深思熟虑"的观点，会使人误入歧途。人类的意识每次只能阐明一个事件——亦即我们所意识到的事件，这导致同时追踪若干行动极其困难。意识的确能够帮助人类通过分析去比较各个选项，但这还不足以作出合理的决策。

　　现在，我要向读者介绍EVR，这是保罗·艾斯林格与安东尼奥·达玛西奥所描述的一名病人的姓名代码。EVR的事例说明，抛弃直觉而作出的决策存在着重大的缺陷。

　　某些科学家坚称人类不应该信任自身的直觉、应该完全依赖于科学的思维与分析。这些学者应该深入思考一下EVR的悲剧，必当有所裨益。EVR是

● 示例八　根除你的直觉

EVR的生活本来波澜不惊。他是一名优秀的学生，好友众多，高校毕业之后即马上迈入了婚姻的殿堂。他成为了一家住宅建筑公司的会计师，育有两名子女，在教会活动中亦表现活跃。他平步青云，很快被提拔为公司的审计官，被视作同侪的楷模。但是所有这一切在他三十五岁那年都戛然而止，他被诊断出患有大脑肿瘤。肿瘤出现在大脑的两侧额叶之上。经过手术，肿瘤被移除，他亦随之返回工作岗位。但是，他却像换了一个人。他投资不善，储蓄损耗一空，不得不申请破产，不停地丢掉工作再找新工作，与妻子离婚，最后搬回到了父母的住所。

跟踪测试表明，EVR的智力仍然很高。他的智商位于97至99的百分位数，在某些量表上甚至达到了120分和140分。

但是，他的个人生活境遇却持续恶化。"决定去哪里吃饭都要花上几个小时的时间。他会探讨每一家餐厅的座位分布，菜单上的特色项目，氛围以及管理情况。他会驾车到各个餐厅实地考察，看看顾客是否过多。可即便如此，他仍然无法作出最终的决定。购买一些小物件也需要进行深入的思考，充分考虑到品牌、价格以及购买的最佳方法等因素。"这种类型的决策普通人无须深思熟虑即可作出，借助模式及行动方案，我们已经学会识别自己想要什么以及如何得到它。

艾斯林格与达玛西奥在评测EVR时，并没有发现任何异常的人格特征。不过，脑部扫描却发现，EVR的部分额叶确实受到了损伤。显然，这种损失已经足以毁掉EVR的生活了。解答抽象问题时，EVR有能力思考出正确的方式以应对特定情境。不过，当身临其境时，他却无法正常使用抽象的知识。他完全忘记了自己的每日生活惯例，不能用直觉应对日常生活。他无法感受到自己的情绪冲动，进而无法组织起自己的生活："他基本不会凭冲动行事，反而会毫无节制地耗费大量时间，用于事无巨细地审阅并无实质意义的琐碎问题，没有能力从全局看待眼前的形势。"

一个活生生的人，他的决策即完全依赖于分析。那些抱怨"情绪会干扰推理"的人应该铭记EVR。医生完全了解切除掉额叶的哪一部分之后可以剥夺人类的直觉。可是，持有上述观点的学者有人愿意自告奋勇地尝试一下吗？

巧用分析策略来训练直觉

绝大多数决策研究者都认为，人类既需要分析，也需要直觉，他们不会将情绪从分析中抽离出来。因此，真正的挑战在于合理地使用分析方法。

下文将提出若干利用分析提升直觉的建议以及一些读者应尽力避免的做法。大多数建议都可以结合使用。

从"直觉"开始，不可从"分析"开始。决策过程如果以分析作为起点，那么直觉将难免受到抑制。最好一开始就清楚地了解自身的直觉偏好——在感觉消失之前认清自己下意识的偏好。倘若很难厘清自身的直觉偏好，那么就可采取抓阄或者投掷硬币的方式，任何能够揭示出情绪反应的方法皆可。结果是令你感到满意还是受挫？这样一来，你便知道直觉所引领的方向了。

如果此时你仍然无法立刻下定决心，即应开展相关的分析。要反其道而行之，首先将情境进行分解，随后再观察不同选项的利弊，如此即可与原有直觉相折衷。

接受"两可地带"。我们通常认为，决策的目标永远是挑选出最优选项。军事作战和灭火过程中的决策是至关重要的，因为它们往往关乎生命。但是，军队长官与消防指挥官却认识到，与其纠结于"完美"的选项而贻误时机，不如尽快作出优质的决策并随时准备执行。人类很难确切地了解什么才是最佳选项，而对最佳选项的执意追求，有可能令我们陷于无关紧要的细节之中。我们有多少次为了从若干足够优质的选项中遴选出最佳选项，而使自己陷入无尽的纠结呢？最好将目标设定为：选择一个能令自己心安的合理选项即可。如果某一选项脱颖而出，那固然皆大欢喜。如果两个或者更多的选项处于"两可地带",同样无须大惊小怪——只要选择任意一个,然后去处理其他事宜即可。倘若你能够接受作出"正确"选择是不可能的,那么,你就不会陷入不必要的骚动情绪之中,更不会白白浪费自己的时间。

确定各选项的优缺点,但无需用具体数字表示。分析方法可以帮助人类理解复杂的决策。仅须将各选项列举出来,并进行思考,即可令我们收获良多。我们无须为每一个评价标准都设定权重、打出分数。我所大力倡导的方法,最早出现于本杰明·富兰克林致约瑟夫·普雷斯特利的信函中。作为顾问,富兰克林指出,可以在一张纸的两侧分别写上各选项的优点和缺点,以便相互比较。

首先,富兰克林观察到,人类的记忆通常是具有选择性的,这一点人人皆知。当我们与某人幸福地相处时,我们能够记起两人共度的每分每秒;当我们愤怒异常时,我们则只能回想起对方利用我们的所作所为,而甜蜜的事件却全部都被抛诸九霄云外了。而富兰克林所提出的策略,并不试图用数学公式超越由人类的心理特点所导致的局限。接下来,他会将每一侧的条目中有可比性者进行分组,以便观察剩余的因素将出现在哪一侧。需要重申的是,他的关注点并非精准度。这个方法并不提倡使用者绞尽脑汁地列举出所有的优缺点。相反,富兰克林的目的,在于提供一幅预览图、一幅全局图,仅需一张纸,所有与决策相关的重要因素即一目了然。

我揣测,绝大多数个体在无法作出选择时,都会采取这种类型的方法。我曾经与宝洁公司的赞助商探讨过工作事宜。他们希望我公司开展一项示范项目,而且,他们提出了我们可以研究的三个消费者决策课题。为了让双方的对话更加井井有条,我在一块白板上写下了每个课题的优缺点。这一做法,使得双方意识到了在选择项目的过程中应该重点关注的问题。这比寻找"最佳"选项更具深远的意义——事实上,我们最终确定的课题,并不是在会议上排名最高的。

● 示例九　如何作出决策

敬启者　约瑟夫·普雷斯特利　　　　伦敦，1772年9月19日

尊敬的先生：

　　此事对您如此重要，而您居然愿意征求在下的建议，委实意想不到。非是推诿，然而鉴于前提条件不足，我无法向您建议应该作出何种决定。若您不嫌鄙陋，我则可就如何进行决策姑妄言之。当这些棘手的情况出现时，的确难以抉择，其原因在于，对问题进行深思熟虑之后，无法兼顾正、反两个方面。某些情况下，我们尽可估计单方面的理由；而还有一些情况下，则又可能完全忽略掉这些理由。由此，千差万别的"目的"和"倾向性"反复出现，这种不确定性令人倍感困惑。

　　为了避免上述情形发生，我的方法是：画一条线，将一张纸等分成两列，其中一列写上"正面理由"，另外一列写上"反面理由"。在接下来三到四天的思索过程中，如果脑海中出现任何一方面的念头，我就会将其进行归纳总结，根据其支持或者反对之立场，记录在相应列下。如此一来，作总结时一目了然，接下来我只需着力衡量各条目的权重——若发现分别位于两列的两个理由势均力敌，我就会将它们划去。如果某一正面理由抵得上两个反面理由，我就会将这三个条目全部划去。以此类推，我最终即可认识到平衡点之所在。此时，我会再给自己一到两天的考虑时间，倘若两列内都没有出现新的重要信息，我就会相应地作出决定。虽然在评价各条目的权重时，很难做到如代数般精准，但是，考虑到每一条目都经过类似的深思熟虑以及比较性质的评价，这使得整体趋势清晰明确，亦令我能够对自己的决策质量充满信心，不易因冲动而做出鲁莽之举；而且，事实上此种方法的确令我受益匪浅，或许可称其为"德智代数法"。

　　真诚期待您能作出最佳决策。挚友啊，吾将永为您至亲至近之人。

本·富兰克林

利用心理模拟评价各选项。一旦确定了若干合理选项之后，个体即应该花费一定的时间，去想象每一个选项将如何加以实施，效果如何。如此，个体即可判断某种方案是否存在风险，如果遇到挫折，又能否亡羊补牢。倘若你尽力去设想最坏的情况，但却发现自己无法想象出任何一个选项出现失误的情景，这或许表明你的经历尚浅，无法像经验丰富的决策者那样识别出种种模式，因而难以作出这一重大决策。这种情况下，你应该收集足够丰富的信息，再作出决策；或者寻求专家的帮助；或者坦然接受失败，尽力找出风险和代价最低的行动选项。

简化比较过程。简化决策的一种方式，叫作"对抗"策略。个体每次同时比较两个选项，推测哪一个选项最好，然后抛弃失败者，再引入一个新的挑战者。这样做可以帮助个体在依赖于自身直觉偏好的同时，仍可比较各个选项。

通过局外人的直觉，核实你所作出的分析。查尔斯·爱博纳西和罗伯特·哈姆指出："在某些情况和条件下，直觉能够捕捉到分析的错误。"外科医生发现，凭借直觉检验一下自身的分析是大有裨益的。正如外科医生在手术之前要咨询同事的意见一样，某些时候，个体可以请客观的第三方协助自己进行直觉性的核查。局外人由于并未经历分析的过程，往往能够提出新鲜的论点。

不要试图以直觉代替工作流程。人类的直觉并非偶然产生的，它们能够反映出你的经验。如果个体坚持拒绝自身的直觉，实际上就是把自己逼成了EVR，无异于将大脑额叶中那"令人不快"的部分切除掉。

必须承认，在很多情况下，工作流程是必不可少的。我们并不希望商业客机的飞行员完全忽略《操作手册》上的工作流程。我们同样不希望他们认为"只要遵守《操作手册》的流程，就无需担心飞机的驾驶了"。研究表明：专家们不仅仅熟稔工作日常规范，也知道什么时候应该抛弃以及如何抛弃这些日常规范。我们不能奢求设计出包罗万象的工作流程体系，借以完全取代直觉。

　　某些人认为，我们应该不断充实工作流程，使得它们不易出错。但是，工作流程系统越全面，其纳入的偶然性事件就越多，使得整件事变得更加纷繁复杂、令人眼花缭乱，以至于达到了"过量的工作流程紧紧约束住直觉"的地步。多伦多大学的金姆·文森特曾经介绍过他们团队所观察到的一次案例，故事主角是一家核电厂内极其优秀的控制室工作团队。该团队在工作中不时会走一些捷径，并不完全遵照工作流程手册行事，这本来被视为他们的一个"缺点"。在评测报告中，该团队的这个"缺点"亦反复被提及。在为了准备下一次评测而进行的练习中，所有成员一致同意——无论如何，这一次大家都要严格地遵循每一个步骤。练习进行到一半，面对审查人员所设置的模拟故障情境，团队成员意识到，他们不经意间陷入到了任务描述所无意导致的一个循环当中。首先，他们要进行步骤A，然后引出步骤B，再之后是步骤C，最后再返回到步骤A。想到大家先前所立下的誓言，所有人都持续地完成了一个又一个的循环，直到审查人员下令停止，中断了演练过程。当然了，审查人员再一次记录下了团队所犯下的错误——这一次的罪名是："恶意遵守工作流程"。

　　如果个体使用系统流程替代自身的专业知识和直觉，就会被规则困住，使自身的学习效率降低。

　　专业知识本身也存在缺陷，但它却是人类成就的重要根基。经验越浅薄，人类的直觉就越孱弱，所进行的分析也就越无用。

　　倘若不信任自身的直觉，我们就可能会失去发展直觉的机会。直觉发展的程度越低，其可信度也就越差。我们强化直觉的行动越迟，就越容易形成凡事严格按照工作流程操作的恶习。

　　为了说明人类如何不断地在直觉和深思熟虑之间获得平衡，不妨以国际象棋大师为例——他们会将自身所有的能量，用于对"最佳"选项的不断探求。但是，国际象棋大师并不会使用分析式决策方法。阿德里安·德格鲁特的著作《国际象棋中的思维与选择》深具影响力，在附录A中，德格鲁特介绍了自己所开展的一项研究。他邀请了五位知名国际象棋大师和其他强手，令他们找出困难棋局中的最佳棋着，同时要报告自己的思维过程。我审阅了这些国际象棋大师们的回答内容后发现，从群体角度而言，他们一共思考了大约四十步棋。不过，其中仅有五步表明大师们曾经比较过不同棋着的优点和缺点。即便这五步之中，他们也并没有使用一套共通的评价标准进行衡量。但是，大师们显然也很重视对全局的分析。他们进行分析的方式，是确认哪些棋着值得琢磨，并且分析这些棋着将如何影响整体态势。

如果此种类型的策略能令国际象棋大师获益，也必定能使我们这些普通人获益。

● **示例十　国际象棋大师如何作出最优选择**

在国际象棋比赛中，每一步棋都应该精益求精。在大师级层面，这一点体现得更加突出，即便一两着的疏忽——不是大错，而是不那么巧妙的棋着——也可能导致全盘皆输。由此看来，国际象棋大师应该时刻都在使用分析式决策方法。

真相并非如此。生成一系列选项，再以一套共通的评价标准（攻击的潜力，防守的潜力，如此这般）对它们加以衡量，并没有反映出国际象棋大师精湛棋艺的精髓。即便是强大的国际象棋计算机程序深蓝，也没有采纳这种策略。

国际象棋大师的确每一步棋都力求极致，而且他们的确会考虑到多个棋着，但是，他们的方式具有相当的启发性。他们会利用自身的直觉，识别出那些有希望制胜的棋着；然后切换到分析模式，进行深入推敲；同时，还要借助心理模拟，想象每一步棋所产生的后果。在进行心理模拟的过程中，某些棋着会被抛弃，因为他们发现其中存在漏洞。心理模拟完成之际，他们的头脑中，通常仅会剩下一个他们认为可行的棋着。

假设可行的棋着存在两个或者更多，那么最终的选择即依赖于自身的直觉，亦即他们在进行心理模拟的过程中，对于棋着的情绪反应。最能激发出积极情绪反应的棋着，就是他们最终的选择。

关键要点

协调"分析"与"直觉"的策略

- 从"直觉"开始，不可从"分析"开始。
- 接受"两可地带"。
- 确定各选项的优缺点，但无需用具体数字表示。
- 利用心理模拟评价各选项。
- 简化比较过程。
- 通过局外人的直觉，核实你所作出的分析。
- 不要试图以直觉代替工作流程。

第二章

如何运用直觉

INTUITION
WAYS TO
APPLY IT

·6·

如何作出艰难选择

当你需要在两个合理选项之间进行选择的时候，你会怎样做？通常情况下，抉择的过程都痛苦万分。有多少次你匆匆作出决策，仅仅是因为无法忍受内心的纠结呢？

我在本书第三节介绍了识别启动决策模型，旨在说明人类如何利用自身经验去评估情境并找出对策。该模型的宗旨，**并非**为了解释人类如何在众多选项之中进行抉择。

首先，请诸位完成一个决策练习，其情节反映了艰难决策的特点。请读者接受以下挑战。

与所有决策练习一样，并不存在所谓的正确答案。我曾经组织过管理者们开展这个练习，大家提出了各种各样的解决方案。有些人不假思索，将一小时等分成四个十五分钟的区块，每一区块用于解决一个决策问题。其他人则会努力分析哪个决策需要进行深入的讨论，从而为其分配最多的时间。

● 决策练习二 确定会议议程

假如你是一家跨国建筑公司——制造有限公司的高管，正在考察全球一系列主要的业务部门。下一站是东南亚总部。你于深夜抵达目的地，第二天早上与一位老朋友共进早餐，他是运营部门的副董事长。当你正在享用餐后咖啡时，他用手机接了一通电话。他的语调很严肃，挂了电话之后，他告诉你他的母亲中风了，他要马上飞往欧洲。事实上，他现在就要回家打包行李、安排事宜，然后乘坐几个小时之后的航班出发。

离开之前，他请你在紧急关头帮一个忙。他解释道，当天上午九点要召开一次重要的会议。会议能够组织起来非常不易，因为他所在部门的每个人都在马不停蹄地出差。而且，这次会议还非常紧急，因为会上要作出四个重大决策。鉴于时间紧迫，他并不希望取消这次会议。他认为即使自己不在，会议亦可照常进行。

他想让你提供的帮助是：是否可以主持会议？你不需要作出决策，只要让讨论不偏离正轨即可。因为时间紧迫，会议只能持续一个小时。你的任务就是要确保在会议结束前作出每一个决策。之后，他从随身携带的公文包中拿出了若干关于那四个待办决策的文件，交到你手中。说完这些，他对你表达了歉意，就急匆匆地冲出了餐厅。

以下是详细说明：

一、在菲律宾选择一个地点兴建废物处理厂。候选地址有两处。公司之前已经开展了无数次调研，结果表明，两个地址的条件都不错。这个决策很重要，涉及一亿美元的资金。支持每个地址的人数大体相当，两个地址的优点和缺点也不相上下。其中一个地址更加节省成本，不过略有延误工期的风险。尚无人能够在两者之间作出决断性的分析。

二、选择一个转包商，负责建设位于菲律宾的废物处理厂。待选企业包括五家。公司成立了一个团队，对这五家的优缺点分别进行了分析，并将研究结果汇总成一份报告。该团队将会用十分钟时间做展示，说明按照共通标准来衡量这五家企业时，排名先后顺序是什么。但是，他们拒绝透露自己的意见。这一决策需要全体与会人员共同作出。

三、批准一项提案。你的朋友所率领的一支团队已经工作了数月，准备了一份超过一亿六千万美元投标，目标是位于澳大利亚的一个大型工程项目。但是，有人对该团队的能力提出了质疑。他们担心，团队有可能忽略了一些潜在的问题，而且这份合约极有可能导致经济损失。你必须要决定是否批准这份投标。

四、关于印度尼西亚的某一项目，一家大型供应商（属于当地的政府垄断企业）既提供了必须的原材料，也负责将这些原材料运送到工地上。该供应商宣布，价格要加倍，而且必须在一周之内重新修订合同，否则，他们就拒绝提供任何服务。附加的费用将是每年一千万美元。你应该接受这种修订合约吗？

你意识到，为了在一个小时之内完成这些决策，你必须要估测每个决策所花费的时间，甚至还可能要确定团队作出每一决策所采取的方法。如果你在第一个或者第二个决策上花费的时间过多，那么你就来不及作出剩下的决策，或者无法保证决策的质量。可是，第一个决策又太过重要，不可草率行事。

每个决策你将安排多长时间？为了作出这四个决策，你将如何精心安排团队的讨论？

如果是我面对这种情况，我将如此分配：决策一＝2分钟；决策二＝28分钟；决策三＝5分钟；决策四＝25分钟。我将在下文中详细解释为什么要如此分配。顺带一提，我并不认为这就是正确答案，它只不过是我根据自身经验所能构思出的最佳方案而已。针对这一类型的决策，读者的经验或许远比我丰富，或者拥有与我不同但同样有效的视角，所以，读者也可以选择一条不同的道路。

四种决策分别属于不同的类型，每一种都需要使用不同的方法加以解决。以下是我的建议：

决策一是在两个地址之间选择一个用于建立废物处理厂。待选地址的优缺点几乎一致。因此，这是典型的"两可地带"案例。相关团队就此已经详细讨论达数月之久。此问题**并不**适用于直觉决策。一个小时的会议中，无论你说什么，都无法提供任何新观点。

与会人员应该意识到，某一地址所节省下的微不足道的成本，与其所带来的延期高风险相比，是不值一提的。如有必要，你可以列举出所有不可靠的假设以及不确定的领域，以便使与会人员意识到，相对于公司所不了解的情况，两个地址之间的差异无关紧要。

针对这一案例，我不会让与会人员投票，因为那样做太耗费时间，而且会让大家误以为"某一选项要强于另一选项，大家可以借助集体智慧找出正确答案"。更好的方法是，支持每一选项的阵营各出一名代表，以投掷硬币的形式，决定胜负。投掷硬币这一方式，将清楚地表明两个地址并无明显的优劣之分。必须尽快作出决定，准备讨论下一议题。

决策二，从五个转包商中选择一个，需要进行分析。这是最适合理性分析的决策类型。

必须考虑的因素包括：转包商的声誉；他们的报价；他们的工作方式；他们所派遣员工的素质；每家转包商所积压待办的工作等。鉴于相关因素如此之多，你无法依赖于宽泛的直觉作出决定。但是，在思考具体的因素时，譬如声誉、人员素质、转包商所采取的工作方法之风险性等，则可以使用直觉。为了作出整体的决策，需要考虑的因素及其复杂程度，已经超越了任何人的模式及直觉。

倘若使用传统的分析方法作出这一决策，你需要列举出所有的关键评价维度，根据每一维度的重要性为其分配权重，请与会人员按照设定的标准为每一个转包商评分，统计分数，然后看哪家公司的得分最高。这种类型的决策策略并不存在错误，只要你时刻牢记，所有的权重和评分都是主观性的。不要囿于分析结果，而要将其作为进一步讨论的起点。

使用理性选择策略时，人们容易过度强调那些易于计算的因素。最简单的做法，是按照投标金额从小到大进行排列，然后观察哪一个价格最为合理。与之相比，如果评价投标商的可靠性，你会发现每一家得到的评价都是"优于平均水平"。因此，即便"可靠性"是评价转包商的一个重要品质，由于无法作出明确的区分，这一标准在作出最终决策之前就会被无情地抛弃。

此种分析方法——按照同一标准比较各选项的一个优势在于，它能够帮助人类理解复杂的决策，在众人偏好不一时，能使群体达成共识。如果大家对于如何为每一维度设置权重争执不休，你大可直接跳过这一过程。

另外一个建议是：在开始进行任何形式的分析之前，一定要询问与会人员各自的偏好，这样才能让他们的直觉发挥作用。之后，无论大家采取什么样的方法分析转包商，你都将了解每个人的立场是什么。

决策三，令人疑虑的一亿六千万美元投标案，必须通过直觉作出决策。该案例中，专业知识绝对占有一席之地。经验最为丰富的团队人员，对投标案的质量表示担忧。令他们感到担忧的，是自身的直觉。他们担心投标案可能忽略了若干重要信息，有可能导致经济与法律的恶果。如果你不重视他们的意见，那为什么还要征询他们的意见呢？

不过，在多数情况之下，我们都不愿意让先前的努力（金钱，时间，精力）付之东流。我们束缚住了自己的手脚。或者，我们担心由于突然改变心意，而受到政治上的冲击。因此，在这种背景下，某些与会人员或许不愿意让提案团队的辛苦白白浪费——他们宁可冒着巨额损失的风险，一路走下去。此种类型的推理被称作"沉没成本谬误"，亦即不遗余力地冀图于从已经投入的资源中汲取回报。你的职责就是避免该谬误出现。忘掉投入到投标案中的心血和努力。只要最终结果不令人满意，就抛弃它。

决策四，是否应该同意修订合约，每年多支付一千万美元？很明显，没有人愿意不进行任何争取就乖乖地接受费用的大幅上调，会议自然而然地应该切换到问题解决模式，讨论双方协商的方式。

请你相信，凭借着与会人员丰富的直觉，大家必然能够分析出对方为何突然"狮子大开口"以及怎样做才能真正满足对方的需求。根据推测，大家先前已经经受过类似的训练，并且已经知道处理这类问题的常规手法是什么了。

或许，与会人员会指出，针对该问题需要作出政治考量，或者我方应该提出有力的还价，甚而形成一个简单的妥协方案。鉴于开会的时间过短，无法制订出具体的谈判策略，应该利用这段时间，确定哪些人拥有时间和关系领导这次谈判。至少，你需要确定出关键人员名单，明确哪些人有能力提出可行的策略，并且考虑到一旦上述策略失效，应该如何加以应对。切记，你只有一周的时间回应对方的修约要求，因此，你或许应该同时成立另外一个团队，负责准备修订的合约，确定增加的费用；另一方面，特别小组则应该尽量延后截止期限，找出妥协的方法。须知，在这次会议上，你无须作出最终决策——没有必要在这个时候匆忙作出决定。

我已经详细介绍了以上四个决策，借以说明并非所有的决策都是完全相同的。表面看来，每一个决策都非常艰难。但是，一旦进行细致的思考之后，我们就能够发现四个问题的本质是截然不同的。如果你的头脑中只有理性选择方法，你可能无法通过示例中的决策一这一关。反之，如果你能更加熟练地辨别决策类型，就能减少工作量，免却很多不必要的挫折。示例中所展示的四种决策类型分别是："两可地带"决策；需要进行比较的决策；直觉式决策以及转化为问题解决的决策。

或许读者解答此决策练习的方式与我存在差异。这完全没问题。分析出正确的解决方式并不重要，领会到不同决策之间的差异才更有意义。读者对决策的分类即使与我完全不同也无关紧要。能够区分出不同决策类型的能力，是更灵活地应对决策任务的一条捷径。

为了发展出区分决策类型的能力——此亦为直觉训练项目的应有之义——读者首先可以做的，就是在参加会议之后的几天时间里，坚持记笔记，写下会议上所讨论的事项。尽量将它们分门别类，分析这些问题是否适用于本书所介绍的决策策略。倘若团队改变了策略，那么就要竭力探讨他们作出改变的原因。你甚至可以将自己的观察记录转化为一个决策游戏，供其他员工学习、掌握典型的决策类型。

此一练习能够帮助读者识别出决策类型，并且掌握更多的行动方案，借以应对不同类型的决策问题。通过学习如何指导自身的决策以及自身所负责之团体的决策，作为一名直觉决策者，你将百尺竿头、更进一步。

·7·

如何在问题失控前未雨绸缪

直觉最具批判性的应用，就是警示个体"某些事情出错了"，即便个体并不知道错误出现在哪里。假设你的"第六感"发射出"恐惧"或者"欣慰"的信号，你就应该多加注意——这代表着直觉在有意识的思维之前，即已感觉到了问题的存在。

这种发现问题的能力对于一个计划、一个项目甚至是一段职业生涯的成败而言，都至关重要。为了用具体事例说明这一点，请完成以下决策练习。

● 决策练习三　忙碌之中的会议

你的公司正在执行一个大项目，关键的员工一直在出差，穿梭于全美各地。在这重要时刻，项目领导者必须要面对面开一次会，回顾迄今为止所取得的成果，并制订下一步工作计划。

你是团队中一名资历较浅的成员，负责组织协调此次会议。将所有人集中在位于亚特兰大的总部是不现实的。你搜集到了每名与会人员的行程计划及日程表，经过分析得出，星期三早上，在明尼那波利斯市，有半天的时间可用于开会。你要从亚特兰大去往盐湖城，因此，你可以在一路向西的过程中暂停一站，星期二晚上出发。星期四上午你还要见一名客户，不过，星期三晚上有一个航班恰好适合你的安排。你的经理要从西雅图返航，并将于周二下午飞往明尼那波利斯市。他要在下午三点的时候马上返回亚特兰大，参加一项重大政策的研讨会。另外两名团队成员从洛杉矶返回总部，并将于星期二下午搭乘飞机。他们和你的老板一样，也要在下午三点飞往亚特兰大。公司的一位副董事长希望列席旁听会议，整周都会在明尼那波利斯市，她可以为周三的会议预留出时间。另外一名关键团队成员也同意周二晚上从匹兹堡出发前来开会。

周二晚上，会议开始前的一天。美国国家气象局追踪到了一个大型冬季风暴，不过它已经掠过了明尼那波利斯市。你又履职尽责地分别给匹兹堡、盐湖城和明尼那波利斯市的机场打电话，确认了他们的跑道全都在正常运转。

你梳理出了一份会议议程清单。需要讨论的问题很多，但是全部会议的时间仅四个小时，从上午八点到中午十二点。

干得不错！现在，请读者拿出一张纸，在三分钟时间之内，写出这个计划当中所存在的疏漏之处。

但凡出差经验比较丰富的人，都能够看出，无论经过怎样的深思熟虑，上述计划在执行过程中都会出现问题。因此，你的答案中，可能会包括有一些个人亲身经历以及"冒险故事"。现在，在接下来的几分钟内，请将这张纸放在旁边。

　　然后，请用另外一种方式来完成这个练习。再拿出一张纸，在椅子上坐直。思考这个集结团队成员的计划。如果计划能够严格执行该多么令人满意啊。不过，此时我们眼前出现了一只水晶球，透过它可以看到未来，接着……我们发现，计划完全失败了。会议根本就没能顺利召开。重大的项目由于失去了后续指导，也饱受批评。不幸的是，水晶球并没有告诉你会议计划为什么会"脱轨"。请借助自身的经验，在三分钟的时间内，写出你认为这个计划出现问题的全部原因。

　　结束练习之后，请将你的两套答案进行对比。第一份答案，属于传统的总结回顾。在第二份答案中，借助于"水晶球"的使用，个体得以打开思路，针对计划提出更加尖锐的批评并且指明更多的弱点。一旦你预设会议未能如期举行，你就能够轻松地意识到计划当中的种种纰漏——天气问题、航班延误，更重要的待办事务，生病，家人出现紧急情况等，都将使计划不堪一击。它所揭示出的漏洞，是在你假设"计划将顺利得到执行"时所无法预见的。现在，你知道，或许应该将会议时间延长至两个小时，预留出机动时间，以防早晨的航班延误。或许，为了防止部分成员无法出席，你应该预先准备电视会议的相关事宜。所有的原定与会人员都是必不可少的吗？学会感知问题，是直觉决策的关键所在。

　　我曾经说过，直觉决策与超感官知觉之间毫无任何关系。不过，请读者接受对"水晶球"的使用，对于事先探讨可能导致失败的因素的决策方式，毕竟它是重要的基础。

预演失败，找出直觉弱点

预演失败策略（英文为PreMortem，是"尸检"postmortem一词的变式，直译为"事前验尸"，鉴于其字面含义较为血腥，故译为"预演失败"。——译者注），旨在帮助决策者预期到问题之所在。在尸检中，对死者进行解剖，目的是探明其死因。虽然尸检对于执行者和结果分析人员而言有所帮助，但是却唯独对死者没有帮助。

我们不能坐等病人死亡，不能坐等项目失败，从一开始，我们就要着手调查计划当中存在着哪些可能导致失败的"致命"因素。在我的公司内部，预演失败策略已经应用多年。在开展新项目时，我们会召开一次启动会，而预演失败环节就是这次会议上的重头戏。有时候，若时间紧急，会有人建议取消预演失败环节，不过项目负责人通常都会强烈反对。我们的项目负责人深知，预演失败策略有助于构建他们的直觉、提升他们的敏感度，察觉到将来可能会出现哪些问题。

预演失败一般会花费四十分钟到一个小时。听起来似乎耗时过多，但是我保证，花费这些时间绝对是值得的。预演失败通常以小组形式进行，组员人数为八到十二个，时间则安排在启动会的结尾部分、新项目计划予以公布之后。

预演失败的目的，是找出计划中所存在的核心弱点。绝大多数情景下，人们在评判自己的计划时，通常都不希望发现任何破绽和难以修复的漏洞。在团体会议中，人们也很难坦率地批评他人的想法。预演失败，即提供了一种对计划进行卓有成效之评判的方式。

在预演失败环节中，集体会通过心理模拟竭力推测计划之中所存在的漏洞。完成这项工作之后，工作重点则转向寻找填补这些漏洞的方法。此外，即便计划中存在漏洞，也并不意味着这是一个不好的计划。但是，无法填补这些漏洞，则足以说明其制订人是糟糕的谋划者。

预演失败练习还有一个作用就是团队成员将更加擅长于心理模拟，以此判断一个计划或项目是否能够顺利开展。他们可以互相借鉴，了解计划可能在哪些方面出现问题，亦借此提升他们模式识别和心理模拟的效能，这两者又进一步强化了个体的直觉。上述技能使得人们可以制订出更加合理的计划，避免陷入常见的误区。

步骤一：准备工作。团队成员拿出一叠纸，放松地坐在椅子上。他们应该已经非常熟悉计划内容了，若非如此，请将计划描述给他们，以便他们了解其具体内容。

步骤二：想象计划完全失败。我在主持预演失败练习时会说："我在凝视着一个水晶球，哦，不，我发现计划最终失败了。而且是彻底的、令人尴尬的、毁灭性的失败。团队中的成员们不再相互交流。我们的公司与赞助商之间也形同陌路。事态已经全然一发不可收拾。而且，我们只有简易版本的水晶球，所以无法得知计划失败的具体原因。"之后，我会问："原因究竟是什么？"

步骤三：分析失败的原因。在接下来的三分钟时间里，团队成员要写下他们所认为计划失败的原因。这就是发挥团队成员的直觉效力的时刻。每个人的经验各有不同，失败的教训也各有不同，心理模型亦各有不同，它们将全部被带入预演失败任务当中。你应该尽量去观察集体的智慧可以产生哪些结果。在本节的起始部分——"决策练习·忙碌之中的会议"中，你需要独自完成预演失败的任务。不过我们发现，具体执行项目的团体共同预演失败的效果更佳。这样做能够帮助团队成员分享经验，并且调整大家对于眼前困境的理解。

步骤四：完善原因列表。在所有成员都写完计划失败的原因之后，主持人要巡视整个房间，请每个人说出他所写的一个条目。每个条目都需写在白板上。持续这一过程，直到每名成员清单上的每一条目都介绍完毕为止。这一步骤完成之后，你将制订出一份全面的列表，涵盖团队成员对于任务的理解和认识。

步骤五：**重新审阅计划**。团队成员可以集中全力重点探讨两到三个条目，之后再安排一次会议，讨论如何避免或解决其他问题。

步骤六：**定期回顾列表**。某些项目领导者每隔三四个月就会拿出这份列表，让失败的"幽灵"重新焕发活力，使得团队成员时刻警惕自身是否犯下了错误而不自知。

有论者对预演失败策略提出批评，认为它令人心情沮丧。我对此并不认同。我认为，这种方法能够有效地克服新项目开展初期常见的过度自信现象。借此，团队成员方可意识到可能存在的问题，任何自满情绪都不会滋生。

即便预演失败仅具有这一个效果，这样做也是值得的，而事实上其作用不止于此。决策者还可以利用预演失败策略来提升计划的质量，确定哪些事项需要分配更多的资源，并且尽早着手解决可能出现的问题。除此之外，在团队中引入预演失败之后，实际上也营造出了鼓励大家表达自己想法的氛围，这可以确保团队在执行整个任务期间都能够士气高涨。

我曾经在管理培训研讨会上讲授预演失败策略，有些管理者们表示，之前他们的企业已经采用类似的方法了。这些方法的名称可能是"谋杀委员会"，"批评顾问"，或者"问题分析"。工程师们也会不时开展所谓的"风险分析"或者"故障分析"。因此，预演失败技术所蕴含的思想并不新颖。但是，与先前的方法相比，预演失败策略是截然不同的，而且更加有效。所谓"批评顾问"，指的是邀请外公司的顾问审阅一项提案或者计划，这样做消耗的资源过多，而且很难统筹协调。有鉴于此，使用"批评顾问"的组织，通常不会频繁地实施这种策略。即便组织使用"问题分析"的方法，项目领导者也会有意无意地传达出微妙的信息——他不希望大家发现任何计划中存在的漏洞（"好的，有人觉得有问题吗？没有？非常好。"）。项目团队深以自己所制订的计划为荣，因此他们不会乐于听到计划中所存在致命的缺陷。他们的姿态，或许是完全反对他人指责，或者是用不温不火的方式提出批评，却不针对任何人。这种情况的产生不可归咎于问题分析技术本身，应当承担责任的是执行该策略的组织。

"风险分析"的确也着眼于发现潜在的问题。不过，有些情况下，为了将每种风险的可能性进行量化，风险分析或许会过度纠结于无关紧要的细节。通常情况下而言，风险分析的目的是计算出为了安全生产，需要预留出多少"安全界限"。风险分析的定量化，或许无助于改善计划；而团队为了提升工作效率，则应该主动地接受计划中所存在的局限性。

与风险分析不同，预演失败策略从一开始，就假定计划已经完全失败了。洋洋自得与虚假的安全感被无情地揭穿，至少在短时间内，会代之以积极主动地搜查计划漏洞，杜绝后患。为了展示自身的才干，你必须要指出具有切实价值的问题。在你的预测中，或许计划的理念、时间安排、财政资源、或者团队构成本身都存在各种各样的漏洞。按照我们的经验，在预演失败练习中，大家普遍更加坦白直率，远胜于那种消极的自我批评。

在直觉训练项目中，为了让项目开个好头，你可以将预演失败模型作为有力工具加以使用。尽管如此，预演失败无法完全替代你的直觉。不论你使用什么方法，发展出高效的直觉借以预测潜在的问题，都将是必不可少的能力。

人们是如何发现问题的

1995年，日本原子能研究院资助我的公司开展了一个研究项目，旨在调查人类如何发现问题。我们没有在实验室中进行调研，反而采取了自然主义学派的研究方法：寻找并且研究现实生活中的案例。我与同事柏丝·克兰德尔、丽贝卡·布里斯克及俄亥俄州立大学的戴维·伍兹展开合作，既审阅了旧案例，又检视了新案例。首先，我们从包含一千多项艰难决策记录的数据库中，遴选出五十二个案例。这五十二个事件主要来自以下三个群体：新生儿急救护理中心的工作人员、天气预报员以及海军防空部队。我们还添加了更多

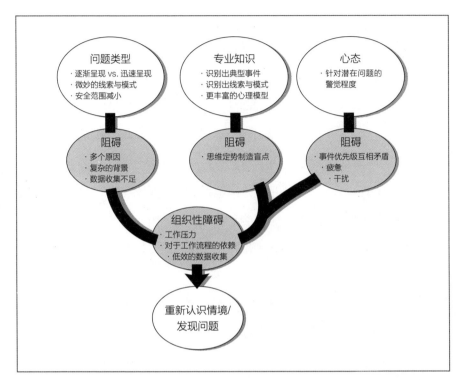

图八 问题发现过程

的案例，包括航天飞船地面指挥中心、流程控制室、外科手术过程中的麻醉以及航空业等。随后，我们又以专攻胆囊手术的外科医生以及森林火灾消防员为对象，开展了深度访谈。

通过广泛研究，我们更加深入地理解了人类发现问题的机制。个体能否成功地发现问题取决于三个因素——问题类型、个体的专业知识水平以及对待工作的态度。任一因素受到阻碍，都将导致个体无法及时发现潜在问题的早期征兆。不仅如此，组织本身的官僚式架构，亦将妨碍对问题的发现。

问题类型

在开展研究的过程中，我们完全被问题类型的多样性而震撼到了。"呈现速度"即为问题的一个关键特征。显然，问题如果突然呈现，就更加易于进入大家的视野，譬如飞机在毫无预警的情况下突然下降一万英尺。这种类型的案例我们并未纳入研究范围，因为其中发现问题的过程是微不足道的。我们将目光聚焦在那些难于发现问题的案例上，譬如本书第二节中提及的新生儿急救护理中心示例里，经验尚浅的护士即忽略了婴儿的败血症先兆。败血症的出现是循序渐进的，因此，对其进行检测非常困难。"线索是否微妙"是影响问题发现过程的又一个因素——此处可再次对比突然失控的飞机以及败血症的微弱征兆。问题难于被探测到的第三个原因，是在于个体必须利用自身经验将线索整合起来，以识别出相应的模式，恰如第二节中所举的败血症事例一样。问题被个体忽略的第四个原因，是安全范围过小。举个例子，外科医生在开展风险较高的手术时，若他们考虑到出现风险的可能性太大，即便一切顺利，他们也会改变具体的策略。

在本节的起始部分——"决策练习·忙碌之中的会议"中，某些可能影响会议进程的问题是显而易见的。譬如，假设某架航班出现故障，那么必然会打乱所有的日程安排。其他问题则更加微妙一些——倘若某些团队成员要路过芝加哥或者圣·路易斯，则会受到冬季风暴的影响。不论具体的联结机制为何，风暴都可能影响与会成员的行程。因此，我们需要借助经验将这些"碎片"组合起来，看到整体的模式。进而，我们可以将此"测定"为一个安全范围过小的案例。在这个决策游戏中，还没有出现任何紧急情况——尚未出现。个体需要掌握的技能，是认识到这个计划将多么轻而易举地遭遇挫败。

可见，某些类型的问题相对而言易于发现，其他类型则更难。除此之外，我们还认识到，某些具体的阻碍也会令问题发现更加困难。具体包括：

（一）如果不止一个问题同时出现，那么，个体很有可能将所有的征兆都归结到其中一个原因之上——也许是最明显的原因或者第一个出现的原因，而忽略其他因素。

（二）如果背景较为复杂，那么注意到信号的难度就将增加。譬如，在七月四日美国国庆节当天，即使出现枪声，大家也可能听而不闻；相对于其他时间，万圣节当天，即便有人蒙面抢劫，众人也可能后知后觉；又比如，若某支票账户存取款较为频繁，那么不合法的使用即难于被发现，若该支票账户一直处于休眠状态达几个月之久，则结果又将大不相同。

（三）无法发现问题征兆的第三个原因，在于个体没有高效地收集数据。譬如，如果你每隔五年才审查一次账目，那么就很难杜绝财务欺诈的现象。但是，如果每周都审查一次账目，其工作量又将使工作人员不堪重负。监测频率必须慎重选择，既能保证完成任务，又不会影响个体的工作效率。

如何消除掉这些不利于发现问题的阻碍呢？首先，须知人类倾向于将所有问题都归结于显而易见的错误上，你必须抵制住这种冲动，并且深入分析该错误是否的确导致了你观察到的所有问题。其次，你应该根据背景的复杂程度适当提升警觉水平——如果问题征兆大量出现，你就应该多加留意。再次，你可以针对数据来源进行预演失败分析，尽力去想象是否有重要的线索被忽略。

| 专业知识 |

本书先前已经指出，专业知识和直觉的基础，是能够识别出典型的情境——这就意味着，经验丰富的决策者能够识别出那些违背自身预期的事物，并将其归类为"非典型"事件。这就是"利用直觉发现问题"的关键所在。专业知识亦有助于个体更好地理解线索，进而识别出相应模式。随着专业知识的累积，个体的心理模型亦不断发展，对事物（包括自然事件、组织、仪器设备等）运转方式的理解不断加深。经验丰富的决策者能够准确地预测事态的发展，了解哪些属于典型事件，所以，他们在识别异常现象时必然更加迅捷。他们可以将自己的惊讶感作为对异常事态的直觉和情绪反应。

读者是否还记得达琳和琳达，本书第二节中新生儿急救护理中心的两位护士呢？作为检查员，达琳注意到了若干线索，这些线索说明婴儿受到了威胁生命的感染。其中任一线索都会让她感到忧虑，而线索全部出现，无疑表明发生了危机。她之所以能作出反应，并非简单地由于证据的积累，更重要的是所有证据聚合的方式。与之相反，琳达仅仅了解若干线索，或者在他人的指导下也能够识别出若干线索，但是，她从来都没能领会到线索背后的深刻意义，因为她从来都没有亲眼目睹过感染的整个过程。

专家甚至不需要刻意去寻找潜在的问题，他们的潜意识即可自动发挥作用，如下面这个软件工程师的事例所示。

● 示例十一　故障探测员

很多年之前，我们得到了研究贝尔实验室质量工程师的机会。我们重点研究了一个大型项目，软件语句多达950,000行。质量工程师必须在电脑系统正式推出之前，找出其中的错误。团队会按照子程序或者其他便捷的标准将任务分解，然后逐行检查语句，寻找排列错误或者其他能够导致系统出现故障的错误。他们竭尽全力，力图每天检查五千行语句。总体来说，在类似的电脑程序中，这一策略如果仅用于探查显而易见的错误，尚属有效。

但是，工程师们提醒我们说，还有一些更加隐晦的错误，可惜，现在使用的质量检测软件却无法保证完全发现这些错误。虽说如此，他们却发现，自己在早晨冲澡时，或者周末在海滩潜水时，经常会出现灵光一闪的现象："哦，如果系统进行配置的时候这个信号传来，它就会被以那种方式解译，那之后，程序就会崩溃。"这就是他们在工作中所使用的直觉，没有任何警示信号，也不存在任何意识层面上的努力。

　　在某些情况下，潜意识地会将异常现象突然推送到我们的意识中，还有一些情况下，我们就是能够"感觉"到问题之所在，那是一种"有些事情不对"的情绪性反应。证据显示，人类会开展很多高度成熟的思维过程而不自知。当我们运用伴随着上述脑活动的情绪性信号时，我们离自身的直觉也就更近了一步。这一结论的提出，得到了若干不同领域内研究的支持。

　　安东尼奥·达玛西奥及其爱荷华大学的同事开展了一系列实验研究，其结果表明：人类在意识到问题存在之前，即可表现出相关的判断倾向及情绪反应。在一个实验中，研究者要求参加者翻开四块平板下的卡片，卡片的数字即代表相应的金钱报酬。四块平板都被研究者事先做了手脚。起初，其中两块平板，A和B，代表的金钱报酬更加丰厚，随后，参与者也逐渐认识到了自己应该选择这两块平板，不选择另外两块——C和D。接着，在没有任何提醒的情况下，实验者会设定平板代表罚款数额。平板A和B的罚款金额更大，因此，如果选择这两块平板，参与者将承受金钱的损失。令实验者感兴趣的是，参与者在遭遇罚款时，将作何反应。

　　研究比较了两组参与者的结果，其中一组是正常个体，另外一组参与者的大脑特定区域——前额叶的腹内侧部分——则受到了损伤。开始引入罚款机制后，十名正常的参与者在选择平板A和B时，马上会产生情感性焦虑反应，而且是在他们意识到这些是"坏"平板之前。有三名参与者从来都没能理解为什么A和B是"坏"平板，不过即使是他们也学会了不要去选择这些平板。

与之相对比，没有一名大脑受损的参与者针对不同的平板产生出了任何情绪性的知觉。三名大脑受损的参与者学会了精确地描述哪些是"好"平板，哪些是"坏"平板，不过这也无济于事——他们仍然无法作出合理的选择，无法避开平板A和B。由于他们的知识没有情绪性直觉作为支撑，因此，他们的直觉也就无法转化成为实际行动。

另外一个领域内的研究表明，人类在无意识的状态下识别出某一模式时，对于情感性线索——我们的直觉的敏感度各有不同。爱德华·凯特金及其同事首先请参与者在休息的状态下监控自身的心率。大概有三分之一的参与者能够对自身心率进行较为合理的估测。接下来，凯特金会向参与者呈现包括毒蛇和蜘蛛在内的照片，但是图片呈现速率极快，参与者在意识层面上根本无法认清照片的内容。他还在呈现某些图片时对参与者施加电击。之后，他会再次呈现这些图片，这次的速度会慢一些，并且请参与者预测电击出现的时间。由于参与者先前无法明确意识到图片的内容，他们在判断电击出现的时间时，唯一可以利用的线索，就是电击条件作用所产生的心率提升。那些预测自身心率最为准确的参与者，同时也是预测电击出现时间最为准确之人。他们已经在潜意识层面吸收了这些图片，并且无意识地将其与电击体验联系在一起。他们有能力利用这次学习（此处的"学习"属于心理学术语，指的是个体认识到了不同事物之间所存在的联系，如"蜘蛛图片"和"电击"。——译者注）的机会，尽管他们并没有明确意识到不同事物之间的联系。

我对于"情绪线索"这一理念十分重视并严肃以待，这是因为我曾经亲眼见证过它们具有多么强大的威力、多么切中要害，如示例十二"出售公司"所示。

● 示例十二　出售公司

很多年之前，我的公司经历了一系列商业挫折，后来，我争取到了一笔金额巨大的合约，主要任务是为评测不同培训方法的有效性开发出一套模拟策略技术。在经营这家小公司令我不堪重负，心力交瘁之下，我冒出了一个让自己的公司被大公司收购的想法。我有一位朋友，他在一家大型企业工作，该公司在全美国都设有办公室。这位朋友主动伸出援手，帮助我实现愿望。他绘声绘色地说道，如果我和同事们能够与这家坐落于俄亥俄州（总部位于马里兰）的企业共事，将是多么令人兴奋。自此之后，我与这家公司的经理开展了数次会谈，最后，对方提出，他们愿意收购我的公司。

这个结果让我松了一口气。对方出价阔绰，远超我方会计人员的预估，这让我感到开心。更开心的是，以后我无须再受到其他琐碎事项的干扰，公司业务亦能保持在正轨之上了。

尽管如此，每次我与对方经理进行磋商之后，都会感到紧张不安。有时候，为了摆脱这些会面带给我的不适感，我甚至要出去跑一大圈，才能感到轻松一些。我会跟其他人说，自己的公司要被收购了，因此我感到很开心。不过他们却说，我的声音**听起来**并不那么开心。最后，我决定不再同意收购，尽管我无法对此给出任何客观的理由。

几周之后，我跟那位朋友共进午餐，希望了解事情的来龙去脉。这时候，朋友才承认，日常工作中，他的经理总是刻意制造出一种冰冷的氛围，让每一名坐在办公室里的人都感到紧张不已。朋友本来希望在我和同事到来之后，能够缓解这种紧张感。这正是他积极协调此次收购的主要动力。

我的直觉告诉我，与朋友的经理共事将令我感到不快。假设我没有遵循这种直觉，那么我就会将自己和员工拖入进一个令人无法忍受的工作环境之内。

> 我的直觉背后是什么？我相信，答案是与经理进行沟通时所感到的负担。即便经理说的话十分得体，我也仍然能够感到一种"对抗"、"赔偿"和"压力"的感觉。当时我并没有这样界定自己的心理状态。我只是注意到，与他的会面让我感觉非常压抑。
>
> 事情还有续集。在我终止磋商的几年之后，这家险些收购掉本公司的企业，关闭了其位于俄亥俄州的办公室。

"善加利用专业知识"的另外一个阻碍是思维定势问题，意指过于强大的模式清单令个体对预期之外的事物视而不见。应对思维定势的具体方法，请参阅本书第九节的相关内容。

| 心态 |

如果你不够警觉，没有仔细地监控周遭所发生的一切，你也将忽略问题之所在。所谓"心态"，指的是你在执行工作任务时——不论是主动地搜寻潜在问题，还是心无旁骛地完成手头任务、完全无视其他事情——的态度与手段。在新生儿急救护理中心中，护士的职责之一，就是要随时戒备，防止问题的出现。在其他工作情境，如装配流水线上，决策者们对于"搜寻异常现象"则或者心存疑虑，或者毫不在意，或者消极被动。

现为哈佛商学院教授的戴维德·加尔文，曾经向我讲述了自己学习驾驶飞机的经历。他的指导教师总是告诉他，降落的时候，要时刻设想异常情况，做好复飞（亦即放弃降落，同时提升动力及高度，准备再次降落）的准备。考取驾照之后，加尔文仍然秉承了这种态度。有一次，他马上就要着陆，千钧一发之际，另外一架飞机突然转向了他本来要使用的跑道。对此，他心中极度不满，但同时，他也毫不费力地完成了这次复飞。正是那一刻，他才意识到自己所接受的教导是多么宝贵。由于他时刻在准备复飞，因此，其他飞机的干扰只不过让他"不满"而已。与之相比，倘若他满脑子想的就只是降落，倘若面对突如其来的干扰时，他的心态没有那么泰然自若，那么在这种紧急情况下他很可能会大吃一惊，甚至犯下大错。

保持积极的心态并非易事。如果任务过多，手头需要处理的紧急事项源源不断，无法分配注意力；又或者你疲惫不堪，总是被各种琐事所打扰，那么你对于问题的早期征兆将可能视而不见。

为了保持积极心态、尽早发现异常现象，某些高级主管所采取的策略，就是对于自身的情绪反应保持更加敏感的状态。假设某件事情令他们大吃一惊或迷惑不解，他们就会将自己的这种惊诧作为一种警示信号，认真对待。他们的经验根基"启动"了，促使他们去探查那些令自身感到吃惊或者不适的事件："账目上显示，本公司的销售副主管申请了一笔个人贷款，其中有什么玄机呢？""为什么管理委员会竟然要花费一个小时的时间，来讨论我部门出现的一个问题呢？"

| 组织性阻碍 |

多数组织只是希望员工将任务完成，根本不在乎潜在的问题。它们会鼓励员工努力工作，但却不敦促他们处理那些琐碎的意外事件。组织在表面上或许表现出从谏如流的态度，不过那多数只是表面文章，事实上，他们会忽略甚至排斥反对意见。直言不讳之人并非总是能够得到尊重。他们或许会被看成过度敏感、紧张兮兮、怀疑一切之人。他们会扰乱身边人的情绪。

我的一位朋友曾经讲述过自己的亲身经历。当时，她的经理和团队正在开会讨论是否应该投标一个新项目。我的朋友并不同意该项目。她犀利地指出项目的难度将是多么巨大。她提醒同事，一年之前，公司从同一位客户处接受了同样类型的项目，结果遭受了损失。她力劝同事放弃这个项目，此举有可能为公司节省两万美元（根据上一个项目的经验与此项目的规模推算得出）。但是，无人附和她的观点。就在同一次会议上，大家纷纷恭喜她在预算之内完成了另一个项目，为公司节省了一万两千美元。人们能够认同他人的成功，却往往无法坦然面对自身应该避而远之的灾难。

结果，在探测问题时，尤其是那种安全范围逐渐被"侵蚀"的问题，组织往往反应迟钝。

"本公司现在没有而且亟需招募的就是一位直言不讳的员工。"

图九　直言不讳者

● **示例十三　失败的大坝**

提顿大坝于1972年竣工，工程师们对其安全度表示信心十足。尽管如此，施工期间，地质学家却发现，大坝所处的爱达荷州东部地区最近发生了地震——过去五年，在大坝周边三十英里的范围内，总共发生了五起地震，其中两次震级较大。地质学家还有一层担心——有证据表明，水坝能够引发地震。地质学家将备忘录发送给了丹佛、科罗拉多以及首都华盛顿的垦务局官员。但是，官员们对于备忘录中情绪化的字眼表示反感，要求重新撰写报告，减轻报告文字中的紧迫感。多次改动其稿之后，最终报告提交给官方时，距提交初稿已隔半年之久。毋庸赘言，垦务局认为并不存在任何停止施工的理由。

但是，大坝还有若干严重的问题需要指出。研究表明，该地区的岩石充满裂缝。工程师们并没有将此作为"该地区不宜修建大坝"的信号，反而采取了向裂缝中灌注水泥浆的解决方案。后来发现，裂缝的尺寸远超众人的预期（其中有些裂缝实际上就是山洞），对此，工程师们仅提升了水泥浆的数量而已。

还有一个问题就是浇灌大坝的速率。相关人员本来计算出了安全的浇灌速率，不过，一名项目建筑工程师却要求将此速率翻倍，借此应对冬季大雪所形成的径流。同时，施工现场还设置了监控器，用以检查附近水井内的地下水，判断是否出现了危险的饱和数值。可惜，一个月之后，大家发现监控工作有误，而且十七个监控器中有三个都出现了故障。雪上加霜的是，仍在正常运转的监控器显示，地下水的流速是预期的一千倍之多。尽管如此，工程师们仍然继续浇灌大坝，甚至将速率提高到了正常值的四倍之高。

之后，在大坝下游，发现了三处裂缝。这也没有被看成是严重的问题，因为裂缝口径齐整，而齐整的裂缝在土坝上较为常见。

第二天，又发现了两处裂缝，尺寸极大。不到中午，大坝出现了缺口，导致十一人丧生。

示例十三中，干扰问题探测的阻碍是什么呢？其中之一，在于危险信号来自于不同的源头。某些地质学家提出了该地区或许将发生地震的警告。其他地质学家则指出，岩石上存在裂缝。工程师们及其主管知道浇灌速率大增，也知道监控器出现了故障。但是，组织仍然下定决心，继续施工——也就是说，他们的心态仍然是保持任务导向的。而且，没有人员负责搜集这些警示性数据并在必要时刻发出警告。公司并没有对此制订相关制度。

大多数组织都自认为制订有详尽的工作流程，借此即可探查到问题之所在。可惜，当人们面对关键的决策、必须尽快抉择时，这些流程往往都显得那样孱弱无力。

举例来说，森林火灾消防员就必须要在"履行灭火职责"以及"知道什么时候应该放弃努力，确保自身安全"之间取得平衡。这是一个艰难的决策。它或许意味着大家要眼睁睁地放弃之前数小时的辛苦劳动。队员们辛苦一天，才搭建起一条灭火线，此时，仅仅因为天气预报显示湿度将大幅下降、风速将大幅提升就放弃先前的努力，这种"沉没成本效应"无疑将令人倍感沮丧。为了消除这种抵制情绪，森林火灾消防员们集体设计出了各式各样的核查清单，帮助大家判断自己是否处于危险状态之中。他们借助这些清单，竭力保持一种积极的态度，去主动地发现问题。

但是，核查清单亦无法帮助森林火灾消防员处理反常的火情，因此，当安全范围大幅缩减时，还是需要森林火灾消防员自己作出判断。核查清单不足以成为直觉和经验的替代品。

譬如说，核查清单中包含一个项目，那就是在发生森林火灾时须指派监视员。监视员的主要职责，是监控地面情况，判断火势是否威胁到了消防队员的生命安全。但是，应该指派谁担任监视员呢？某些情况下，那些当天受伤的队员，或者动作过于缓慢、身体状况欠佳的队员，又或者经验不足的队员会被指派为监视员。事实上，监视员在上岗之前，并没有接受相关的专业培训。但是，消防队员内心却不禁滋生出一种虚假的安全感，认为监视哨能够保护他们。这样的安排或许满足了核查清单的所有要求，但却没有切实地增加团队成员察觉到危险情况的可能性。

组织还会对问题探测造成其他阻碍。它们会依赖于过时而且死板的工作流程来收集数据。它们会将收集数据的工作指派给经验最为欠缺的雇员。组织带来的阻碍数不胜数。能够主动地阻止问题发生，而不鼠目寸光地一味强调按照既定规则行事，这样履职尽责的组织极其罕见，堪称凤毛麟角。

| 问题发现：重新组织我们对于情境的解释 |

我与同事刚开始研讨"问题发现"这一课题时，我们预期，个体在注意到相关的线索及模式并将其整合之后，即可意识到问题之所在。他们会发现，有些事情与自己的预期不符，这就是发现问题的开始。在大多数情况下，我们的预期都得到了验证。同时，我们还发现，在某些案例中，决策者只有在重新组织自己对于情境的解释——使用与先前不同的、更富忧患意识的方式解释情境，才能意识到异常现象的存在。

举例而言，在新生儿急救护理中心的示例中，琳达误认为婴儿的问题在于体温不稳定，她的应对方式就是调高婴儿人工抚育器的温度。而达琳则认识到婴儿健康状态已经恶化。倘若达琳对于败血症的潜在症状不那么敏感，那么她根本不可能去观察类似皮肤颜色这样的线索。

个体可能在注意到异常现象之后才开始重新组织自己对于情境的认识，或者个体因为重新思考了情境才观察到异常现象，又或者上述两种情况同时出现在个体的思维过程之中。无论是哪种情况，问题探测的结果都是：**个体会以新的方式看待情境**。此亦为问题探测的首要目标。

如果你感觉自己难以重新解释情境，那么你可以请同事协助，让他们用全新的视角分析各种证据。他们不会花费数小时甚至数天的时间去纠缠自己最初的解释，或许因此能够更加轻松地提出令人耳目一新的解读。

至此，我们已经讨论了图八中问题探测模型的各个成分，现在，让我们再次将该模型整合起来。为此，请参考示例十四。

该示例体现了实际工作中发现问题的过程。一个隐藏的问题被揭示出来，而且是无意为之。借助专业知识，两个谜题被整合到一起。借助直觉，主人公意识到出现了严重的问题，必须进行调查。

● 示例十四　花旗银行大厦建设的启示

1977年，位于曼哈顿的花旗大厦竣工，当时，它是世界第七高的建筑。威廉姆·J.勒梅撒利尔是该大厦的建筑工程师，他设计了大楼的钢骨架。

第二年，一位主修建筑工程的学生联系到勒梅撒利尔，咨询该大厦的设计问题。这名学生认为，勒梅撒利尔所设计的四根支撑大厦的支柱，其位置存在错误。勒梅撒利尔并没有将支柱安排在大厦的角落处，反而将它们设置在了大楼每一面的中央位置。

勒梅撒利尔解释了自己如此设计的原因。花旗银行希望在一整块街区的范围内建起一座大楼，不巧的是，有一座教堂占据了角落位置。教堂与银行最后达成妥协，花旗必须翻新教堂的旧建筑，作为交换，花旗可以使用教堂上方的空间。受到这一协议限制，支柱不得不放置在大楼每一面的中央处。

为了弥补这一设计特征上的缺憾，勒梅撒利尔又创造性地开发出了一套特殊的抗风支撑系统。勒梅撒利尔还解释道，自己特别关注到一种情况，那就是季风或许会沿着对角线方向同时覆盖大厦的两面，两面所受到的压力都将大幅提升。之所以如此设计支柱，也是为了抵消这些压力。

与这名学生交谈过后，勒梅撒利尔意识到，花旗大厦钢骨架的特殊设计，完全可以拿到自己的建筑工程课堂上，成为一个优秀的讨论课题。在他为自己的授课而字斟句酌之际，他再次思考了大厦的抗风支撑系统设计。他确信，该系统非常坚固，能够抵挡正交风的侵袭，这也是纽约市建筑法令中的唯一限制条件。但是，在跟其他人打电话探讨季风之后，勒梅撒利尔开始怀疑这些抗风支撑系统是否能够应对季风的力量。

他进行了一些计算，结果令人沮丧。抗风支撑系统由一系列V形臂节形状的装置组成，每一层包括八套装置。季风会让一半的装置所承受之压力增加40%。这是勒梅撒利尔始料未及的一种情况。

　　一般而言，这一发现并不会引起专家的忧虑。建筑在设计过程中会适当增加强度，以预留出安全范围。不过，勒梅撒利尔几周之前发现了另外一个不幸的事实。当时，他被邀请去审阅匹兹堡两座新摩天大楼的设计方案。这些高楼所使用的抗风支撑系统设计与花旗大厦相同，而且，与花旗大厦一样，这种设计需要使用焊接结点，不可使用螺栓结点（焊接结点更加坚固，但是消耗人力更多，因此成本更高）。

　　在处理匹兹堡的项目时，勒梅撒利尔向一位同事询问了使用焊接结点的相关事宜。这名同事指出，在花旗大厦上，这一设计特色被更改了，原因是焊接过程太过昂贵。结点是通过螺栓而非焊接结合到一起的。此事并没有报告给勒梅撒利尔，因为类似这样的设计改动细节不计其数。如果每一次更改都要层层审核，那么建筑日程将被大幅拖缓。

　　在匹兹堡，勒梅撒利尔知道了"大厦使用螺栓结点而非焊接结点"这一事实，当时，他还能够理解这一决策。不过，几周之后的现在，他却忧心忡忡地将两份信息结合到了一起。抗风支撑系统在应对沿建筑对角线方向的季风时，并不如他原先所设想的那样有效。而螺栓结点亦不如他原先所设计的焊接结点那般坚固。将这两个数据联系起来之后，勒梅撒利尔即马上发现了问题。

　　他仍然寄望于设计团队在设计结点时考虑到了对角风的问题。不过，随后他发现，设计团队并没有考虑到这一问题。为什么？建筑法令对此并没有要求。

　　雪上加霜的是，他了解到，自己的团队将对角风抗风支柱定义为"框架"，而非"圆柱"。如此一来，他们即可规避关于结点强度要求的严苛安全标准，而且，用于固定结点所需的螺栓数量亦将大幅降低。框架结构很难起到保证安全的作用。

　　至此，勒梅撒利尔对于自己的设计已经感到信心不足了。他将自己的发现汇总成为一份报告，其题目为："SERENE项目"——针对无人预见之事件进行特殊的工程性回顾。

他又邀请一位加拿大专家审阅自己的数据，利用风洞分析测试原有的设计方案。测试结果验证了勒梅撒利尔的忧虑。在特定的情况下，大风会让花旗大厦像音叉一样来回震动。接下来，勒梅撒利尔查询了纽约市的天气预报数据。平均而言，上述"特定的情况"每十六年会出现一次。对勒梅撒利尔来说，其频率之高是不可忍受的。

他的设计中包含有减少振幅的阻尼系统，但是，它的正常运转依赖于电力系统，可大风暴又有可能导致停电。所以，阻尼系统不足为恃。此时已经是1978年7月了，秋天的飓风季迫在眉睫。

勒梅撒利尔自己发出了警告。他先后联系了大厦建筑师、建筑师的律师以及花旗银行的执行副董事长。他详细解释了问题所在，并且提出，鉴于某些关键节点的强度过低，必须加以整修。他的提议是，在每个较脆弱的螺栓结点——共有两百多个——上焊接两英寸厚的钢板。花旗银行赞同这个方案。为了避免恐慌情绪，花旗银行发表公开声明，指出为了加强大厦的抗风支撑系统，将进行额外的焊接。一位花旗银行代表解释道："我们这里既要'腰带'，还要'背带'。"

焊接工迅即开展工作，不过开工时间仅仅在正常的上班时间之后，从下午五点到凌晨四点。清洁人员则会在银行职工到来之前让一切恢复原状。如此大约持续了一个月的时间。花旗大厦内部遍布电线，还安装了变形测量器，它会读取数据并将其传送到附近的监控中心处。大厦仍然在使用当中，但是，它看起来像是一位身处急救护理中心的病人。

之后，九月初期，飓风艾拉在哈特拉斯角登陆，并且直奔纽约而来。当时，大厦绝大多数关键节点都已加固完毕，但是大家还没做好心理准备去测量抗风支撑系统效能。所幸，艾拉改变了方向，朝大海而去。

十月份，整修工作大功告成。大厦摇身一变，成为纽约市内最安全的建筑之一。

　　困扰勒梅撒利尔的问题类型，属于"安全范围的减小"，而非"整体架构存在有显著影响的缺陷"。诸多阻碍使得勒梅撒利尔很难发现这个问题，包括：问题背后的原因很多，如设计被更改，但是累积效应并没有人注意到；此外，不同事件的优先级之间存在冲突——持续不断的更改是由不同的人在不同的背景下先后做出的；从组织的观点而言，它最关心的生产压力和建筑法规，因此专业知识也没有发挥应有的作用，因为大家的思维定势认为，只要每个人都遵守法规，那么大厦就是安全的。很可惜，并没有哪部建筑法规或者工作流程指明在设计更改之后，应该如何检查其后果。

　　建筑安全受到了一系列设计决策的影响，这些决策本身都并非重大。一个人只有从头到尾追踪整个过程，了解其中含义，方可意识到其累积效应。一个人只有对安全问题慎之又慎，才会回过头来审查整个建设过程。

　　除了勒梅撒利尔之外，没有一个人主动去寻找问题，因为他们并没有考虑到建筑会存在问题。尽管现有文献并无相关记载，但根据我推测，勒梅撒利尔之所以能够发现问题之所在，原因在于他重新构建了对于自己所设计之作品的认识。在匹兹堡，他了解到的情况一定使他大受震动——本以为坚固无比的大厦居然存在严重隐患。所以，他采用全新的眼光来审视问题。正因如此，如果仅仅是接到建筑专业学生的电话，解答了季风对于建筑的影响，那么勒梅撒利尔应该不至于如此忧心忡忡。我怀疑，倘若勒梅撒利尔没去匹兹堡，那么他根本就不会进行季风效应相关的计算。

　　读者已经见识到了勒梅撒利尔的经验及其直觉的威力。一旦重新组织了对于自己所设计建筑的认识之后，他就知道去哪里搜寻证据，也知道应该如何去验证自己担心的问题。勒梅撒利尔没有拖泥带水地开展为期数月的调查研究，仅仅几周的时间，他就已经对全部情形了若指掌。所有一切都是他单枪匹马完成的，因为他希望保守这个秘密，以免自己的担忧其实是毫无依据的。但是，他独立进行调查这一事实，却说明该调查的进展十分迅速，而且如他所愿，调查结果亦非常符合现实。他非常像本书第二节中的达琳。他看着花旗大厦——他的病人，眼中满是疑虑，惶恐不安地思考着大厦将倾的可能性。

关键要点
预演失败练习的步骤

第一步：准备工作。

第二步：想象计划完全失败。

第三步：列举失败的原因。

第四步：补充原因列表。

第五步：重新审阅计划。

第六步：定期回顾列表。

·8·

如何管理不确定性

某些时候，我们之所以绝望地请求直觉的支援，原因在于我们已经陷入"不确定性"的泥淖之中。面对决策时，我们所不能确定的事情极多。我们不确定自己所处理的问题属于哪种类型；我们不确定将来会发生什么；我们或许也不确定自己拥有哪些资源和哪些既定选项，倘若资源和选项不足又该如何处理。即使我们完全了解眼前的困境以及可行的选项，我们可能仍不确定应该选择哪个选项。

在商业领域，上述类型的不确定性无所不在。我们纠结于应该向供应商支付多少款项，又应该为我们的服务收取多少费用。我们也会反复揣测己方所提供之服务或商品的需求将会上升抑或下降。

● 决策练习四　赛尔盔

　　试想你是一家制造公司的首席执行官。公司主要业务是生产自行车配件，譬如里程表、存储架以及头盔等。公司的最新产品线被称作"赛尔盔"，这款自行车头盔拥有手机通话功能，由自行车本身的运转供电，不需要另配电池。该产品可以让工作忙碌的人士一边锻炼，一边接打电话。公司至今已经拥有十四年的历史，去年的收入达到了一千两百万美元。赛尔盔受到了消费者的热烈欢迎。过去的一年半时间内，每季度的销售额都得到了大幅提升。去年六月份，赛尔盔首次面市，此外，目前的统计数据已经更新至十二月份。

　　起初，生产赛尔盔的仅仅是本公司下属某工厂的一座机床。随后，你命令整座工厂都要生产赛尔盔。再之后，你进行了第三次调整。为了提升产量，你指派另外一座工厂也去生产赛尔盔。即便如此，产量仍然不能满足消费者的强劲需求。你的市场主管预测，与今年第一季度相比，明年同一季度的销售额将同比上升50%，这就意味着每月平均销售约2200套赛尔盔。她同时还警告，如果本公司不迅速行动以满足消费者的旺盛需求，那么其他竞争者就可能占领这一市场。

　　你的执行副董事长提交了一份计划，准备建造一家大型的新工厂。他已经考查了场地，构思了建筑过程，并且确信该厂十个月之后即可投入使用。其成本非常高昂，约为八百万美元，不过，这可以使得产量翻番。目前，本公司每月可出厂一千五百套赛尔盔，每套产品成本为一百三十美元。产量翻番之后，其成本在两年之内即可收回。

　　轮到你出场了。之前，你千辛万苦地设计并且宣传这款产品，你希望它受到消费者的热烈欢迎。你已经得偿所愿。你还在等什么？你要批准新工厂的建设吗？

　　请在五分钟之内，写出所有不确定性的来源，所有令你无法鼓起勇气作出决策的事项。

你不了解哪些情况？你不知道销售额是否会保持强劲的增长态势。你不知道潜在的竞争者是何方神圣。你不知道什么时候市场会达到饱和状态。你不知道不同国家的需求大小有何不同。你不知道赛尔盔是否会被当作消极事件的罪魁祸首，导致负面的公众形象。你不知道这款产品是否能够增加其他功能。你不知道美国经济在未来十个月内将如何发展。你更不知道工厂建设将耗费公司多少精力。

或许，你会将这种扩张定义为典型的"诱骗黑洞"，亦即在商业领域，简单地计算出产品销售走势之后，就过度扩张，借以满足预测中不断增长的需求，最后却导致产能过剩——这不过是商业循环的正常发展状态。由于高估了需求量，导致产量过剩，类似的事例时常发生。但是，这一次，你的公司或许将是一个例外。

经理与主管总是不得不在不确定的情境中作出决策。美国前国务卿科林·鲍威尔曾经表示，如果他在作出决策时的自信程度达不到40%，他就会着手收集更多的信息。但是，我们不可能等搜集到全部数据之后再采取行动。科林·鲍威尔还指出，倘若自信程度超过了70%，那就说明他或许收集了过多的信息。

某些研究者曾经竭力"驯服"不确定性这个概念。他们试图将不确定作为一种产品，加以衡量。在进行决策分析时，他们请受训者估测每种结果的可能性，并将其汇总在一张表格中，称为一株"决策树"。随着决策树逐渐变得枝繁叶茂，受训者需要评价自己对于每种结果的满意度。随后，经过简单的连乘，分析师会计算出哪种结果是最令人满意的——亦即预期满意度最高、而且出现概率最高的结果。不过，此种方法仅仅处理了一种类型的不确定性，也就是"哪种结果会出现"的不确定性。该方法着重于强调"选择哪个选项"，却忽略了"对于情境的理解"。其实，一旦决策者清晰地理解了待处理问题之后，对于行动选项的选择即已经易如反掌了。

我有幸在美国海军陆战队的资助下开展了若干研究，旨在探讨海军陆战队员所经常面对的不确定情境类型。在研究过程中，三个主要的因素经常出现，而且适用于绝大多数情境，它们是：

（一）不确定性之来源。不确定性的来源之多远超人们的想象。

（二）管理不确定性的可行对策类型。对于许多近在眼前的对策，绝大多数人都没有给予足够的重视。

（三）决策者对于不确定性的容忍度。人们的个性各有不同，有时候，人们会惊异地发现，他人对不确定性之感受居然与自己不同。

为了更加高效地管理不确定性，读者应该强化自己在上述三方面的直觉。

在进一步探讨这三个课题之前，请读者思考自己正在执行的项目，或者正在面临的决策。现在，请从中选择一个因为受到不确定因素影响而徘徊不前的事例。希望在阅读过本节内容之后，读者能够更加清晰地理解项目的问题出现在哪里，自己又应该如何处理。

不确定性的五大来源

不确定性的五大来源包括：信息缺失、信息不可靠、信息矛盾、信息混乱以及信息令人困惑。虽然它们全都被称作"不确定性"，但是其处理方式并不完全相同。

人们之所以会感到不确定，或许是因为我们**缺失**了重要的信息。可能我们根本就没有该信息，或者虽然拥有重要信息，但却因为整体信息量过大而无法对其进行定位。不论是哪种情况，我们都无法在必要情况下利用这些信息。

人们之所以会感到不确定，或许是因为我们无法**相信**我们拥有的信息。我们可能怀疑该信息存在错误，或者已经过时，或者我们从若干不同的来源获得了同样的报告。即便信息完全准确无误，我们的怀疑也会催生出不确定性，进而影响我们的决策。

我们或许拥有并相信某些信息，但是，这些信息或许与我们之前所相信的信息并**不一致**。这种情况，亦即所谓的异常现象。

我们或许需要在大量的无关信息（或者称之为**"噪音"**）中进行筛选，但是，如果我们不确定某信息是否属于"噪音"，就要认真加以对待，这就又加重了不确定性的程度。人们经常受到数据的狂轰滥炸，以至于我们无法轻松地识别出"噪音"，因此无法充满自信地判定自己可以忽略这些"噪音"。

我们或许拥有全部所需的信息，完全相信这些信息，并且发现这些信息完全一致，发现它们完全与情境有关，但是，我们内心深处仍然感到不确定，因为我们无法**解读**这些信息。之所以出现这种情况，原因在于数据太过复杂，我们无法建构起前后一致的逻辑体系用于解释情境。又或者，数据存在不止一种合理的解读方式。

读者需要判断自己所面对的不确定性属于哪种类型，因为针对"信息缺失"的处理方式，与针对"对反映未来趋势之数据的质量存疑"的处理方式，是大相径庭的。姑且假设，决策游戏中的首席执行官认为，当务之急是判断消费者为什么乐于购买赛尔盔、他们如何使用赛尔盔、他们喜欢赛尔盔的哪些特点、他们讨厌赛尔盔的哪些缺点，那么，他就必然要分配资金给市场调查部门，了解消费者的心理。又或者，首席执行官或许担心新科技的吸引力将逐渐消退，那么，调查就应侧重于对整体经济趋势以及电子产品总体需求的预测。

对于重要的工作项目，请读者将自己所不确定的内容全部写下来。清单罗列完毕之后，再逐项分析，将其归类到上述五种不确定性来源之中。令你苦恼的根源在于信息缺失还是信息使人困惑呢？某些情况下，个体之所以不停地搜集信息，不过是为了掩饰自己解读信息能力的不足。

管理不确定性的策略

管理不确定性的方式不计其数，你所掌握的对策越丰富，你在应对问题时就会越灵活高效。过去数年之间，我总结了优秀决策者擅长使用的一系列策略。

| 稍安勿躁 |

你没必要在问题出现之际就立即作出决策。大多数情况下，昨天还让每个人痛心疾首的危机，到今天已经显得无关紧要了。优秀的决策者可以凭借直觉精准地预测哪些是真正的危机，因此，他们会从容地等待，希望随着时间的推移，自己能够领悟到更多。与之相对比，某些人之所以按兵不动，其原因是惧怕在不确定的情境下作出艰难决策。为了搜集到完美的信息而错失良机，未免太不明智。此时，你需要运用自身的直觉，判断何时应该稍安勿躁——因为情境有可能自行好转，或者信息会逐渐丰富起来。

| 搜集更多信息 |

搜集更多的信息，是针对不确定性的典型反应。某些情况下，这样做比较合理，但是人们通常却将信息搜集作为拖延时间的手段。表面看起来，此策略比稍安勿躁更佳，因为至少你并非无所事事。可事实上，你所做的一切不过是浪费精力而已。将本来即很优秀的计划升华为完美的计划，毫无意义。

如果你确实需要搜集更多的数据，那么，你需要用直觉来确定搜集方式。优秀的决策者知道什么时候应该搜集更多的信息，亦可推测出这些信息是否具备充分的价值、是否会及时出现进而力挽狂澜。

| 密切关注情境 |

倘若你面对着一个重要的决策，而且不确定程度很高，你或许应该改变自己的姿态，更加积极主动地监控情境——譬如更加频繁地探查问题发展态势。此策略与"搜集更多信息"不同，因为你的目的并不是具体的数据。相反，你要做的是时刻监控情境，以便自己在正确的时机开展行动。但是，也不要矫枉过正。譬如，在Lexis Nexis数据库公司，顶层管理者所采取的策略，就是每一季度皆需审核每一个工作项目。这样做的出发点是好的——为了密切追踪项目进展。但是，其后果是项目经理误认为**自己**每隔三个月就要接受测评，而且没有哪个项目完全得到了管理层的认可。每季度审阅工作项目的政策，导致公司内部持续弥漫着一种人心惶惶的氛围。

| 填补假设中的空白 |

为了降低不确定性，除了搜集更多的信息之外，个体还可以针对缺失的数据作出假设。显然，这种做法存在一定的风险性，但是这难以避免，否则我们将寸步难行。某些情况下，个体会认真记录自己作出的所有假设，以便之后能够追根溯源，检查每一个假设的正确性。这一建议看似合理，可惜个体经常会作出不计其数的假设，根本不可能一一记录在案。赛尔盔制造公司的首席执行官就假设：制造赛尔盔的基本原料不会发生短缺；当地政府要求"自行车手必须佩带头盔"的规定不会废止；凡此种种。个体似乎无须追踪自己所作出的每一个决策，而是应该凭借直觉，将注意力集中在那些令你感到缺乏坚实根据的假设之上。

| 形成解释 |

一旦你已经尽己所能搜集到全部的数据之后，即可着手绘制一幅决策的图景了。这一策略不仅仅是"填补假设中的空白"。它的要义，在于理解眼前情境——构建解释方式，对情境进行分类，并对先前的解读进行修正。这一理解过程对于直觉决策而言非常重要，我将在本书第九节中详细阐述。

| 向前推进 |

作出艰难决策之前，最理想的情况就是已经掌握了所有的信息。很可惜，在很多情况下，这是无法实现的。科林·鲍威尔表示"倘若自信程度超过70%，那就说明他或许收集了过多的信息"，这无疑说明，他能够与不确定性和谐共处。

| 主动出击 |

某些情况下，管理不确定性的最佳方法，就是先发制人，主动出击，积极地塑造你所处的环境。不要担心竞争对手是否会削减成本，你可以先发制人，主动削减成本，将球踢给竞争对手。你或许并不确定公司能否按时推出某款新产品，但是，你可以将日程安排紧凑，并且督促员工按时完成工作任务。索尼公司所采取的策略，就是迅速推出新产品。如此一来，索尼根本无需担心其他企业模仿自己。即使模仿者制造出了相似的产品，索尼此时早已经转移阵地了。

一项研究表明，有时某些高管之所以选择某一行动选项，仅仅是为了了解某一问题而已。一位高管就曾经说过："我们之所以收购那家公司，就是为了了解该商业领域。"管理者们并不乐于担任分析师这个消极的角色。他们需要亲力亲为，获取直接的经验。

| 设计决策情景 |

皮特·施瓦茨在其著作《长远观点之艺术》中指出，管理者们会构建出决策情景，借以理解当前面临的情境，并与他人交流问题的本质及决策者所作出的假设。所谓"决策情景"，即某一情境将来可能出现的若干发展方向。施瓦茨建议，一次只需使用少数几个情景即可，如果假设情景过多，将令人困惑不已。决策情景的作用并不是为了帮助个体进行预测，而是协助一个人构建起更加丰富的心理模型。就某种程度而言，决策情景与决策游戏存在诸多相似之处——两者都是在探索困境并权衡的过程中有所收获的学习方式。

| 精简计划 |

削减不确定性因素的另外一种方法是降低计划的复杂程度。譬如，你可以提升计划的模块化程度，各个模块之间互不干扰（与之相对比的是"交互性"的计划，每一子任务都会与其他子任务产生交互作用）。模块化的计划更具灵活性，即使计划中的某一部分出现问题也不会波及到其他子任务。我们可以对计划中的某一部分作出修改，而且无须担心这种变动将会影响到其他部分。交互性计划通常而言更加高效，但是与模块化计划相比，它更加脆弱，风险亦更高。随着不确定程度的提升，比较理想的一种情况，就是能够对计划中的某一部分作出更改，待个体对情境的理解更深一步时，再将其实施。

| 做最坏的准备 |

除了简化行动方案之外，个体还应该作好应对最坏情况的计划，以确保自己不至于沦落到山穷水尽的境地。令计划更加完备的一种方式，是投入更充裕的资源——更多的资金、更多的团队成员。还有其他方法可以强化计划、降低风险，譬如在推出一款新产品时，公司应该按照接下来一年收支平衡的预期制订预算，以免资金流出现问题。

| 运用渐进式决策 |

管理不确定性最常用的一种策略，就是运用渐进式决策。不要试图一次决定所有问题，可以循序渐进，根据结果进行调整。你无须总是直接承诺上市一款新产品，只需批准设计小组尝试一些新方案，同时批准若干工程研究项目以准备制造新产品。将这些小步骤积累起来，你就可以从中获得反馈并改进工作质量。当然，这个方法存在着诸多缺陷。它显示出你信心不足，由此可能会削减团队成员的工作热情。倘若你使用这一方法，即须注意不要纠结于对"沉没成本"的无谓争执。支持继续执行某一项目的人员或许会认为，如果放弃努力、浪费最初的投资将会非常可惜。你的任务，则是要将最初的投资看作商业活动的代价，而非必须收回的赌注。

| 拥抱不确定性 |

倘若你认为自己的团队相对竞争者而言适应性更强，那么不确定性实际上对己方有利，所以不确定性越强越好。所谓的"拥抱"不确定性，并不仅仅局限于"接受"不确定性——其真正的含义，是重视不确定性所附加的价值。

某些高管在面对不确定性时，会变不利为有利。在丹尼尔·艾森伯格的研究中，一位经理解释道，模糊性"能够赋予首席执行官某种程度的自由，使其无须事无巨细皆加以明确。同时，某些人在面对模糊情况时的表现反而更加优异，因此，我会刻意令某些事情保持模糊的状态。真正的问题在于，我们太过执着于按部就班的计划、循序渐进地完成任务了。我喜欢将所有事项的先后顺序完全打乱。"艾森伯格指出，在与相互冲突的多个利益相关方打交道时，模糊性尤其能够发挥作用。管理者如果将自己的观点清晰地表达出来，则很有可能成为其中一方的敌人。在一个团队处理内部问题时，模糊性作为一种障眼法，可以维持众人的和谐状态。

为了拥抱不确定性，我们应该将计划看作是变革的平台。如果你"爱上了"自己的计划，那么当遭遇挫折时，尽管现实情境逼迫你不得不更改原计划，你或许仍会固执己见。

灵活运用策略，应对不确定性

先前，读者已经写下了自己目前面临的不确定性问题。现在，请拿出这张不确定性清单。对于清单中的每一项，请对照本节所介绍的各种策略，判断自己目前已经使用了哪些策略，还可以使用哪些策略。通过盘点这些可行策略，你或许能找到理想的解决方案。

提高对模糊性的容忍度

人类在判断他人的言行时，最容易作的一个假设就是其他人与自己基本相同。这是一个不错的起始点，可惜，并不总是精准无误。研究显示，决策者在面对不确定性时的反应差别极大。某些人在大量的不确定前提下作出决策时，会感到不适。其他人则不存在这个问题——甚至可以说，他们非常喜欢这种冒险。

你是否了解自己的个人风格呢？相对平均程度而言，你对模糊性的容忍程度是更高，还是更低呢？

可以通过一种简单的方式回答这个问题。史丹利·巴德纳设计出了一个量表，借以判断个体的模糊性容忍程度。该量表既被应用于心理学领域，亦被应用于商业领域，如人员选拔等。

为了测试你对于模糊性的容忍程度，请针对下列条目，说明你对其观点的同意或者反对程度。请按照"评定数值"的意义，在空白处填写最能代表你的评定意见的数字。

评定数值	
1. 强烈不同意	5. 稍微同意
2. 比较不同意	6. 比较同意
3. 稍微不同意	7. 强烈同意
4. 既不同意也不反对	

_____（1）如果一个专家无法给出确定的答案，那就意味着他的水平或许不过尔尔。

_____（2）我愿意到国外生活一段时间。

_____（3）世界上根本不存在无法解决的问题。

_____（4）那些从小到大按部就班的人或许错过了生命中大多数的欢愉。

_____（5）所谓的"好工作"，其特征是工作内容及工作方法都被明确界定。

_____（6）处理复杂问题比解决简单问题更加有趣。

_____（7）从长远来看，相对于重大且复杂的问题，处理琐碎且简单的问题将取得更为突出的成就。

_____（8）通常情况下，最为有趣且激励人心之人，恰恰是那些无惧与众不同、勇于特立独行之人。

_____（9）我们所熟识的事物总是要优于陌生的事物。

_____（10）那些对待问题非黑即白的人，并没有领悟到事物的真实复杂程度。

_____（11）一个生活平稳、正常之人，若很少遇到惊奇或者意外事件，他应该为此而感恩。

_____（12）大多数的重要决策都是基于不完整的信息而作出的。

_____（13）相对于参加者完全是陌生人的聚会，我更喜欢参加者大多数是相识之人的聚会。

_____（14）如果教师或管理者下达了模棱两可的任务，学生就可以得到一个展示开拓性和原创性的机会。

_____（15）一个团队最好尽快建立统一的价值观和理念。

_____（16）优秀的教师能够促使你反思自己看待问题的方式。

计分方法如下：首先，将所有奇数项条目的评分加起来。其次，将偶数项条目反向计分。譬如，假如你对某一偶数项条目的评分是"1"，那么就将其反向计分为"7"；如果你的评分是"2"，那么就将其反向计分为"6"，以此类推。之所以这样设计题目，是为了防止答题者的评分集中在某一极端（全都评为"6"和"7"）或者另一极端（全都评为"1"和"2"）。

对绝大多数人来说，模糊性容忍度的平均得分范围是44至48。倘若你的得分高于48，那就说明你对模糊性的容忍度要低于大多数人。而如果你的得分低于44，则你的模糊性容忍度高于平均值。

你一定认为在本节所列举的不确定性应对策略中，某些策略较其他的更为合理。这与你对自身模糊性容忍程度的判断是否一致呢？

发展你对于不确定性的直觉

读者在决策情境下亲身实践去管理不确定性时，会更加了解自身所面对的困难。此外，读者在使用本书第四节所介绍的决策评价方法时，还可以添加一些问题，探讨你所面对的不确定性类型以及你管理不确定性的策略。

召开会议的过程中，你可以主动留意那些阻碍团队成员更进一步的不确定性类型以及大家提出的解决方案和忽略的策略。你可以多加观察众人对模糊性的容忍程度是否存在差异，如果存在，那么这些差异是否构成了大家产生冲突的原因。随着你的目光愈加敏锐，你将逐渐构建起关于"如何更高效地管理不确定性"的直觉。

预演失败策略同样可以帮助你认清不确定性的内容，借此制订计划以管理不确定性。

强迫自己使用与个人风格不符的策略毫无意义。你并不能自然而然地运用这些策略，因此无法开展直觉性的行动以使策略发挥效，也无法从容地进行调整。相反，你应该做的是改变与团队同事进行合作的方式。或许，他们的个人风格能够与你的策略互补。

在未来的工作中，为了管理不确定性，读者可使用下方的"管理不确定性因素工作表"。

表格二 管理不确定性因素工作表

一、项目名称：_____

二、列举出你不确定的事物：	三、每件事物的不确定性类型：	四、可供使用的相关策略：

（一）指出一个在某种程度上因为不确定性而进展不利的项目、计划或者首创工程。

（二）列举出你所不了解或者感到困惑的事物——即不确定性的来源。

（三）针对每一来源，写下不确定性的类型。

（四）针对每一不确定的类型，参照"管理不确定性的策略"清单，选择相关策略。

（五）确定所有你未使用的相关可行策略。

（六）你的策略与自身对模糊性的容忍度是否一致？

（七）现在，你是否已经知道应该如何更高效地开展工作了呢？

不确定性的类型

● 之所以感到不确定，是因为个体缺失了重要的信息。

● 之所以感到不确定，是因为个体即使拥有某些信息，但却对其持不相信的态度。

● 个体或许拥有某些信息并且相信该信息，但是，这些信息或许与你所拥有并相信的其他信息不一致。

● 个体或许不得不在一大批无关信息（"噪音"）之中进行筛选。

● 个体或许拥有全部所需的信息，完全相信这些信息，并发现这些信息完全一致且与情境有关，但是，个体内心深处仍然感到不确定，因为无法解读这些信息。

管理不确定性的策略

● 稍安勿躁。

● 搜集更多信息。

● 密切关注情境。

● 填补假设中的空白。

● 形成解释。

● 向前推进。

● 主动出击。

● 设计决策情景。

● 精简计划。

● 做最坏的准备。

● 运用渐进式决策。

● 拥抱不确定性。

我希望上述练习能够对各位读者有所裨益。不过请切记，该练习仅仅是一种工具。就直觉训练而言，相对于勉为其难地填写工作表，用直觉选择恰当的策略以管理不确定性更加重要。

·9·

如何评估情境

　　诚如读者所知，直觉可以提醒我们认识到任一情境的相关事实，并且能够帮助我们识别出正确的处理方式。此一过程是本书第三节所介绍的识别启动决策模型的核心——个体观察到线索，然后识别出模式，进而找出应对策略。但是，情况并非总是如此一清二楚。如果你没有识别出任何模式怎么办？如果你识别出不止一个模式怎么办？我们必须更进一步地审视"针对事件作出有意义的解读"这一过程。

　　密歇根大学学者卡尔·维克提出了"意义建构"这一术语，用于描述人类评估情境的过程。举个例子，在执行任务的过程中，我们注意到了一个异常现象。我们感到讶异，因为这种"信号"说明我们必须重新解读当前情境。正因如此，我们会搜集那些先前被忽略的矛盾线索，并认识到这些线索与眼前情境息息相关。为了化解上述矛盾，我们还会建构出相应的解释方式。

　　我们理解情境，是为了明确"今日问题"（恰如美国天气预报员的口头禅一样）——亦即必须要密切留意的潜在问题点，提前预期对原计划作出改变之后将会出现哪些情况，遭遇哪些困难，并欣赏我们真正实现的成就。

为了详细说明"如何评估情境"，我们首先从一个决策练习开始。读者完成该决策练习的目标，是在接受信息的过程中理解情境，并且明白如果情境发生改变，你执行工作项目的能力将会受到怎样的影响。

● **决策练习五 "好消息"**

背景：你是某一信息技术公司的中层雇员。你所在的组负责为客户开发、调试以及个性化定制数据库。你的公司曾经拥有六百名员工，但是，最近的经济下滑影响了公司收益，导致员工数目下降到了四百五十名。

由于工作负担变轻，公司董事长决定化不利为有利，趁此机会启动一些内部研发项目。你提交了一份项目意见书，希望开发一套全新的交互数据库，可以在手机上使用。这一想法广受好评，你也被委以重任，负责此项目的相关工作。董事长希望公司的停滞状态迅速结束，因此，你要严格按照日程安排，在八个月的时间内制造出产品原型。按照前期安排，公司最后将召开会议，由你对项目情况进行介绍，并据此评价你的工作结果。这是你展示自我的一次难得机会，你对此感到无比期待。

在你的团队中，专职人员共十二名，其中包括了担任领导者的你。此外，你还从本部门借调了六名员工以及两名人力资源专家、三名通信专家。除此之外，你还协调了公司的软件团队，开发新软件中较为关键的一个部分。

任务：接下来将呈现一系列情况公告。请将它们遮蔽起来，再下挪遮蔽物，按顺序逐条查看公告。**如果你认为某一公告意义非常，那么请写下你的解读，说明该公告对于工作项目将产生怎样的影响。**考虑到这些值得注意的公告内容之后，你应该判断自己是否仍然能够按照既定日程安排完成任务。绝大多数公告根本不会产生任何后果，因此读者无须强迫自己针对每一公告都写点什么。

（一）一家竞争对手宣布他们的一款新产品基本完成，该产品与你所设计的产品在某些方面较为相似。

（二）你所在的公司宣布，将再次裁员二十人，但是你的团队和你所在的组都不会受到影响。

（三）本公司董事长宣布，将停止招募新员工。这一消息确凿无疑，不过（希望它）属于暂时性的政策。

（四）一位经验丰富的市场主管告诉你，她怀疑竞争对手所发声明的真实性。过去，该公司即曾经宣称自己研发出了某气化件。根据内部情报和自己的直觉，她认为竞争对手此举不过是为了阻止其他企业进入这个商业领域。

（五）好消息！本公司与一家保险公司签订了协议，旨在提升网络售后服务的实用性。

（六）你的项目现在已经进入第三个月，一切都按照计划按时进行。

（七）好消息！本公司最近宣布与某家大型银行签订了一项新协议，旨在为其开发一套软件系统。

（八）另外一家竞争对手雇佣了本公司前几个月解聘的数名员工。

（九）公司的财务出现了高额赤字。公司在前一个季度损失了一大笔资金。

（十）传言四起，众人纷纷推测母公司并不满意你所在公司的收益状况。有些人揣测，本公司的董事长将马上被替换掉。

（十一）好消息！本公司刚刚签署了另外一项大额协议，按照计划，工作将于下个月逐步开展。很多人希望这是公司经营状况改善的一个信号。

（十二）你听说公司的信息管理部门申请取消"停止招聘"的政策，

但是这一申请被否决了。

（十三）两名来自你所在的数据库组的成员宣布辞职。他们每个人的离职原因都各有不同，但是有些人怀疑，公司收益的不确定性造成了士气低迷。这两个人都不属于你现在的工作项目团队。

（十四）一封内部邮件宣布，公司下个月将搬迁至一所新的办公大楼，作为削减预算的一种方式。

（十五）上级管理层再次向你保证，你所负责的项目具有极端的重要性。

（十六）你的项目现在已经进入第四个月，一切都按照计划按时进行。

（十七）你被告知，公司的软件团队或许无法按照你的要求按期完成程序。这一任务的难度超过了他们原本的预期。

（十八）通信系统专家向你抱怨道，新合同给他们带来了更大的工作压力，因为该协议能给公司带来更丰厚的收益。

（十九）你从一名秘书那里得知，软件程序之所以无法按时交付，真正的原因是程序员全都忙于银行的软件开发，所以他们才没能履行对你的承诺。

（二十）午餐期间，你无意间听到他们议论，上级管理层或许准备撤回"停止招聘"的政策，即使不撤回，至少也要限制其施行范围。

（二十一）你同软件组召开了一次成果丰富的会议。你重新设计了软件，删除了若干功能和特征，以便软件开发能够按期完成。

（二十二）你的项目现在已经进入第五个月，看似已经落后于既定日程安排。但是，由于你重新设计了软件系统，接下来的工作进展难以估测。

（二十三）你所率领的团队中的两名人力资源专家没有参加前两次例会。他们的理由是，他们必须要为保险公司的软件实用性项目投入更多精力。

（二十四）一位资深副董事长宣布她将提前退休。

> （二十五）财务部门开始每天发布业绩图表，据图表显示，公司收益已再次增长。
>
> （二十六）经理告诉你，你所在团队超过一半的成员将被分配给客户项目，以便增加收益流。两名人力资源专家、三名通信专家以及两名数据库专家将离队。上级要求你率领剩余的人员，尽心竭力地撰写一份已取得成果的报告，以便将其封存，直到公司财务状况好转之后再予以启动。

不幸的是，这一系列不幸事件并不罕见。在此情景中，上级管理层的所作所为令人倍感受挫，而且必然会折损士气，但同时你知道他们这样做是有道理的。令人崩溃的是他们最后的行动——团队损失了一半以上的人员。请翻阅你所写下的笔记。你是什么时候预见到这一结果的？读到第二十六公告时，你是感到大吃一惊，还是早已发现蛛丝马迹了呢？

从某种程度上而言，这就像是一次视力测试。任何人读到第二十六条时都会发现大事不妙。不过，在与各色人等开展这个决策练习之后，我发现很多人能够提早发现问题所在，或许在读到第二十三条甚至第十九条时就已先知先觉了。一位参与者曾经在第十七条旁边写下"这是一个重大预兆"，在第十八条旁边写下"事情现在已经逐渐明朗了"，在第十九条旁边则写下了"大事不妙"。

不过，如果你认真观察逐渐显现出的模式，就会发现，早在那之前局势就已清晰明了。某些经验丰富的直觉决策者从一开始，譬如第五条或者第七条，就已经感到紧张了。他们发现，公司一方面布置了一项需要额外人员的内部研发项目，一方面又决定裁减人员，同时还要分配人员到受到资助的工作项目，其中本身就存在着矛盾。停止招聘政策（第三条），在工作量增大的情况下，同样会给公司带来重大影响。新签订的合同（第五条，第七条，以及第十一条）又增加了风险程度，因为优秀的员工将被分配到这些能够产生效益的项目中去。软件数据库组减少两名人员（第十四条）后，生产力亦大受影响，与此同时工作量却大幅提升。在上述因果关系中，读者认识到了哪几条呢？

假如你是一名管理者，你也可以请本团队的成员开展这个决策练习。不要只是关注员工们能否迅速地预见到本团队将损失人员。要观察经验尚浅的员工如何解读这一情境，并且将他们的答案与你自己的答案进行对比。又或者，可以请经验丰富的员工完成这一练习，观察他的思维过程。通过分析经验丰富的员工如何解读相关信息和情境，你将受益颇多。

这一决策游戏同时也显示出意义建构与本书所讨论的其他思维过程之间的联系。你越迅速地认识到潜在的问题，就越能加快工作进度，在损失团队成员之前至少生产出少量产品。更迅速地认识全局也意味着你提前地预见到了问题之所在，而且已经降低了不确定性——你能够提前意识到潜在的后果，并且有所准备。

示例十五中，代理下士的上等兵就没能做到上述几点。如同本书第二节中新生儿急救护理中心护士琳达一样，她只能看到事物表象，却无法思索其蕴含的意义。正是这种透过现象认识本质的能力，才使得我们感觉专家能够"看见不可见之物"。

在工业领域中，相对于那些经验根基较为薄弱的外行人而言，优秀的管理者们已经建构起了自身的直觉，使得他们能够预见被他人忽略的模式。

● 示例十五　看不见的敌人

约翰·施密特是一位前海军陆战队员，他极其擅长于理解战术情境。在某一次演习中，他负责带领一个班，其中大多数是经验尚浅的下士和中士，他们要在加利福尼亚州南部彭德尔顿营的开阔地域行军。

掌管此次演练的教员——同时也扮演"敌军"——开展了迫击炮攻击、狙击手攻击以及地雷爆炸，试图大规模"消灭"施密特一方。这种情况持续一段时间之后，施密特询问一名准下士，他们面对的敌人属于哪种类型。"不知道，"下士回答道："敌军只是在疯狂攻击我们。"施密特针对敌情提出了一些更加深入的问题，下士的回答就更加不知所云了。对于下士而言，一切不过是毫无差别的蓄意破坏而已。

不过，对于约翰而言，很显然本班（一般包括大约二十名海军陆战队员）所面临的至少是一个排的兵力（大约四十名士兵），或者更多，也许是一个连的兵力（大约一百五十至两百名士兵）。他之所以作出这样的推测，原因在于对方开展了迫击炮连击——为了召集迫击炮，对方必须安排先导观察人员。而且，迫击炮一般装备于连或者营，很少装备于排。约翰一直在记录部队所报告的交火次数——他根据实际交火次数推测对方有一个排的兵力，但是，敌方可能还有很多士兵是己方所没有遭遇到的。因此，基本可以肯定，本班所面对的敌人绝对不止一个排的兵力。再根据实际交火所分布的区域来看，对方应该是一个连队。此外，敌人在本班行军路线周围广布地雷，充分展示了其防御准备以及坚定的斗志。这些都暗示对方绝对不止一个班的兵力。对方的迫击炮、地雷以及狙击手全力配合，试图迫使本班偏离原定行军路线，转向附近的一块空地，那里或许就是其预定歼灭区域。

● **示例十六　绞杀客户**

鲍勃·贝克是一位商业顾问，为新公司和寡头控股企业提供服务，至今已有三十年之久。某一次，贝克受命为一家为企业装配并且售卖电脑的公司提供咨询服务。该公司虽然按期完成了销售目标，但是收益不多，而且利润也在下降。首席执行官对此百思不得其解。

贝克让首席执行官简短地介绍了一下其公司的运营模式，之后就迅速意识到了问题所在。"你们这是在扼杀客户。"贝克解释道。

该公司的商业模式，是向消费者——通常是商业客户，有时候是学校——售卖某一套最新推出的昂贵电脑系统。不过，一旦销售完成之后，客户就消失不见了。所以，每个月公司都要从头再来，再去寻找一批全新的客户。这种"从头再来"的做法令公司不堪重负。首席执行官并没有意识到问题所在，不过贝克对于这种情况却已司空见惯，在他的心理模型中，甚至专门将其归为一种单独的类别——他称其为"扼杀客户"模式。

该公司成立于1989年，至1997年销售额达到了1100万美元，毛利润率为19%。但是公司却将耗尽了信用额度——150万美元，同时还豪掷重金用于吸引新客户。因此，综合起来，公司也就仅仅能够超过收支平衡点而已。经过十多年的艰苦奋斗，上至首席执行官，下至普通员工，大家都倍感受挫。

贝克帮助这家公司改变了商业模式。他指出，商业客户仅仅需要定制化的硬件系统，至于系统日常维护，这些企业通常都设有专门的技术人员。因此，与这些客户建立长久的友好关系并不会带来多么丰厚的收益。与之相对比，学校对于购买的硬件系统并无过多的个性化定制需求，不过，校方通常都没有专门的信息技术人才，因此，他们需要长期的技术及项目支持。总而言之，正确的做法，是主要为学校提供服务，并且签订长期的合同。将学校作为重点客户之后，公司即可跳出"扼杀客户"模式的怪圈。

之前，该公司80%的销售额来自于商业客户，另外20%来自于学校。在作出调整之后，20%的销售额来自于商业客户，而80%则来自于学校。调整期间，公司的盈利一直在上升。它的销售额虽然下降至六百万美元，但其毛利润率却从19%上升到了41%。而且，公司并没有动用任何信用额度。正因如此，公司的现金流也从一直以来的负值一跃而转为正值。

　　如同示例十六中的贝克一样，专家们在处理公司事务时，能够很轻松地对其分门别类。与之相对比，企业经营者却并没有意识到自己还能采取其他方式运营公司。为什么会这样？因为企业经营者的经验不足，无法认识到不同的模式。他没有办法纠正自身的问题，因为他根本就不理解问题真正的核心所在。

　　意义建构对于新手而言并非易事，因为他们经验不足，无法注意到相关模式。如果环境中充满"噪音"，则意义构建更是难上加难。接下来，本书将探讨"噪音"的本质，来了解我们所面对的这个"敌人"。

排除"噪音"，正确利用直觉

　　所谓理解情境，并不仅仅限于搜集线索、识别模式、或者构建解释。通常情况下，理解每一信息片段的意义就已经令人感到异常困难了。如果环境中充满噪音，就更是如此。举例而言，在安静的房间中，聆听新闻广播尚属易事。不过，倘若同时打开几台广播，并且调至不同的电台，那么想听清广播内容就很费力了。

　　请读者这样做：在一张纸上签两次你的名字。在第一个签名上画一条横线。还是能够轻松地读出认出这个名字，对吧？接着再画一条，再画一条。或许你仍然能认出自己的签名。现在，在第二个签名上写下其他一个名字，譬如你高中教师的名字。由于你加入了这些"噪音"，两相对比，即可发现认出第二个签名的难度了。我将"噪音"定义为与相关数据——个体作出决策时需要"阅读"的信息——交杂在一起的无关数据。它是本书第八节的主题——"不确定性"的来源之一。

　　嘈杂的背景中也包含了特有的线索和模式，与那些真正有价值的信息掺杂在一起。它们之间有着千丝万缕的联系，为个体解读问题的方式开创了无数的可能性。在签名上画线时，并不会增加过多的"噪音"，因为横线并不包含任何有趣的特征或者模式，无须个体加以解读。但是，第二个互相重叠的签名则添加了大量的"噪音"，这些特征导致个体很难分辨出第一个签名起于何处、第二个签名又终于何处。

悬疑小说的作者非常乐于误导读者，令我们无法分辨哪个角色才是真正的凶手。优秀的作家之所以备受赞誉，固然是因为他们对于相关线索和犯罪动机的描述非常透彻，但更重要的，在于他们能够利用写作技巧，通过恰如其分的噪音来遮盖信号。他们会添加一些转移注意力的话题，让读者对于信号的准确性产生疑虑，而且，他们还会阻止读者建构出一个精准的解释。当他们完成这一切之后，作为读者，我们根本无法分辨出哪些是重要的线索、哪些是无关紧要的事。

在决策游戏"好消息"中，多数信息都与实际问题毫无关系。直到你知晓了最终结果，你才能够准确地判断出个体针对每一公告应该给予多少注意力、需要记忆多少其具体内容。

日本袭击珍珠港事件，就是一个"噪音"干扰主要信号的示例，请参见示例十七。

● **示例十七　探测出日本攻击珍珠港的意图**

诸多确凿且清晰的信号显示，日军将于1941年12月7日发动攻击：

● 一份文件详细地总结了日本部队及军舰的部署情况。

● 日本海军的呼叫信号作出了两次更改（此现象极不寻常，而且通常被解读为准备发起攻击的信号）。

● 与日军航空母舰的通信联络中断。

● 东京成立了一个新的军事内阁，其政策更具攻击性，而且极度渴望在与美国的谈判中获得成功（这一消息来自于对日军电报密码的成功破解）。

● 美国陆军及海军判定，日军的大规模进攻开始日为十二月七日。

- 证据显示，日军已经制订了一份针对英国、美国以及荷兰的打击目标清单。日军对珍珠港格外关注，将其划分为若干区域，并且详细确认了每一区域内部停泊了哪些战舰。

- 日本大使馆官员接到指示，要求烧毁其密码本。

- 据观察，日本外交官焚烧了一些文件，疑为密码本。

- 十二月七日之前的一周，马尼拉和珍珠港的报文通信量有所上升，但是世界其他城市的报文通信量则没有改变（日军在袭击珍珠港之后马上攻打了菲律宾）。

- 根据秘鲁驻东京大使馆的传言，日军正在计划攻打珍珠港。

- 十二月七日早晨，雷达信号显示一大批目标正在接近珍珠港。

如果说决策者仅仅是接收到了上述信息，那么其模式还是非常清楚的。很可惜，在这些信息周围还掺杂着其他混淆变量——数以千计的信息流。某些情报显示，日军的攻击目标实际上是苏联。还有信息显示，日军将艰难地穿过东南亚。此外，另有一些零散情报混淆视听，而且它们是由不同的机构搜集而来的。某些情报则始终没有机会呈现到决策者面前。正因如此，虽然日军发向马尼拉和珍珠港的报文通信量有所上升，但此事却未引起任何人的注意。因为并没有相关人员监控全世界各地的报文通信量，即使某一地区出现异常现象，亦无人问津。

某些线索被敷衍搪塞过去。情报显示，日军将珍珠港分成了若干区域，并且根据战舰停放位置区分各个区域。发现这一现象之后，美国的分析家们认为其不值一提，不过是日本人为了缩短电报长度而采取的一种极端手段而已。所以，没有任何人将这一信息报告给金梅尔上将——驻珍珠港舰队的司令。同时，日本之所以焚毁密码本，也可能代表日军在防御美军，而不是准备进攻美军。

即便在最后一刻，关键的情报还是被美军搪塞过去了。十二月七号凌晨四点左右，一座美国雷达站捕捉到了日本舰队的信号，或者至少该雷达站报告，发现了不明目标。这份报告被上报给一位低阶观测军官。该军官经过解读得出结论，不明目标应该是返回珍珠港的美军战机。

事后看来，这些信号的意义一清二楚。但是，当时它们周围还围绕着诸多"噪音"，难免令其变得模糊不清。

噪音属于精准意义建构的一种常见障碍。试想核电厂中的监控任务注五。表面看起来，这种操作性任务非常简单，只需在日常的核电厂活动中监测异常现象即可。可惜，所谓的核电厂"日常"活动并不存在——工厂的状态无时无刻不在发生改变，因此，异常现象是极难被监测到的。

一座核电厂包含着数以千计的部件和仪器。各个部件和感应器的可靠性都比较高，但是，鉴于部件的数目如此巨大，总是会有某些仪器出现故障，这是不可避免的。倘若某一故障并不影响电厂的正常运转，而修复又需要完全关闭机器，那么，核电厂通常会拖延很长时间才维修这些部件。可见，在一家核电厂中，总是有一些部件丢失、破损、运转不正常，或者正处于检修状态（由于事先有所准备，因此在这种情况下，核电厂仍可正常运转）。

当然，这些小故障会影响到监控核电厂的操作员。他们必须随时随地了解哪些部件发生破损，哪些部件正在修复，哪些部件运转不正常。而且，他们还需要了解整座核电厂的状态，以正确解读显示器上的各项信息，并在需要的时候采取正确的行动。

不同部件之间存在着强烈的交互作用，这令情况变得更为复杂。核电厂操作员必须完全了解个中奥妙，方可作出正确的解读。

监控核电厂所面临的种种困难，完美地诠释了个体在评估情境过程中的重重阻碍。在任何类型的商业活动中、环境中都可能包含有"噪音"，这些"噪音"由错误或者不准确的信号、缺失的数据或者无关的数据而组成。管理者们所收到的官方报告中，会详细地罗列经费比例、每项任务的工作时间以及诸如此类的信息。但是，为了解读这些报告，经理们必须要对自己的项目了如指掌。他们不能只看资料的表面数值，而要直面不同类型的不确定性，并且建构出自己对情境的解释。

运用"模型"理解情境

情境之所以难于理解，其原因多种多样，包括时间压力过大、个体没有完全掌握所需的信息、个体没有做好充分的准备、情境过于复杂、关键线索过于微弱等。太多的事情都可能出现差错。

评估情境的过程，并不仅仅是本书第三节中所探讨的模式匹配过程。一旦匹配出来的模式不止一个应该怎么办？在一项针对"海军指挥官如何面对现实工作中的危机"的研究中，我们发现，海军指挥官在评估情境的过程中，90%的情况下会使用模式识别——但在其他10%的情况下，他们需要有意识地建构起情境模型，用于解释待处理的事件。与之相对应，我们扩展了识别启动决策模型，将情境模型建构也纳入其中。

当个体识别出多个模式，或者无法识别出任何模式时，情境模型建构即可发挥作用。在建构过程中，决策者会将所有观察到的事物联系起来，并解释其未来走向。譬如，在为病人进行诊断时，医师会询问病人曾经去过什么地方、吃过什么东西，并且了解其他背景信息，借此，他们方可构建出一个情境模型，解释症状为什么会出现。

当约翰·施密特在彭德尔顿营率领海军陆战队员进行演习时，他就将所有的模式集中起来，构建出了一个情境模型，并且借此认清了敌方情况。一旦情境模型构建完毕，它就成为了组织并解释数据、由此理解情境的有力工具。

个体构建出的情境模型，会将所有的事物联系起来。它非常像拼图游戏里的全局图。没有这张全局图，玩家很难解读每张碎片的意义，也不知道如何将碎片组合起来。同理，为了对情境作出合理解释，我们必须构建出情境模型，借此了解哪些是重要的线索、哪些仅仅是"噪音"而已。同时，我们也会利用线索来建构情境模型。

不过，拼图游戏里各个碎片的形状不会发生改变。而在很多情况下，情境模型所包含的各个部分则有可能产生变化。正因如此，解释情境才显得如此困难。

打破思维定势

意义建构有可能会出现错误，尤其是陷入"思维定势"——在调动自身的直觉和专业知识时，忽略了其他可能的解释方式。为了评估情境而使用模式识别以及情境模型建构策略，可能导致个体对于预料之外的新奇事件——它们尚未纳入到个体的模式或者情境模型之内——反应迟钝。这是专业知识带来的负面效应。

此种思维定势问题体现为若干存在差异但又相互联系的形式。某些情况下，它会导致个体出现"固着"现象，即个体在构建出一个情境模型、确定了某一种解读方式之后，即固执己见，并且对那些说明"先前所构建之模型并不精确"的信号视而不见。查尔斯·佩罗在其著作《正常事故》中，进一步描述了人类刻意将反面数据敷衍搪塞过去的过程。计量器出现了异常读数？或许计量器出现了故障。工人报告说一个水阀打开了，而按照你在心里所构建的情境模型，水阀应该是关闭的，为什么会这样？或许这工人头脑不清楚，没有去检查正确的水阀吧。如此种种。

这种情况在日常生活中经常出现。譬如，你来到一座陌生的城市，由于导航信息不完备而不幸迷路。一旦你在自己所构建的心理地图中犯下一个错误，这一错误就会迅速愈演愈烈，即使出现任何异常现象，你都会将其敷衍搪塞掉，以便与自己本来的错误信念保持一致。徒步旅行者将这种现象称作为"扭曲地图"。如果你把地图扭曲得太严重，就很难回归正途了。

怎么避免这个问题呢？一个常见答案是：时刻保持开放的心态，尤其是在搜集证据时，更应如此。不可贸然作出结论、形成假设或者解释数据，我们应该有意识地抑制自身构建解释的冲动，直到搜集的证据比较全面为止。这是处理事务的一种理性方式，也是一种科学的途径。假如你过早地解释某一情境或者构建出某一模型，那么所有的数据都将被这个故事所"粉饰"。一旦你使用某种视角去看待某些数据，就很难用其他的视角去看待它们了。

不幸的是，这一建议并不切合实际。任何试图鼓励甚至强迫个体采取"开放心态"的做法，无一例外以失败告终。人生来就是意义构建的物种。强迫我们压抑意义构建的冲动，只会将我们变成电脑，而非人类。

倘若我们努力维持开放的心态，那么很可能出现的一种结果，就是我们因为要负担过多的数据而无所适从。只有主动地去理解情境，我们才能将数据"组织"成一个模型。

那么，如果思维定势问题植根于人类对模式识别的依赖之中，我们在筛选证据的过程中很难保持开放心态，那么我们又能做什么呢？

较为切合实际的解决方法，就是坦然接受自身意义建构的局限性，随时准备发现并改正我们在解读证据过程中的错误。绝大多数人都能够正视自身的不足，承认自己难免犯错。因此，下一步就是做好准备，纠正我们的解释方式—— 积极地寻找异常现象，随时准备重新解读情境。

要做到这一点并非易事。我们如何判定自己是否陷入了错误的解释方式呢？我们如何分辨自己是否扭曲了地图呢？以下是我的若干建议：

- **检验"固着"现象是否存在**。具体的策略，就是要挑战自己。你可以自问："哪些证据会使我认识到自己的解读方式有误？哪些信息会改变我的思想？哪些数据会令我放弃自己的观点？"倘若你无法给出答案，那么很有可能你已经出现了"固着"现象。

读者如果希望更进一步，可以向外界寻求帮助，挑战自身的思维定势。

譬如，某些组织的董事会中，满是朋友、钦佩者和互相存在关系之人，另外一些组织则会竭力确保董事会中至少要有一些能够提出尖刻问题并且胸有成竹之人。假如你的同事也出现了固着的现象，那么你也可以如上文所述向他提问——哪些证据会令他们改变自己原有的解读方式。

　　一位美籍非洲裔高管曾经向我讲述了在其职业早期——当时他还是一名经理发生的一件事。当时，公司高层出现了空缺岗位，由于他在公司的业绩表现相当突出，因此接任这个职位完全是众望所归。他就此与自己的主管进行了交谈。为了表达谦虚之意，他问主管，自己是否可以参加该岗位的面试。让他大吃一惊的是，主管竟然说道："不要因为本公司没有黑人副董事长，就觉得这个岗位非你莫属了。"伴随着这句话，主管的非言语行为也表现出了愤怒与排斥。这些反应完全与问题无关，这名经理也认识到，问题与回答在本质上存在着分裂。他突然回想起，主管先前所供职的公司中，曾经饱受"均等就业机会"政策所产生之问题与压力的困扰。他怀疑，主管还是在用旧有眼光看待自己的问题，或许主管认为经理的做法就是利用均等就业机会政策威胁上级。经理的一句"据您推测，我是哪里人呢？"立刻让主管回归到现实当中，他马上为自己的言行而致歉。他意识到自己面对的是一位高效的问题解决者，而非告密揭发之人。

　　● **衡量自己"扭曲地图"的程度**。倘若你错误解读了某一情境，那么大量数据都将与你的理念相互冲突。为此，你或许会尽力将这些数据敷衍搪塞掉。适度的扭曲地图是不可避免的，因为某些信号本身就存在错误而应予以舍弃。但是，若你愿意后退一步，总结一下自己搪塞掉了多少反面证据，那么你或许会认识到，自己原本的判断应该受到质疑。

　　尽管如此，在执行一项任务的过程中，个体很容易就会忘记自己忽略了多少反面证据。为此，个体应该有意识地监控自己所搪塞掉的矛盾之处，甚至可以一一列举在案，以便记录下自身为了坚持所"固着"之观点而付出的种种"努力"。

此外，如果针对某一情境，你构建出了两个或者更多互相冲突的模型时，你可以思考每个模型中的矛盾之处。通过比较其中被忽略的证据的多寡，你即可判断出哪个模型更加可信。

- **设下"警戒线"**。另外一种判断个体扭曲地图程度的方法，是设置"警戒线"——即不应该发生的事件或者不应该被超越的等级，如果事态发展触及警戒线，就说明个体对于情境的判断并不精准。譬如，一位医师曾经向我们介绍了他开展高风险外科手术的认知过程。他会预估手术各步骤所需的时间，假如实际工作中超过了这个时间，他就会将其作为一个警示信号，重新思考自己是应该继续进行手术还是转而采取更加保守的方式。此处的警戒线，指的就是"手术时间超过了一般标准"。大多数项目管理中都包含有警戒线的设置，借以帮助主管判断自己是否需要重新认识项目的进展情况。

- **构建多个版本的情境模型**。这个方法提倡个体应该构建一系列情境模型——两三个即可，不可局限于单一的模型。供职于环球商业网络的皮特·施瓦茨及其同事将这些模型称之为"决策情景"。本书第八节曾经介绍过相关内容。他们的方法，就是鼓励决策者构想多个不同的场景，用于解释眼前事件，借此深化白己对于事态发展的认识。

- **改变你的解读方式**。个体固着于某一种解释方式之后，就很难从其他视角去看待事件了。将个体从固着状态解放出来的一种方式，就是帮助个体去想象如何用不同的方式去解读同样的数据。为此，认知科技公司的董事长马文·柯恩提出了所谓的"水晶球方法"。在人们描述了自己对于某事件的解读之后，柯恩或许会说："我正在观看一个从不犯错的水晶球，它显示，你的解读方式是错误的——现在，请用不同的方式来解释同样的数据。"譬如，产品经理或许会将销售额的下降归因于经济形势的低迷。倘若从不犯错的水晶球否定了这种因果关系，那么产品经理是否能够提出其他合理的解释呢？随着这种方法的使用，水晶球将可有效地遏制搪塞数据的行为。水晶球技术的意义在于将决策者从固着状态中解放出来，促使他们使用新的方式去解释同样的数据。

必须指出，此处的水晶球与预演失败策略中的水晶球在应用方式上有所差异。此处的水晶球旨在发现个体**解读**情境方式的错误。在预演失败策略中，其目的则是发现既定**行动方案**的错误。

- **比较各个选项**。决策分析学家曾经向我坦承，选项对比策略无法有效地遴选选项。其真正的价值，在于帮助使用者理解眼前的情境。因此，读者尽可以思索数个选项，评价每一选项的优缺点，并且将其作为识别情境特征的一种方式。在本书第五节中，我批评了分析比较各个选项的决策方法。此处，我所给出的建议与第五节有所不同——之所以比较不同选项，是为了更好地理解个体真正的目的。

- **从失败中吸取教训，改进模型**。在发现我们对于情境的解释并不合理之后，我们可以抓住这个机会，对自己的心理模型作出大幅改进。只要情况允许，人们总是乐于在原有的心理模型基础上小修小补。只有经历过失败，我们才会彻底放弃过时的思维体系，变得更加成熟，并且发展出更加可靠的直觉。

为了从失败和挫折中获益更多，个体在一个项目结束之后，应该及时作出总结，并且记录下新近发现的模式和线索。本书第四节所介绍的决策评价方法，即可发挥作用。

不要低估打破固着状态以及思维定势的难度。这非常困难，不过，作为一种不可或缺的才能，它对于累积专业知识、提升了自身直觉的精准度、更加准确地理解情境都有重要作用。当你不惧怕自己被直觉所困时，你才能更加从容地运用它。在你设想出创造性的问题解决方式时，逃离固着状态就显得更加重要了，这正是下一节的主要内容。

·10·

如何获取创意

灵感闪现通常肇始于我们的直觉，它能引导我们以新的方式完成某一任务、设计某一产品或者表达某一思想。一旦理解了这些灵感闪现的原理，我们即可获得更多的突破性成果，而且读者也将发现，为什么很多既有的创造性方法不如大家所设想的那样立竿见影。本节的主要内容是如何发挥团队的创造性以及如何提升传统的团队工作方式——如头脑风暴的效果。

不过，我们首先应该解决的是一个潜在的悖论。所谓的创造性，当然不会受限于过往的经验。而直觉则是个体过去所经历模式的产物。因此，创造性直觉虽然依赖于过往的经验，但同时也超越了那些经验。

为了说明上述结论，请读者参看以下决策练习。

● 决策练习六 "坏消息"

同本书第九节中的决策练习——"好消息"一样，你仍然是该信息科技公司的中层雇员。你所在的组主要负责为客户开发、调试并且定制数据系统。最近，公司的状况起起落落——公司曾经拥有六百名员工，之后缩减至四百五十名，后又增加至五百名。可惜，过去十个月，鉴于经营状况不善，公司又进行了大幅裁员，仅剩下三百五十名职工。按照预期，在接下来的半年中，公司收益仍将持续下滑，之后才会有所好转。

公司董事长再次委任你负责一个内部研发项目。上一次的产品虽然最终并未投入使用，但是你的表现却广受好评。这一次，董事长对自己的想法更加认同——这项提议起始于一次董事会会议，董事长认为其值得一试。他认为，这个产品将真正成为本公司的一张王牌。董事长要求你必须在六个月之内制造出高质量的产品原型，因为他判断当前公司的低迷状态只是暂时的。"你也了解我们这个行业，一时富，一时贫啊。"他开玩笑地说道。

这一次，他的笑话没能让你面露莞尔。上一次的惨痛经历令你无法忘怀：当时，你正在蓄势待发，准备大干一场，没想到组内的员工却被分配到了其他收益较高的项目之上。这令你清楚地认识到，与那些能够带来收益的项目相比，内部研发项目的地位实在是不值一提。

与上一次相同，此次项目小组一共包括十二名全职成员，其中也包括作为领导者的你。你还可以从其他部门借调六名成员，此外，再加上两名人力资源专家以及三个空缺名额任你挑选。这款产品以一款重要的软件为核心，并且可以根据不同的需求添加额外的功能。

简而言之，外界状况与决策练习五大同小异。唯一的差别在于，你不再那样理想主义，而是变得更加老道、也更加愤世嫉俗了。你请董事长保证团队成员在六个月之内都不会被调离，但是被拒绝了。你原本也没有期待他会作出承诺——你这样做是为了引出第二个请求：请董事长承诺项目小组成员在接下来的六个月中都不会被解聘，因为你不希望他们因职位朝不保夕而忧心忡忡。接下来的任务，就是与不同部门的经理进行沟通，挑选精兵良将，将最优秀的员工纳入麾下。董事长向你保证，他将通知相关部门此项目的重要程度，并且说明一定要遴选最优秀的人才参与其中。你耸一耸肩，告诉董事长自己将接受这个任务。他开始轻声而笑，你并不知道他是在陪着你笑，抑或是在笑你。

离开董事长办公室后，你去拜会了软件编程部门的领导，并且向他解释了你刚刚领受的任务。他向你表达了同情。你问他是否可以抽调几名优秀的程序员——如果无法借调六个月，至少一到两个月的时间亦可。他表示同意，并向你解释道，即使在工作最为忙碌的时期，最优秀的员工还是会有几天的休息时间。如果日程安排不那么紧凑，他们甚至可以额外挤出一周的时间。接下来，你与系统设计小组进行了接洽，对方同样承诺会给你指派两名最为优秀的人力资源专家。

问题一：在两分钟之内，请写下你在执行此项任务过程中的关键点。这些是开展工作的根基之所在。

问题二：在三分钟之内，写出你的项目计划。为了避免上次的情况再度出现，这次你能够采取哪些措施呢？在你准备制订计划的过程中，可以加入关键点列表的内容。

为了构想出创造性的解决方案，你需要调动一系列关键点——"机遇"的力量。我能够想到的不多，具体包括：

（一）在接下来的一到两个月的时间中，应该立即抓住的机遇；

（二）设计出一套由不同模块与核心软件程序所组成的产品，

不要从零开始撰写代码；

（三）某些情况下，优秀的程序员在正常的工作周期内仍然会有空闲时间；

（四）董事长认为这一产品将吸引到最重要的客户；

（五）你预期，这种剧烈的行情变化将成为公司发展前景的一部分，决不仅仅是一次例外事件。

我相信，除了以上五点之外，读者一定能够构思出其他的关键点。这些关键点能够帮助我们构建出高效而且富有创造性的行动序列——关键点贵精不贵多，宁缺毋滥。

现在，请完成"制订项目计划"这一任务，并且审阅你所找出的关键点。针对上述任务，开展工作的方式有很多种。

某些人会指派优秀的程序员花费四到六周的时间，设计出软件程序的关键部分，并且加以详细解释，以便其他人能够按照指导进行编程。之后，即使这些程序员离开项目小组，各模块的编程工作仍可循序渐进地完成。在安排各模块的开发顺序时，主要的参考标准是其价值、吸引力以及预期完成速度。如此一来，即使这个项目中途被砍，你也可以确保所付出的时间和精力能够获得最丰厚的汇报。

另一种方案是利用快速成型技术，迅速向管理者呈现样品。其缺点在于，过大的时间压力可能导致你固守旧有的模型，重速度不重质量，即使有必要亦不作更改。

从政治角度而言，我曾经听过的一条建议，是从一开始就要争取政治支持。不要等到产品发布会之前再与高层沟通，从一开始就要进行游说，说服市场营销部门，获得他们的支持。

另外一条建议，就是在三个空缺岗位中可以借调一名来自市场营销部门的员工，借此与销售人员建立联系，以便与关键的客户进行沟通，了解他们的需求，取得他们的支持。

你的项目小组中还存在两个空缺名额。或许其中一个应该分配给文件专家。小组成员必将频繁"洗牌"，因此，相关文件从一开始就应准备周全，以便新加入的团队成员能够尽快开展工作。

事实上，倘若上述商业计划能够实现，那么，你尽可以游说首席信息官，将你所负责的项目作为一个试验，借以验证此种文件系统是否能够节省人力。如果答案是肯定的，即可将其纳入公司的日常运转机制。

更进一步而言，或许你可以将这个项目定义为一种"实时性项目管理"的新概念。如果公司今后都会利用经济低迷期开展内部研发项目，那么你的工作完全可以成为一个标杆。你可以向大家表明，如何利用这些低迷期在"大风大浪"之中启动一个项目。此后，公司即可充分利用程序员在其正常工作进程中的空闲时间，再加上改进的文件系统，确保接下来的项目持续进行并且最终取得成功。公司首席运营官所感兴趣的，是找出填补软件开发项目间隙进而提升生产率的方法；而研发主管所感兴趣的，则是解决研发时间过于分散的问题。

通过审视关键点——包括我所列举的以及读者自己所指出的，读者可以发现，原本令人畏惧的任务，实际上蕴含了无限的创造性空间。

完成这个决策练习之后，让我们再审视一下头脑风暴在创造性问题解决中的应用。

超越头脑风暴

针对问题提出创造性解决方案的方法有若干种，这其中，头脑风暴是最广为人知且运用最广泛的一种方法。

头脑风暴的内在逻辑非常简单：成员们需要思考出尽可能丰富的解决方案，但是不必批判性地评价它们。而且，成员无须对他人的理念进行批判性评价，而是应该同心协力地思考完善理念的方法。头脑风暴的目标在于使集体应该不断地斟酌一个理念，直至其走上正轨，然后再去斟酌下一个理念。头脑风暴会议通常都令人感到激动万分、获益良多。

尽管如此，科学研究的结果却并不乐观。若干项研究评价了群体通过头脑风暴而得出的理念的质量和数量。研究中，一组人需要进行头脑风暴；另外一个控制组的成员则进行独立思考，两组的时间长短一致。结果清晰地表明：控制组的表现要优于头脑风暴组，不仅体现在理念的数量上，也体现在质量上。理所当然，控制组的成员并没有感到趣味盎然，也没有形成集体感。但是，其创造性成果却更加丰富。

一项研究综述了关于头脑风暴的一系列实验。作者认为："头脑风暴组的生产力损失极其明显，而且程度较深……概言之，在任何绩效指标上，头脑风暴都并不具备优势。毋庸置疑，头脑风暴长期以来一直广为流行，但如今看来，此潮流或许具有相当的误导性。"

那么关于头脑风暴的种种成功案例又该作何解释呢？我猜测，这些案例是真实的。但是，我同样认为，那些头脑风暴并未发挥作用的会议，那些集体的时间白白付之东流的会议，并没有被记录下来。

为什么头脑风暴效果不佳呢？一种可能的解释是"社会惰化"效应——个体在看到其他人承担了工作责任之后即有所松懈。还有一种解释是流程问题——亦即集体情境的设置干扰了新思想的有效传递。

此外，还有一项不可忽略的障碍，就是集体工作的心理动态。在集体的情境下，成员的自我意识会得到增强。我们不仅关注待解决的问题，还关注同事对自己的观感。单纯地强调"不可评价大家所提出的理念或者进行竞争"，无法抑制我们将自己与他人进行比较的冲动。群体规模越大，头脑风暴的成效也就越低。

试想，在荒漠当中发生了一场大爆炸。爆炸或许会造成巨响，散发出五颜六色的烟雾，但是，它却只能持续一到两秒钟。在那之后，所有的能量就都烟消云散了。

现在，请将上述情况与助推火箭中的燃料进行对比。燃料若想发挥作用，必须要被点燃，但是以可操控的方式完成的。因此，使用同样的燃料与能量，火箭可以将航天飞船运送到轨道之上。我们不需要让每个人的思想做千篇一律的爆炸——我们应该引导能量，促进理念的生成，由此方可以切实完成工作任务。我们希望这种创造性的能量能够真正推动发展。我将此过程称之为"定向式创造力"。

定向式创造力

定向式创造力的核心前提是，人类必须要在搜索解决方案的同时，发现自身真正的需求。这也就意味着要一边界定目标，一边思考如何实现目标。

这一前提与问题解决领域中的序列型策略相互违背，而后者恰恰往往占据了创造性会议的核心位置，其具体流程为：

_____（一）界定你的目标。

_____（二）通过头脑风暴，思考达成目标的不同方法。

_____（三）评价各个不同的方法。

_____（四）选择最佳方法。

这一策略在某些层面非常具有吸引力。它将事项分解成为了若干我们能够理解并且加以执行的步骤。头脑风暴被插入到序列中的第（二）步，用于生成一系列行动选项。本书第五节已经说明了个体为什么很难按顺序实现从第（二）步到第（四）步的转换——生成并且评价不同的行动序列。为了发现新的行动选项，你**必须**去探索不同的可能性。

这一策略的问题在于第一个步骤——界定目标。从表面上看来，那是显而易见的出发点。很可惜，在绝大多数情况下，我们都无法完成这一步骤，因为我们所追求的目标都较为模糊。正因如此，我们才应该一边追求目标，一边了解目标。倘若必须在目标完全清楚目标之后再开始行动，我们就会永远困在原地、徘徊不前。

现在，我们已经发现了传统创造性策略的错误所在。它使人们大范围地搜索那些往往与问题无关的特殊选项，但其出发点却是一个一成不变的目标。我认为这一机制应该倒转过来。我们必须要开展目标探索，并且将其作为整体流程的一部分。这就是定向式创造力的根基。

定向式创造力的理念主要包含三个部分：（一）**目标**，以及我们对目标的了解；（二）**关键点**，用于设计达成目标的方法；（三）目标与关键点之间的**联系**。

这三个部分之间并不存在先后顺序。某些时候，对目标的探索有助于发现解决方案。某些时候，我们会审视一项新科技或者其他类型的机会——即关键点，并且发现我们可以应用它们去解决问题。创造性可以循着上述两个方向发展。

管理者或许误以为，自己只需设定出目标，下属就会去思考实现目标的方式。不过，成功案例往往是反其道而行之——个体会首先发现机遇，然后追根溯源，思考目标的定义。便利贴的出现就是这种自下而上序列的典型事例。没有人立志于去发明便利贴——直到微型黏合物的技术出现之后，便利贴作为标签和提醒单的价值才终被发现。

（一）**目标**。定向式创造力的第一部分是一系列目标，它们促使个体去寻找不同于自己所使用的方法类型。你或许需要生产某一零件的一种新方法，或者用于员工绩效测评的更合理的系统，或者降低员工离职率的策略，又或者是吸引更多消费者前来点击商业网站的方法。我们之所以寻找创造性的解决方式，往往并不是因为我们重视创造性，而是因为传统的答案无法令人满意。我们仅仅希望找到有效的答案，不论其是否具有创造性。

通常情况下，我们无法详细地描述出自己的目标。我们也经常纠结于那些无法明确预测的结果。在实验室中，研究者一般都会使用那些结构严谨、目标明确的问题。如此一来，解答方式是对是错一目了然。很可惜，在自然情境下，目标基本上都是含混不清的。决策练习一中"按照董事会要求谨慎地选择软件"就讲述了一个目标含混不清的事例。公开阐明的目标，是评价各软件包的效用，但在其背后，则是一个含混的目标——如何令董事们感到公司对于他们的要求作出了迅速的反应。决策练习六中"坏消息"同样讲述了一个目标含混不清的事例。在设计新的软件系统时，我们发现了其他的目标，其中包括更好的管理文件和时间的方法。

诸多重要问题的界定都较为含混，而且如果单纯地思考这些问题，永远无法得到清晰的界定。面对这种情况，我们唯一能做的，就是采取行动，思考解决方案，并且在努力达成目标的过程中逐渐深入地了解目标。当然，由于我们无法清楚地理解自身的目标，最初解决问题的努力注定会付之东流，但这无关紧要。这些失败是带有指导性的，因为导致失败的原因将帮助我们更深入地发现目标的本质。

丹尼尔·斯滕伯格也发现了同样的现象：

管理者们通常会在没有明确界定目标的情况下开展活动，在澄清问题本质的过程中，让目标逐渐浮出水面……但是，他们却常常强迫下属明确说出自己的目标。富有创造力的下属在重压之下，虽然能够提供一个合理的目标，但是，在面对艰难问题的早期阶段，对于管理者而言，更加有益的一种做法，是发起广泛的讨论，让所有的人都能够轻松地对待问题、理清问题并进行实验。某些时候，管理者必须允许下属在目标不明确的情况下开展行动，从而获得对目标更为透彻的理解……甚至……去探索而非实现真实目标。

创造性取决于我们解决问题的过程中重新界定目标的方式。倘若仍然纠结于错误的目标，那么无论我们多么富有创造力，都无法取得进展。

（二）**关键点**。定向式创造力的第二部分是机遇——亦即关键点。所谓的关键点可能是一项新科技、一次政治变革或是其他一些最新进展。譬如，互联网就带来了大量前人做梦都想不到的机遇；航空旅行也是如此；还有全球定位系统；而民主则为那些饱受独裁压迫的国家敞开了机遇之门。在一个法律制度不健全、腐败横行的社会中，一套强有力的法律执行系统的建立，足以令国家气象焕然一新。

● **示例十八　构建出微气候**

当我在家中撰写本节文稿时，妻子问我是否可以帮她烹制晚餐。她马上要去上班了，但是她希望我下午一点的时候从冰箱中拿出冻鸡肉，这样鸡肉才能完全解冻。我能否胜任这个简单的任务呢？

我含糊其辞地表示自己愿意效劳，但却没有转头看妻子。她知道，我正处于全神贯注的状态，倘若相信我的承诺，实在风险过大。她如何才能提醒我准时取出鸡肉呢？她如何能够打破围绕于我左右的"作家防护罩"呢？

答案是她根本不试图这样做。下午过半，我走下楼梯，看到了厨房灶台上的一包鸡肉。我的妻子将玻璃碗倒扣在了鸡肉上。她构建出了微气候，防止鸡肉解冻过快。她将目标从"确保丈夫记住取鸡肉"重新界定成为"在恰当的的时间点解冻鸡肉"，而且，还为这一难度大大降低的问题找到了解决方案。

我们会运用自身经验，识别出关键点的潜在重要性，之后，再以不同的架构来汇总这些关键点，以验证其是否有效。

我试以攀岩者为例来阐述关键点的概念。攀岩者并不需要提前在图上标出新路线的确切位置。相反，他们会小心翼翼地在岩壁上搜寻抓握点，寻找牵引向上的机会。当他们发现一系列合理的抓握点之后，就放手一试。没有什么方法可以用于计算什么才算是抓握点。它取决于攀岩者的技术、疲惫程度以及经验。攀岩者必须用直觉识别出每一个抓握点及其牵引承载力。

通常情况下，创造性解决方案的核心，就在于注意到那些被其他人忽略的关键点。

（三）**联系**。定向式创造力的第三部分，就是把握时机，在你的目标和关键点之间建立联系。识别出可能存在的联系，通常被称为所谓的"灵光一闪"，正是创造性解决方案的起始点。它将我们的注意力引导到那些高收益的关键点上，并且驱使我们去攻坚克难。

创造性究竟体现在哪里？某种程度上，它就是充分明确目标以便实现的能力；某种程度上，它意味着探索新机遇——亦即关键点，并且充分领会其内涵。假如其他人给你分配了一项任务，但是你却并不清楚实现目标的明确途径，那么，你就有可能遭遇失败。同样，在一个工作项目中，如果你发现了机遇，但却完全不知道它们能够满足哪些需求，那么失败也在所难免。只有理解其中联系——凭直觉感知某一机遇可以用来实现某一尚未被完全理解的目标，才可能提升成功概率。

究竟什么才是创造性的成就呢？某些时候，它就是成功找出突破障碍的方法；某些时候，它就是发现元素之间一种不同寻常的结合方式，这也是头脑风暴等方法所追求的效果；某些时候，它就是意识到在某一情境下的方法同样适用于另外一个情境；某些时候，它就是确认了某一关键点，或者是将一个关键点拓展成为卓有成效的解决方案，甚至是最终意识到真正的目标是什么。上述所有类型的探索发现，都需要定向式创造力方法的有力支撑。创造性可以体现为多种形式，所以我们也需要多种多样的方法去体验它。

创造性合作的高效策略

定向式创造力的理念解释了为什么头脑风暴之类的方法并不是那么有效。但同时，我们也必须将这些理念转化为实践。这就意味着要为你的团队制订出大致的策略，以便推动更加富有创造性的合作。同时，还要强化团队的直觉，从而了解哪些事物可以成为关键点以及如何分辨出目标与关键点之间的联系。

（一）**呈现两难处境**。将团队或者小组召集起来，向大家描述下列内容：关于目标的已知情况及主观推测，目标的不同层面之间是否存在冲突或者是否需要作出权衡，至今为止所作出的努力，为什么效果不佳以及可能存在的障碍。必须让大家提出问题，明确工作需求。

（二）**安排团队成员单独工作**。指派团队成员单独工作——最好是在不同的办公室内，去提出自己的观点、可行的解决方案以及需要进一步拓展的关键点。可以采取多种形式组织这项活动。譬如，限定时间——假设二十分钟，大家要在自己的办公室中，关上房门，关闭电脑，再将应答机开启。不可让大家在同一个房间内工作，因为这样做不仅不会鼓励他们，反而会分散注意力、抑制思想产生。同样，不可令大家单独工作的时间过长，因为随着工作不断推进，你需要定期明确目标，形成类似于"生成选项——从选项中有所收获——重新生成更多的选项"的循环。理想情况下，这种思考时间应该安排在下午，一直持续到第二天。这可以为团队成员提供更多的时间，去有意识及无意识地反复思考相关问题。

（三）**展示各人观点**。接下来，将团队成员召集起来。应当有一人——或者是经理，或者是需要解决方案的人，或者是拥有良好沟通能力的人——担任领导者。还要有一人负责记录团队成员所表述的各种观点。此外，还需要一个人注意聆听并且记录下大家理解目标的过程。团队领导者可以巡视整个会场，要求成员轮流发言，描述自己单独思考出的观点和建议。某些人或许拥有他人所急需的信息，因此，这也是让每一个人都更加了解工作难题的良机。切记：集体讨论的优势，在于将不同类型的专业知识结合起来。

（四）**批评各人观点**。如果大家希望以其他人的观点作为基础制订解决方案，那也无伤大雅，但是，你还应该动员团队来**批评**这些观点。即使团队倾向于某一观点，也应该对其进行批评。批评的目的，在于更加深入地了解目标。思考某一行动选项无效的原因，会让你更加充分地了解哪些做法能够产生效果。批评能够捕捉到"理念中的错误之处"，或是指出"理念如何催生出新的目标"。正因如此，设置批评环节的目的在于拓展目标属性，而不在于淘汰欠佳的建议。某些观点虽然不切实际，但是却让大家对于目标有了更深一层的理解；这样的观点远好于那些虽然作出了一些微不足道的创新，但却令人无所获益的主张。

（五）**整合各成员观点**。团队领导者（或者主持人）此时应该审视如何将各成员的观点整合起来；而记录团体目标认识过程的人，应该指出大家对于目标的本质有了哪些认识、原本关于目标的观点又发生了哪些变化，借此帮助团队重新界定问题的框架。

（六）**重复"观点生成"过程**。倘若时间允许，你或许希望重新开展一轮"观点生成"过程，重复第（二）步到第（五）步。团队每批评一次可能的解决方案，他们对于目标的理解就加深了一层。而且，这种对于目标理解的提升，将帮助团队获得更加明显的进步，其效果胜于各成员单独思考新方案。

（七）**集中形成一个解决方案**。进行到一定阶段之后，工作重点即应从生成观点转向集中形成一个解决方案之上。这一阶段既可以由团队共同完成，亦可由项目领导者收集大家的观点，然后独自完成。

我曾经为一家软件管理公司主持过一次工作坊，其中数名参与者原本都是头脑风暴方法的坚定拥趸。最后，每个人都发现定向式创造力方法非常有效；但是，该方法的成功并没有动摇他们对于头脑风暴方法的支持态度。他们仍然声称，假设我们使用头脑风暴方法，亦可获得类似的结果。不过，其他参与者对此则表示了强烈的反对。他们感到，倘若使用了头脑风暴方法，那么众人一定会陷入好高骛远的境地，无法制订出脚踏实地的行动方案。无论如何，即使是头脑风暴方法的支持者，也很乐于掌握一种全新的工作方法。

某些参与者决定，将来他们将定期进行会面，使用定向式创造力方法召开高效的会议，互帮互助，解决令人苦恼的工作难题和项目。他们甚至推测，借助这一方法，与其他城市或者其他国家的办公室之间亦可以通过互联网相互合作。

这种类型的实例证据，与严格的实验验证截然不同。在本节起始部分，我对头脑风暴提出了尖锐的批评，其依据是严谨的实验结果。但是，我们还未曾使用类似的方法去验证定向式创造力方法。

为了理解定向式创造力方法的机制，我们还可以讨论若干需要创新的工作项目。

创新者的奇迹

1995年，我与同事罗博·胡顿有幸深度采访了十多名非常有创造力的空军科学家与工程师。

我们的访问策略，并非邀请他们讲述自己的成功秘诀。相反，我们会请他们讲述自己最成功的那些研究项目的相关故事。他们告诉我们，自己是如何设计显示装置，又是如何为高加速度喷气式飞机设计驾驶员座舱的（为了抵消掉可能引发飞行员意识丧失的地心引力）。他们告诉我们，自己在评测挡风玻璃的扭曲度时如何灵光一现以及如何制造出更加实用的夜视镜。他们告诉我们，自己曾经飞临北极，借此了解磁场对于指南针的影响。他们都充满激情，令人印象深刻。他们每一个人都在美国空军发展史上留下了自己的印记。

随着访谈的深入，我们发现自己一再回到同一个普遍性问题上：他们最初是如何选择研究主题的？我们发现，这些研究者之所以获得成功，在于他们能够用直觉判断自己的精力应该用于哪些事项。我们所访问的这些富有创造力的科学家与工程师，只有凭直觉意识到重要目标及新的关键点之间存在联系，才会开始一个项目的工作。

如果他们无法看到一项机遇或者技术与空军的实际**需求**或者**目标**之间存在联系，那么他们根本就不会再浪费自己的时间。这就意味着他们非常了解空军的前进方向以及可能会面临的问题。因此，一位工程师在看到（当时尚属于）新一代的高性能战斗机——F-15和F-16——之后，马上就意识到过去那些针对慢速战斗机所设定的方程和策略将不再适用。新型战斗机在空中混战、整队轰炸目标、为了击败敌人而摆脱高强度的地心引力等方面，都将带来新的挑战。

我们所访谈的科学家和工程师不会盲目地将时间浪费规定的需求之上，除非，他们能看到目标的潜力，或者是自身可以探索的**关键点**。仅仅由主管提出挑战还不够。很多人的职业生涯都浪费在了追求那些重要却棘手的难题之上。这些创新者则并不急于解决这些大家都感到束手无策的问题，当他们发现解决难题的机遇出现时，就会大步向前。通常情况下，所谓的机遇，往往是新兴的科学技术。

当创新者发现**联系**——即针对某一问题、需求或目标应用关键点的方式，他们的兴趣就会被激发。这种"联系"的感觉——亦即直觉——会告诉他们：难题现在已经具有研究价值了。

举例而言，光学专家李·塔斯克开发了一套保证飞机在夜间隐蔽跑道上安全降落的方法。在演示这一系统时，塔斯克发现，副机长和导航员会对机长说很多话，沟通飞机高度、下沉率以及风速等信息。李·塔斯克意识到，这是因为机长带着夜视镜，看不到自己座舱中的显示器。这个问题看起来非常容易解决，于是李·塔斯克返回怀特-帕特森空军基地，设计出一套将飞行信息整合到镜片上的夜视镜。用了大约四个月的时间，空军就解决了这一令人烦恼的问题。其关键点，在于用直觉性识别出"联系"，由此找到解决实际问题的方法。

我们针对空军科学家及工程师所开展的研究，验证了我们关于"个体如何制订新颖的解决方案"的推测。创造性既体现在"发现新颖的解决方案"，也体现在"选择正确的问题并且找出思考问题的更佳方式"。

"目标"、"关键点"以及"联系"之间的交叉关系，也充分体现在下文的退休方案制订中。在这个事例中，"联系"才是起始点，"需求"或者"关键点"并不是。只有在"联系"被发现之后，创新者才能将工作向前推进。

泰德·班纳制订401（k）养老金计划的过程（请参见示例十九），体现了定向式创造力的原则。401（k）养老金计划是在哪些因素的影响下制订出来的？最重要的当然是国会所提供的机遇。但同样重要的，还有班纳。他对养老金收益计划的了解是不可或缺的；同样不可或缺的，还有他的个人姿态——他对于帮助低收入职工的热忱之情。

● 示例十九　401（k）法案的诞生

1980年，泰德·班纳首创了401（k）养老金计划。以下是计划制订的详细历程：

此前银行的策略是，将其支付给雇员的奖金之半数投入养老金计划中，如此一来这一部分奖金即可避税，一举两得。银行同时还允许雇员将另外一半奖金投入养老金计划，这样员工就无需为奖金而支付任何税款。

尽管如此，财政部却并不满意这一系统，因为绝大多数工资都流向了高收入雇员——他们才是拿到最多奖金之人。有鉴于此，财政部于1972年禁止了这些养老金计划。

国会希望鼓励公民存款，用于退休后的生活开支。为了实现这一目的，1978年，国会通过了税收改革法案。该法案的第401节提及了税额定量的养老金计划——亦即银行过去一直所采用的方法。其中（k）条款是银行与财政部之间达成的一种妥协。银行可以借助养老金计划避税，但是必须限制高工资职员投入计划中的奖金金额。按照法律规定，低收入职员投入养老金计划的金额所占比例越高，高层经理所能投入的比例也就更高。倘若低收入职员放入养老金计划中的金额较小，那么高收入职员也就无法规避太多的税金。这一条款弥补了先前的漏洞，但在某种程度上而言，它也为类似的养老金计划设定了较低的上限。没有人相信自己可以依靠低收入职员避很多的税，因为他们微薄的薪水根本就不足以支撑起养老金计划。

当时，泰德·班纳作为一名员工福利顾问，工作极为不顺。他的大部分精力都用于为企业主和高层经理设定养老金计划，忽略了普通雇员。这种不平等让班纳深感不安。他甚至已经做好离开该领域转向政坛的准备了。

1980年，班纳接手了一个工作项目，为切尔滕汉姆国立银行重新设计退休金计划，借以激励员工的工作热情。班纳思考，是否可以利用新法案的（k）条款来令所有雇员受益呢？按照新法律的内容，不只员工的奖金可以避税，连常规工资亦可避税。

班纳的计划是，为了进一步提高养老金储蓄的吸引力，公司应该评定每一名雇员的贡献。雇员和公司可以将税前而非税后收入投入养老金计划中。

这一想法令班纳倍感兴奋，因为该方法的最大受益人是年收入在两万美元到十万美元之间的中产者。

新的税收条款——主要针对的是奖金——并没有提及此种方式，但同时也没有禁止。一位独立律师也表示，该策略是可行的。

班纳的公司规模太小，无法独自支撑起这样宏大的策略，因此，他与两家大型保险公司联系，希望以一百万美元的价格出售自己的理念。但是两家公司全部拒绝了他。

这之后，班纳自己的公司接受了挑战，决定亲自实施这个计划。在此过程中，公司发现，那些收入处于最底层的雇员非常支持该计划。事实上，低收入员工的平均参与程度还要稍高于那些高管们。多数下级员工都是女性，来自双收入家庭，非常渴望将一些工资投入养老金中。与之相对，多数高收入雇员都是男性，他们是家中唯一的收入来源，要负担抵押贷款和学费等开销。

班纳希望媒体能认可他的理念，可惜这一过程依然不顺利。即使美国国税局已经批准了这一方案，但是《纽约时报》《华尔街时报》两大媒体对此仍都表现得意兴索然。直到《费城询问报》进行了相应报道，《时代》杂志方才同意撰文支持。那之后，401（k）就成为了传媒的焦点。

几年的时间里，数以百万计的员工已经参与到401（k）养老金计划中来，这一计划所带来的经济增长，亦为股市的繁荣稳定打了一针强心剂，其影响一直持续至二十世纪晚期。

所谓的"联系"大多出自无心之举。国会通过401（k）法规之前的几年，班纳一直在为另外一家银行的养老金收益计划工作，因此他可以将过往的经验与切尔滕汉姆国立银行的情况进行对比。除此之外，他的发现也并未受到外部的需求或者目标的驱动。没有哪位出资人预期班纳能发现401（k）养老金计划——切尔滕汉姆国立银行甚至不愿意冒险试验班纳的方案。

班纳只不过是这一发现过程的**传播媒介**，他并非一名目标导向的探索者。他并不符合那种英武的创新者的形象，他并未面对种种挫折而仍然勇往直前〔虽然班纳在制订了401（k）养老金计划之后就为之奔走呼号〕。若干股力量〔两家银行的养老金计划之对比，对401（k）法案的了解，帮助低收入职工的愿望〕聚合之下，他成为了代理人。他就是这些力量之间的联系。

顾问式销售

定向式创造力的原则亦被应用于顾问式销售的过程之中。顾问式销售的理念，就是在销售商和消费者之间建立起一种问题解决的关系。销售商不再仅仅着眼于贩卖物品，不再抽丝剥茧地向消费者说明购物理由，相反，销售商更像是一名顾问，尽力去帮助消费者满足自身需求（而非推销商品），并且建立起一种基于相互信任的长久关系。消费者说明需求，而销售商则指出关键点——利用产品实现不同结果的方式。他们之间的种种互动，都是为了找寻一种联系。为了实现这一目的，销售商必须要进入到消费者的大脑当中，了解他们的真正需求。

将顾问式销售的理念付诸实践并不轻松。一方面，我曾经耳闻优秀的营销专家抱怨公司的技术专家们并不理解这种销售模式；他们只知道产品本来的用途，也因此陷入到这种思维定势之中，无法去探索消费者真正的需求。另一方面，技术专家也抱怨营销员工无法掌握最新发布的产品功能；他们并不精通其关键点，因此无法默契地共同解决问题。

一家数据分布公司与我们联系，寻求帮助，因为该公司信息管理系统的技术专家与公司其他组的员工都存在矛盾冲突。公司其他部门都不满于信息管理部门待人接物的方式，他们既自大，又冷漠。同时，信息管理部门的员工也很鄙视其他部门的同事，认为他们总是带来麻烦，先是请信息管理部门开发程序解决问题，可解决方案出来之后，即使软件恰恰满足了他们的要求，他们还是一口回绝。

我们发现其问题的根源在于，信息管理部门的专家们在大学期间所修的专业是计算机编程，因为他们喜欢界定清晰的任务。他们喜欢接受教授布置的明确问题，然后思考出创造性的方法来解答。但是，走出校园，进入这间公司之后，信息管理部门的专家们所领受的任务不再像过去那样清晰明确。绝大部分情况下，雇主只能大致描述出他们需要的功能。"这些人简直就是在浪费我们的时间。"此乃信息管理部门最常听到的一句抱怨。

我们告诉这家公司，程序员需要针对公司的其他同事开展"顾问式销售"。他们必须帮助那些知识匮乏、想法易变的外行们了解自身的真实需求。除了编程之外，他们还必须掌握指导和引领的技巧。不论以何种方法，信息管理部门都需要掌握与同事沟通的技能。

顾问式销售实际上意味着双方通过不断寻找解决方案来明确需求和目标。它意味着列出已掌握的关键点情况，分析哪些知识和能力能够与之相联系。它意味着去发现理想结果的种种特征。它意味着发现调整关键点的方式。它还意味着参与到定向式创造力之中。

创造性还意味着想象力的飞翔。为了更好地理解这一点，我们不妨从飞行本身入手。飞机发明至今已经有百余年的历史了。通过分析定向式创造力在飞机发明过程中的作用，读者可以理解定向式创造力方法的模型。

● 示例二十　创造性的飞行

奥威尔·莱特与威尔伯·莱特在俄亥俄州代顿市的一家自行车商店工作，并且发明了飞机，这一点妇孺皆知。不过，他们是如何实现这一发明的，可能许多人并不知道。

莱特兄弟并不是最先对"如何使比空气重的物体飞起来"问题感兴趣的人。先前曾经有人制造过相关的装置，不仅达到了可驾驶的程度，而且被视为飞机先驱。可惜，这些"飞机"并没成功。

莱特兄弟总结了这些失败的案例，发现有三个重点问题必须解决——如何升空、如何推进以及如何控制。为了实现强力推动，需要使用弧形机翼，这一点已成为共识。莱特兄弟自己建造了一个风洞，测试了不同类型的机翼设计，而两人的机械知识也与日俱增。为了实现莱特兄弟关于飞机推进的理念，必须使用重量轻、力量大的引擎。当时满足这一标准的产品似乎并不存在，不过很快就会出现——当年引擎技术的发展可谓突飞猛进。

莱特兄弟认为，最棘手的问题就是如何实现飞机航线的控制。在当时技术条件下，飞行员如果想要调整飞机方向，只能使用飞机方向舵，此外别无他法。飞机要时刻与地面保持平行状态，因为众人担心如果一个机翼朝下、另一个机翼抬升，有可能导致飞机失去平衡，最终坠毁。尽管如此，飞机方向舵又不能做的太大，否则可能影响空气动力。正因如此，飞机的转弯只能缓慢而小心地进行。

莱特兄弟认为，他们可以通过改变飞机的朝向实现更加精巧的控制。他们观察到，自行车骑手在转弯时会倾斜身体。他们观察到，鸟类在飞扑时，一个翅膀会兜住气流，另一只翅膀则会切割气流，如同一架正在运转的风车。他们也逐渐形成了所谓"机翼非对称弯曲"的理念，借此来改变飞机的倾斜角度和侧倾角度。通过机翼弯曲，飞行员可以借由倾斜而转弯，就像自行车骑手和鸟类一样。这就是莱特兄弟最重要的发现。他们选择了最关键的问题——如何更加自如地操控飞机，并且将其与恰当的关键点——改变机翼形状——联系起来。

对于莱特兄弟而言，他们所找出的关键点，就是将帆布覆盖在木质支架上，再将帆布加以弯曲。他们意识到，通过对两个机翼作出不同程度的弯曲，驾驶员可以直接控制飞机侧倾的坡度。也因此，他们可以自如地改变飞机的前进方向。

尽管莱特兄弟于1903年即试飞成功，但是他们并没有将相关情况公之于众，因为他们希望抢先注册若干重要技术的专利。随着时间推移，几年之后，已经有人质疑莱特兄弟是否真的制造出了重于空气而且可以操纵的飞行装置。法国出资五万法郎，奖励给第一架能够环绕飞行一千米的飞机。为什么莱特兄弟没有申领这个奖项呢？《先驱论坛报》法国版出版了一篇文章，标题为"飞行者还是撒谎者？"另外一个人——亨利·法曼制造出了一架飞行器，并且申请了五万法郎的奖金。他的机器通过飞行方向舵来控制方向，并且只能做平直的转弯，整个过程中机身必须与地面保持平行状态，然后再艰难地改变航向。奥威尔·莱特看着这架飞机在天上滑行，只能将喜悦埋藏在内心深处。

至1908年，莱特兄弟终于注册完专利，并且签署了相关合约，为飞机争取到了商业支持。他们现在可以将自己的技术广而告之了。两兄弟将一架飞机航运到法国，而威尔伯则于八月四日在距巴黎一百英里的跑道上空飞行了两圈。大展台上的观众们看到，飞机在转弯的时候倾斜角度很大，在以"8"字形飞行时，驾驶员只需稍微动一动双手和手腕即可。这种操控方式是众人前所未见的。

观众当中还有法国飞行协会的成员，过去，他们所看到的飞机都只能平直转弯，操作非常不便。这一次他们意识到，自己第一次见识到了真正的飞行。

关键要点

定向式创造力的战略

（一）呈现两难处境；

（二）安排团队成员单独工作；

（三）展示各人观点；

（四）批评各人观点；

（五）整合各人观点；

（六）重复"观点生成"过程；

（七）集中形成一个解决方案。

·11·

如何随机应变并调整计划

　　我们很钦佩那些能够滴水不漏地作出调整之人。优秀员工的随机应变，恰似爵士音乐家的即兴演出——都是以过去发生的事件作为根基，同时开创了全新的可能性。

　　不过，调整计划也并非总是令人愉悦的创造性活动。通常而言，它的目的都在于"恢复"，在于从突然出现的危机当中逃离出来。你无法预先就计划好随机应变的方案——只能评估情境，然后作出反应。因此，直觉对于随机应变的能力而言是必不可少的。我们需要用直觉判断**何时应当**作出调整——原计划何时宣告失败。我们需要用直觉判断**如何**作出调整——为了作出调整需要对哪些日常工作及行动方案作出补救。我们还需要用直觉判断是否应该**信任我们**所作出的调整——我们所要作出的更改或许会导致若干后续问题。

　　谨小慎微的计划以及工作流程会干扰直觉，妨碍随机应变。谋划者通常会事无巨细地规划细节，不给偶然事件留下任何空间。不幸的是，细节越多，调整的难度越高，而计划也就愈加脆弱不堪——当情境与预期不一致时，计划更容易失败。

卡尔·维克以及凯瑟琳·萨特克里夫在其著作《应对意外情况》中指出了计划扼杀适应性的几种方式。首先，计划会使得人们对于异常现象的敏感度下降，无法意识到应该及时作出调整。原因在于，计划会明确指出哪些是相关内容、哪些是无关内容，而那些与计划无关的事物都不会得到过多关注。其次，我们的计划中的确会纳入一些应急行动，但这些应急措施是事先制订好的，通常都会忽略掉情境、限制条件以及在计划执行过程中突然出现的新机遇。再次，制订计划的目的，在于让我们重复"最优化"的行为模式。那些可信度较高的公司在应对意外事件时，并不会单纯依赖于计划，而会通过调整以适应环境。

在设定计划以及工作流程的过程中，我们需要预留出随机应变以及运用直觉的空间。换言之，我们应该**借助计划进行调整**。我们应该对计划的调整有所预期，不可苛求事先即确定所有事项。

在本书第十节中，我们发现，绝大多数工作项目的目标界定都比较模糊，随着工作的展开才逐渐明朗。同理，我们所制订的计划——我们为了解决问题而作出的尝试——也需要发生改变，应随着我们掌握的情况逐渐增多而提升质量。因此，我们需要那些能够帮助我们学习并运用自身直觉的计划。

尽管如此，调整并非总是一个好思路。我了解到，一家服务公司原本认定开发并且贩卖软件有大利可图。在花费巨资进行软件编程之后，才发现公司对于营销和发行软件一无所知，对维护和升级软件也毫无了解。

因此，随机应变并非总能自发地带来收益，关键在于你必须构建起自身的直觉，知道自己什么时候应该对计划作出调整、什么时候应该顺其自然。你的直觉就是你的警报系统。它能够让你了解一个工作项目启动后的收益以及执行该项目所需付出的努力。此外，直觉还会警示你在最后关头所作调整导致的意外结果。个体成功地作出调整的能力，必然取决于其直觉。

所谓的调整，亦即针对意外事件作出迅速而有效的反应。它意味着你能够迅速地放弃既定的行动方案，转而代之以更加合适的反应方式。

● 决策练习七　电子使命

假如你是一家大型公司的高管，在最后关头，你要负责评价一个潜在的新商业项目。本公司某一部门的主管亚瑟提出一个所谓"电子使命"的概念，亦即一款新型的尾气排放收集器，不仅可以节省燃料，而且能够减少污染。电子使命将被安装在使用汽油以及电力的混合动力车上。这一概念产品已经制造出了模型，并且经过测验，通过了政府部门所有的安装审批。

一家大型汽车制造公司表示，将考虑在下一款车型上安装"电子使命"仪器，但前提是"电子使命"必须在六个月内到位。他们不希望被锁定在一项一年之后即可能过时的技术之上。从现在开始的六个月之内，他们希望建立起一条装配线，一切都必须准备就绪，做好出货的准备。假如你无法按时出货，合同就会失效。

亚瑟声称他能够获得成功。为此他已经工作了几周的时间。他已经制作出了详细的进度表，说明产品的成本核算应该何时进行、员工培训计划何时完成、产品质量控制、数据收集以及报告系统何时建立，如此等。

以下是他的计划的基本要素：

（一）电子使命的生产计划现正在接受审阅，预计将在两周内完成。

（二）产品将在加利福尼亚州一家本来即将关闭的工厂内生产。

（三）为了节省成本，亚瑟决定自己生产绝大多数部件，就在加利福尼亚的工厂内完成。

（四）根据初步的生产计划，亚瑟已经总结了一份零件清单。

（五）销售商向亚瑟保证，他们可以在接下来的几个月之内生产出这些零件。

（六）为了享受大额订单的折扣价待遇，亚瑟已经与这些销售商签订了初步协议。如果工作项目取消，合约将被废除。

（七）亚瑟认为生产计划一定会被批准，所以他已经指派一个团队草拟了装配线的规格参数。这些规格信息月底将被送往加利福尼亚。

（八）亚瑟估计，还需要两个月的时间才能重新装配加利福尼亚工厂的机器，他已经额外雇佣了数名机械师，协助装配工作。

（九）加利福尼亚的工厂经理在工厂宣布关闭时已经辞职，鉴于时间紧迫，又无法找到新人接手，亚瑟决定自己承担起这份职责。他还没有亲自视察过工厂，也根本抽不出空闲时间，因为他必须忙于其他事务。

你的首席执行官在公司内部组建起了一支专家团队，对此计划进行内部审核。他们的结论是，计划中所列举的每一项任务都是可行的，前提是所有事项都要按照预定日程安排完成。

你的首席执行官不希望匆匆忙忙地作出一个不明智的决策，但她同时也知道，研讨方案的时间越久，就越容易延误时机。她已经承诺于明天早晨宣布最终决定，而且她还向你吐露心声，说她很可能会批准该计划。

尽管如此，在最后关头，她却感到有些许不安。为了保险起见，她才征求你的意见，因为你是她最信赖的人，她希望知道这个计划是否可靠。她知道你事务繁忙，所以，她只是请你提出自己的见解，判断亚瑟在无法按照既定日程安排完成工作的前提下能否及时作出调整。她并没有向你展示详尽的进度表，只不过说明了生产计划中的九大关键方面，如上文所示。她并不希望你修改计划或者日程安排——现在再做这些为时已晚。"我知道这些计划能够生效，我想知道的是它是否确实将会生效，"她对你说。"就五分钟的时间。"她说道："请你告诉我，根据你的感觉，如果计划出现漏洞，公司是否能够承受。"

亚瑟的计划或许看似可行——如同大多数计划一样，但其前提是，所有事项都要按照既定日程安排完成。你的任务，就是推测亚瑟的计划将在何处出现纰漏以及在这种情况下，现有计划是否已经完备到可以继续运转。我相信，读者已经意识到了亚瑟计划所存在的若干薄弱环节。譬如，他并不了解加利福尼亚工厂剩余员工的工作能力如何。在生产计划得到批准之前，就准备整改加利福尼亚工厂，这也需要冒很大的风险。

很明显，为了推动项目的进行，亚瑟孤注一掷，没有给计划留下余地。为了确定某一计划能否按照需要作出调整，读者可以参考一份"计划调整"清单。现在我们就使用"计划调整"清单来分析亚瑟的两难处境（本节末尾处的"关键要点"部分提供了"计划调整"清单的简明版本）。该标准涵盖了计划中能够提升或者阻碍可调整性的特征。

计划属于模块式还是整合式？ 所谓模块化计划，亦即各子任务可以独立完成。所谓整合式计划，亦即每个子任务的成功与否取决于其他任务是否能够顺利完成。高度整合的计划更加有效，但同时也更加脆弱。模块式的计划虽然在效率方面有所欠缺，但其优势在于某一子成分的改变不会影响到其他部分。倘若亚瑟能购买到"电子使命"的各组成部件，那么他要做的就只是找到一个地点将零件组合起来而已。与之相对，确定一条新装配线的种种细节则更加复杂，进而也导致亚瑟的计划将受到误期的严重威胁。假如装配线上的任一部分出现问题，那么整条工作线都无法运作。亚瑟的计划是高度整合式的，如果计划的某一部分出现问题，整个计划都会被波及。模块式计划中各部分的关系是比较松散的，某一部分的改变不会对全局造成影响。整合式计划中的各部分联系紧密，必须严格按照既定安排执行——没有过多的余地。计划越是精确，就越难改变，因为调整空间过于狭窄。雪上加霜的是，这种计划仅仅在特定的前提之下才能发挥最佳效能。在这些前提下，计划将无往而不利；但是，一旦脱离了这些条件，计划就难以顺利执行。精准计划的另外一个特点，是每一种资源都须加以严格控制。与之相对，较为松散的计划则会预留出一些调整空间，为可能出现的资源做好准备，并保证日程安排的灵活性。亚瑟的计划是高度整合的——没有为工作延误预留出任何空间，这是较为危险的。如果亚瑟在制订出合理的生产计划之后再选择销售商，就可以提升计划的灵活度。相反，他选择了大额订单的折扣价待遇，从而牺牲了计划的灵活性。

修订目标的可能性有多大？某些计划只能按部就班进行，而其他计划则可以根据相关反馈——如进展程度——加以修订。这种区别可以看作是"砍掉一棵树"与"修剪树篱"之间的差异。一旦你决定要砍掉一棵树，那么你就必须加以执行。你无法砍到一半再改变自己的想法。与之相对，修剪树篱的过程中则要不断进行调整。管理不确定性的方式之一（请参见本书第八节），就是设定渐进式计划，这就意味着个体无须从一开始就作出所有的安排。你可以逐步审视工作的进展是否令人满意。亚瑟的计划更像是"砍掉一棵树"，而非"修剪树篱"。他没有给自己留出余地，以便观察装配线起初的运转情况。

某些计划会假定工作目标是固定不变的，并且以此作为出发点。另一些计划则允许对目标进行澄清，确保在项目开始实施的一段时间内，若干重大的决策都处于开放的状态。亚瑟的计划是固定不变的。

谋划者与实施者之间存在哪些联系？如果实施计划的人员与制订计划的人员密切合作，那么作出调整就相对容易。谋划者理解计划的边界条件和前提假设，并且能够更加从容地做出改变。当谋划者与实施者之间的联系被破坏时，实施计划之人即无法注意到问题出现的早期征兆，也难以理解对计划做出改变将会导致哪些后果。在亚瑟的事例中，他既是谋划者，同时也负责执行。在必要情况下，他能够更加恰当地调整计划。

能否轻松地将计划的改变传达给他人？倘若无法与远距离的同事建立起有效的沟通，那么计划调整将具有相当的风险性。在决策练习中，亚瑟决定一人扛起整个任务。只要他决定对计划中的任一部分作出更改，他就必须亲自通知到每一个人。这将严重拖累项目执行的进度。

是否能够轻松地发现问题之所在？ 优秀的计划能够协助决策者估测项目的进展程度并且注意到潜在的问题。与其盲目地遵从计划安排，不如将更多的精力放在"争取好的结果"之上。不幸的是，在估测工作进度时，我们通常会以计划的完成度作为标准，而这会阻止个体作出必要的调整。亚瑟必须要按时完成生产计划中的每个关键节点。这或许会令他更难意识到工作中的问题所在，直至他绝望地发现已落后于既定的日程安排。

权威是否得到集中？ 权威越集中，发现问题、诊断问题并且回应问题所需的时间就越长。在上述事例中，所有的权威都集中在亚瑟一人身上。

此次调查的结果是：亚瑟的计划并非表面看起来那样万无一失。如果工作出现差错——而且这种情况发生的概率很高，则亚瑟将很难亡羊补牢。

至此，读者或许希望抽出一些时间，利用上述清单来审核自己手头上的计划，或是正在负责以及即将负责的工作项目。"计划调整"清单作为一种工具，能够帮助我们判断一份计划究竟是即将被忠实加以执行的蓝本，还是容许随机应变的平台。

我们为什么要制订计划

我们为什么要制订计划？其原因在于，计划具有多种功能，它包括以下几点：

第一，解决实际问题。 计划既可以解决实际问题，也有可能成为障碍。如果个体的经验比较丰富，他们根本就不需要制订任何计划。所谓计划，就是以"慎重的问题解决"代替"专业知识"的一种方式，同时也是针对未曾经历过的情境建构行动方案的一种尝试。

第二，协调团队成员。 借助于计划，每一名成员都知道自己应该做什么，知道自己在他人所执行的任务中占据什么位置。

第三，塑造思维方式。 制订计划是促使谋划团队更加明智的一种方式。

正因如此，人们才如此热衷于制订计划；正因如此，即便是在需要采取实际行动的情况下，人们仍然坚持制订计划并且加入更多的细节。

第四，形成相关预期。计划能够令人们了解自己应该预期什么。它能够帮助我们提前推测自己需要多少资源，以便在资源短缺时及时发现并加以应对。

第五，支持随机应变。计划可以被视作开展调整的平台。

最后一个功能是关键所在。大多数时候，计划制订者都希望自己的方案能够被忠实地践行。为了实现这一目的，计划制订者会增加诸多分支和意外情况，试图面面俱到。但是这些额外增加的细节和复杂性反而会令计划执行者更加难以理解他们在做什么以及他们这样做的原因。而且，如此一来，即使在必要情况下，执行者也难以进行变革。接下来我们来进一步探讨如何借助"计划"实现"随机应变"。

调整计划，应对不确定性

面对混乱而不确定的世界，我们必须要具备及时进行调整的能力。我们所面对的不确定程度越高，通过制订灵活的计划而管理不确定性——即调整计划所带来的优势就越为充分。

除此之外，如果我们随时调整计划，就能避免事先制订详尽计划而后又反复修改所带来的问题。通过调整计划，我们实际上接受了不确定性并且竭力去应对它，而不是试图在思想上超越它。

所谓"战略谋划"，亦即对长期的行动方案进行规划。过去数十年间，战略谋划蔚然成风，许多公司都为此投入了巨额资金。但是，正如亨利·明兹伯格在其著作《战略谋划的兴起与衰落》中所指出，不确定性永远是层出不穷的，战略谋划很容易过时。因此，对于这种产生自二十世纪六七十年代的宏大而集中的战略谋划观点，多数原本异常坚定的提倡者如今已然悄然放弃。

所谓"调整"，并不仅仅是简单地制订一个新计划以替代旧计划。它通常要比制订计划更加困难。调整意味着在计划执行的过程中对其进行修订，而准确击中移动的目标并非易事。

譬如说，在工作项目启动几个月之后，你不得不重定方向。你也许并不知道已经投入了多少资金（凭单或许会推迟，会计部门亦未能按时出具财务报告），亦并不清楚你的团队成员至今已经取得了哪些成果（他们一直忙于出差，无法及时更新考察报告），甚至对自己的工作进展都一知半解。在这种情况下，相对于工作项目刚刚启动时，制订新计划显然更加困难。

那么，我们应该在什么情况下调整计划呢？在稳定的环境中，个体已经透彻理解了所有关键的变量，这种情况下，精确而详尽的计划显然是更加合理的。如果环境无法满足上述前提条件，那么在制订计划时预留出随机应变的空间才更加合情合理。

为了说明"详细计划"与"调整计划"之间的差别，不妨借助于控制论这一概念。所谓"控制论"，就是利用反馈系统维持操作系统的正常运转。譬如，汽车中的恒速控制器就是利用控制论的原理，设定并且维持某一恒定的车速。在又长又空的高速公路上，设定了恒速控制器之后，我们就无需再去改变速度了，因为我们确信，以事先选定的速度在路上行驶是非常安全的。

但是，在城市中司机不会使用恒速控制器，因为驾驶情况瞬息万变，理想的车速随时都在变化。即使是在高速公路上，如果路况拥挤，我们也会关掉恒速控制器，因为我们不可能保持恒定速度。

矛盾之处在于，个体既要设定工作程序和工作计划，同时还要预留出反馈的空间。倘若意外情况出现的概率较高，那么准备随机应变就是必不可少的一门功课。

在计划中预留出调整及随机应变的空间也会导致一些问题的出现。虽然工作灵活性有所增加，但是也要付出代价，那就难免会制造一些混乱。改变计划的次数越频繁，预测下一步局势的难度就越大，同事们对下一步工作的准备以及与你配合的难度也就越大，团队协作难免受到不利影响。某些上级一旦有了新想法，就要改变原定计划，相信很多人都曾经遇到过这样的上级。刚开始的几次，大家或许感觉还好，认为工作没有被完全限制住。但是，到第四次或者第五次工作大幅转向时，员工难免会感到疲于应对、充满疑虑，而且会因为过往所投入的全部资源获益甚微而倍感受挫。再到第七次或者第八次工作转向，员工就会心生退意。

计划调整还可能导致其他问题。每当行动方案发生变动时，个体都有可能会忽略其所导致的后果。假设时间压力较大，那么你或许无法厘清变化背后所蕴含的深意。正因如此，某些情况下，即使你知道有其他更加合理的工作方法，也还是应该坚持既定的方案。本书第七节曾经介绍了建筑师勒梅撒利尔的相关事例，他设计了纽约的一座摩天大楼。他的同事对他的设计做出了一些微小的改变，包括为了节省成本而使用焊接结点代替螺栓结点等。这一变动导致大楼结构抵抗侧风的能力大幅减弱，花旗银行不得不花费数百万美元对其进行修缮。

勒梅撒利尔同事所作出的调整并非一个错误。它完全符合公认的工程标准。之所以出现纰漏，在于它导致了一些令人预想不到的后果。同事们无法预见到勒梅撒利尔还要实现一个新目标——提升大楼对侧风的抵抗力。

总而言之，调整并非总是必不可少或者令人满意的。不过，在一个混乱的世界中，进行调整的潜能是必不可少的。我们需要借助于直觉来判定何时进行调整以及如何巧妙地进行调整。

● 示例二十一　日本机器人

二十世纪八十年代，日本的制造企业开始大批量地运用机器人来开展多项工作。工厂的"熄灯"模式从幻想成为了一种现实。这些工厂几乎完全依赖于机器人维持运作，在某种程度上，甚至完全不需要开灯——工厂车间中根本就没有人类工作。

如此观之，在二十世纪九十年代，其中某些日本工厂居然放弃了机器人系统，就难免令人错愕了。表面看来，机器人的工作效能的确高于人类。但是，由于工厂需要更换工具、需要改变工作流程、需要作出各种各样的修正，重新进行编程或者重新设计机器人的成本就不容小觑了。人类工人可以完成经过调整的任务，机器人则无能为力。所以，试想在有些情况下，在某一间制造工厂，组装一款新型手机的通知仅仅会提前一天通知到工人。先前，当工厂完全实现自动化时，为了生产新款手机，工程师们需要用几个月的时间重新编制程序。一家丰田工厂在削减了该厂对于电脑的依赖程度之后发现，尽管前后两条装配线的生产能力相似，但是，与高度自动化的装配线相比，如今配置一条装配线的成本仅为过去的四分之一。

直觉创新工作流程

正如僵化的计划会干扰直觉并且阻碍调整一样，工作流程也会导致同样的结果。真正的困难在于，既要运用工作流程，又不要让它们限制我们的直觉。

工作流程具有一系列重要的功能。它们可以帮助经验尚浅的员工应对紧急情况。遵循工作流程可以避免记忆出现偏差，同时亦可令团队成员在未练习纯熟的情况下，以同样的序列采取同样的工作步骤。工作流程还能协助人类掌握重要的科技——这些技术过于复杂，个体无法在合理的时间内发展出与其相关的直觉。譬如，在操作电脑时，大部分员工都是按部就班地遵循若干步骤，以实现自己的目的。

工作流程同样能够协助人类及时作出调整。对直觉决策而言，我们借由经验所习得的行动方案与例行程序，亦不过是在识别出特定情境后进入我们脑海中的工作流程而已。不过，在我们必须要作出调整的情景中，通常并无足够的时间去构思出全新的行动方案。相反，我们会酌情采取最为恰当的方案或者流程。

举例来说，在葛底斯堡战役中，约书亚·张伯伦负责率领小圆顶山丘的一个分队，在他面前，就是气势汹汹的南方联盟军队。他的士兵们弹药不足，对此，他的应对方式是命令部下装上刺刀，使用曾经在练兵场上演练的车轮战术，向山下冲杀。他知道不能临时构思新的战术策略——那将完全无济于事。相反，他选择了一种训练有素的战术，部队在执行时根本就不需要多想。他相信自己的直觉——其根据是他的经验，他认为这一工作流程将会获得成功。部下们尽管疲惫不堪、心生恐惧，但是仍然能够执行这一命令。凭借快速的思维决策，他成功阻滞了南方联盟军队的进攻，并且一举扭转了战争态势。

与之相对比，在1949年的曼恩峡谷大火中，直觉却没能够救下十二名空降兵消防员的性命。救火团队当时正在从一座峡谷撤离，他们发现，山下的树木不知道为什么居然开始燃烧。他们向山上狂奔，躲避火势，可惜速度太慢。此外，团队的负责人瓦格纳·道奇也认为这样逃下去必然命丧火场。在危险当中，道奇迅速想出了个新策略——放出逆火，则火势将蔓延至身前的上坡位置。接着，随着可燃物耗尽，他就能够钻入到灰烬中，得到庇护。他最终活了下来。道奇也试图让部下按照自己的策略求生，但是他却无法解释清楚策略背后的逻辑。其他团队成员还是疲于奔命，希望超过火势蔓延的速度。与葛底斯堡战役中的张伯伦不同的是，道奇之所以临时制订出全新的策略，其原因在于大家所熟稔的策略完全没有效果。可惜，由于他无法向团队阐释自己的新思路，绝大多数成员最后都不幸丧命。道奇比张伯伦更富创新性，调整能力更强，但他却没有获得成功，因为在时间压力较大或者存在其他压力源的情况下，过多地调整反而会导致灾难性的后果。在这种情况下，更合理的做法是要求团队每一位成员都随身携带一些熟练掌握了的工作流程记录，一旦出现紧急情况，即可迅速布置。

总之，我并非盲目地认为工作流程不可取。恰恰相反，我真正质疑的做法，是将所有的工作实践简化为若干工作流程。让我们再将目光转向一个执着于工作流程的行业——燃料化工型炼油厂。炼油厂中若发生事故，其后果不堪设想，因此，操作员万万不可出现失误。为了实现此目的，即使令工作变的枯燥、机械也无不可。美国职业安全与健康署制订了严格的法令，要求工厂必须记录其工作流程。正因如此，多数工厂甚至会雇佣专职的记录人，其职责主要是及时更新工作流程信息。

人力资源专家格雷格·杰米森和克里斯·米勒曾经开展过一项研究，试图分析这些工作流程的实际应用。他们的目标是理解所谓的"工作流程文化"。他们在四家燃料化工型炼油厂开展了实地观察及访谈。

他们发现，被进行研究的组织之所以重视工作流程，主要包括以下几个原因：作为一种指导方针；作为遵循职业安全与健康署规定的一种方式；作为一种训练工具；作为巩固工厂优良工作传统的一种方式；为了传承专业知识以及作为储存公司记忆的一种方式。

工厂对于工作流程遭到违背的忍耐程度有所差异。在某些工厂里，任何偏离正常工作流程的做法都会被完全禁止。在其他工厂里，只要结果令人满意，那么即使是违背流程的做法也可得到原谅。在某些工厂中，如果有人发现了更合理的工作方法，他将饱受尊敬。而在另外一些工厂中，工作流程则完全被忽略，完全无关紧要。

杰米森和米勒发现，一方面，工厂希望确保工作流程的全面而完整，另一方面，在现实条件下，工作流程却无一例外是不完整的，而且对于情境的敏感度极高，工厂必须要在这两方面之间获得平衡。同样，工厂还必须确定应该赋予操控员多大程度的自主性。操控员所拥有的自主性越高，他的同事就越难预料其行为反应，因此也就越难与其进行合作。

　　该研究的关键发现是：采用工作流程途径存在其局限性。秉持工作流程、及时更新并且及时作出调整所付出的代价不可轻忽。即便工厂花费巨资更新其工作流程，操作员通常仍然认为这些流程是过时的，这也就使得他们失去了忠实遵循流程的动力。在几乎所有杰米森和米勒调查的工厂中，工作流程基本上都很少被加以遵守。操作员们或者对工作流程信心不足，或者认为自己已经理解了流程背后的原理。当然了，这里面还存在的一个问题：没有任何工作流程足够做到面面俱到的。

　　工作流程具备特定的功能，但它们无法成为专业知识或者直觉的替代品。人类需要直觉来解读特定情境下的工作流程，也需要直觉来判断在面对模糊情况时应该运用哪些工作流程。倘若公司采取教条主义的方式遵循工作流程，那么，操作员的首创意识或将深受抑制。在操作员所学习的工作流程中，并没有涵盖诸多紧急情况和异常现象，如果一味因循守旧，就会出现严重的问题。

如何运用直觉调整计划

　　在某些情境下，个体或者团队进行调整的能力必须提升。为此可遵循以下步骤。

　　准备开展调整。个体对于调整的姿态是非常重要的，关乎你是否能够灵活地处理问题。你对于随机应变持开放心态吗，抑或你一味秉持既定计划呢？当风险程度提升时，直觉将向你作出提示，促使你更加警觉，借此合理调配自己的注意力。

　　计划制订者经常会作出免责声明："不应该爱上自己的计划。"不过，人类当然会理所当然地爱上自己的计划——它们是我们的创作物。计划若被更改，大多数计划制订者都会感到痛苦而且受挫。尽管如此，个体若不主动地去寻找负面信息，就会错失问题的早期征兆，亦将错失作出变革的时间窗口。计划制订完成之后，你和你的团队对于计划的变动持何种程度的开放姿态呢?

搜寻问题的早期征兆。直觉能够帮助你更加迅速地识别出问题所在,让你认识到自己的行动无法达成既定的目标。你或许意识到,自己的错误界限过小,而且,你必须要做出一些改变。

做好修正目标的心理预期。这意味着改变子目标的优先级,或者是替换掉旧目标。这也是直觉决策的一部分。你的直觉——其基础是团队内的经验——在目标不再可行时,会向你提出警告。

抵制"沉没成本"效应。尽管你为了某一计划已经投入了大量的时间和精力,但是,在考虑今天和明天之后计划是否仍然可行时,过往的投入已经完全无关紧要了。可惜,绝大多数人都会被以往的投入所束缚,不愿意白白将其抛弃。有时候,我们还会逐步增加自己的投入,前一笔钱投进后虽然损失惨重,随之却又投入更多的钱,冀图于拯救原来的投资。在你苦心付出之后,却发现原来有更好的路可以走,可你能够洒脱地离开旧路吗?

某些人拒绝作出调整。他们已经形成了对自己行之有效的工作常规,没有意向作出改变。戴夫·勒曼过去是一名工程师,现在则是一名专职为陷入困境的公司排忧解难的专家。他发现,诸多高管和经理都会逐步摸索出一套行之有效的工作方案,在随后的职业生涯中,他们将一以贯之,不会反复地对其进行改动。他发现,工程师们对自己的技术水平深以为傲,他们会改变工作项目以适应自己的技术能力,而不会调整自身的技术层次以实现工作目标。

我的两位同事——汤姆·米勒与劳拉·米利特罗曾经参加过一次研讨会,会上,人工智能专家们纷纷抱怨了赞助者的不公正。人工智能专家已经掌握了所有的编程诀窍,但是在赞助者所制订的任务中却丝毫无用武之地。一位专家抱怨道:"他们应该给我们制订一些不同的任务,能够适应于我们的工作方法的任务,哪怕一次也行。"很多人点头表示赞同。这不就是所谓的目光闭塞吗?

其他人，如决策练习中的亚瑟，则是没有做好进行调整的准备。亚瑟并没有随时监控到可能出现的问题。他并不热衷于修订自己的工作目标。但是，若他过于担心自己蒙上"浪费资源"的污名，从而拒绝作出任何改变，那么，他难免会将受限于沉没成本效应的不利影响。事实上，从积极的角度来看，恰恰因为亚瑟知道工作的关键点在哪里，所以与其过度关注计划的调整，不如花费更多精力在不超预算地令产品及时上市。

与亚瑟相比，本书的读者反而已经掌握了相关工具，可以依赖自身的直觉制订出能够及时加以调整的计划。除了本节前文所提及的"调整计划"清单之外，读者还可以使用先前几节里所介绍的工具。

读者可进行"预演失败分析"（第七节），以探查计划当中是否存在任何问题的信号。

读者亦可填写"决策需求表格"（第四节），以确定自己是否已经做好了进行艰难决策的准备，譬如，注意到资源的消耗速度过快，或者分配给某一子任务的时间不足等。

为了提升自己的适应度，你可以设计并且实践若干"决策练习"（第四节）。不妨将它们视作瑜伽练习，借此保证自己的头脑更加灵活。通过这些决策练习，你可以亲身实践如何及时作出决策，你可以学会如何忽略那些已然过时的命令，你还可以学会如何运用自身的判断和直觉。

读者可以使用"决策评价"（第四节）来分析自己的适应度。竭力去思索在先前的工作项目中，你所遇到的真正阻碍包括哪些。

读者或许发现，由于自身无法作出调整，因此工作陷入了困境——你并不知道如何重新调整资产，你并不知道新任务将耗费多长时间，你也无法及时理解如何更改自己所拥有的资源。倘若类似的困境反复出现，这就说明你需要获得更加优秀的直觉。通过决策评价，你可以知道自己最初对于工作所费之时间、所需之精力的推测是否准确。如此一来，你就能够建构起相关的模式与行动方案，为计划的调整做好准备。

本书这一版块主要说明了个体利用直觉作出决策、发现问题、管理不确定性、理解情境、形成创造性的想法以及随机应变的不同方式。下一节将介绍一个案例研究，说明如何将上述内容结合起来并加以运用。

关键要点
调整计划：核查清单
• 该计划属于模块式抑或整合式？
• 修订目标的可能性有多大？
• 谋划者与实施者之间存在哪些联系？
• 是否能够轻松地通知他人作出变革？
• 是否能够轻松地探测到问题之所在？
• 权威是否得到集中？

·12·

塑造你的直觉

　　利亚·狄柏罗过去从来没有去过铸造厂，但是，穿上工作靴、戴上安全帽后，一踏入那间深陷财务危机的工厂车间，她的直觉就已经告诉她如何拯救这间铸造厂、使其免遭破产噩运了。

　　通过观察利亚的直觉来源于何处、利亚如何与铸造厂的经理们进行沟通以及利亚如何设计出相关工具去改变经理们的直觉，我们对于工作环境下直觉的认识将进一步得到提升。

　　起初，利亚将自己的直觉告知那十数名掌管工厂的经理时，他们无一不表示赞同，但同时也感觉进退两难。在过去三年间，公司每年都会损失三百万美元——整个公司年收入大约为六千万美元。他们的外债达到了八百万美元。银行已经决定取消该公司的抵押品赎回权，并且强烈要求提高抵押品的数量，企业所有人已经已经出售了自己价值三百万美元的房产。银行每个月都要再斟字酌句地审视结算单，并且提出的条件也日趋苛刻。铸造厂经理们殚精竭虑，可惜都无济于事。

绝望之中，铸造厂经理们践行了利亚的建议。不到一个月的时间，简单的几项变革，已经令工厂开始赢利了。在第三个月，公司的毛利率甚至已经达到了五十万美元之多。这不但一举打破了公司的生产记录，而且是在雇佣更少的小时工的前提下实现的。准时交货的比率从37%飙升至86%，而废金属比也下降了一半。

那么，利亚的直觉来自于何处呢？

铸造厂如何扭亏为盈

钢铁铸造厂所采用的工作步骤，与我们的老祖先在青铜器时代制造工具和装饰物时所遵循的流程几乎没有差异。一方面，制造好模具，之后，将融化的金属注入到开口中，任其冷却。接着，移除模具，留下的金属工具经过最终加工即可加以使用了。当然了，今天的铸造技术与青铜器时代相比已不可同日而语了。如今所使用的金属是铁，而非青铜；另一方面，制造模具的过程亦更加错综复杂。模具仍然由沙子制成，因为其熔点极高，但是沙子中所掺杂的化合物已经发展得相当成熟了。

几年之前，铸造厂还会经常制作各种各样的仪器设备，但是如今，廉价且轻便的塑料制品已成为订单的主角。现在，铸造厂所制造的产品必须是重型、耐磨损而且耐热的部件，具体包括推土机的发动机组、食品加工仪器（譬如一次可制造四万批曲奇饼的工业搅拌器）以及用于发电厂的压缩机部件（水泵，涡轮机外壳）等。

铸造厂还要面对与外国劳力市场进行竞争的巨大压力。其中一种应对方法，就是寻找更合理的模具制造方式。模具的细节越丰富，铸铁产品在增加部件或者用机器切割产品无用部件时所需要的焊接就越少。上述操作需要耗费时间和精力——而倘若模具能够降低这些操作的需求，则产品的成本即可降低。正因如此，模具制造才属于一门精细工艺。

美国有数百家企业从事这一工作，主要集中在中西部地区。联系利亚的这家公司在全美共开设有七家工厂。其中三家——全部处于同一位置——所遭受的损失最为惨重。

我还必须介绍一下利亚·狄柏罗的个人背景信息。她的博士论文主要探讨了"人类利用工具执行概念性任务的方式"。她尤其感兴趣于大型企业——耗费数百万美元——利用软件程序来安排运营以及保养的工作日程的方式。她职业生涯早期一个著名的成功案例是纽约运输系统。从那时开始，她就已经习惯于穿上工作靴和安全帽，去实地调查公交车及地铁保养工作中错综复杂的细节。至今为止，利亚及其同事从事相关工作已经达十年之久。在工业领域，大约70%的"材料需求计划"软件系统都被视作失败品然后退还给其开发者。利亚已经开展了二十多个关于复杂日程安排软件的工作项目，无一失败。如今，她供职于纽约城市大学，同时也开办了自己的公司——工作场所技术调研有限公司。

如何解决工厂亏损问题

自从1998年开始，该公司就处于亏损状态。至2000年年末，工厂所有者意识到，无论是自己还是工厂经理，都已无法将企业从恶化的漩涡当中拯救出来。公司曾经更换过领导层成员，聘请了管理技能更加卓越的新工厂经理。每隔几个月，他们就会更换工厂经理。但是结果毫无作用。

利亚解决企业难题的进度可以分为五个阶段：利亚初访工厂之前；2001年4月利亚初访工厂；2001年6月利亚第二次访问工厂；同年6月底准备变革措施以及2001年7月，运用该措施重新塑造工厂经理和工人的思维方式。

（一）**访问前**。起初，为该铸造厂所有者进行咨询的一位财务专家向利亚及其同事斯特林·张伯伦介绍了该公司的相关情况。早在听财务专家进行介绍时，利亚就已经怀疑问题并非源自于财务或者组织架构。利亚了解到，客户的投诉量呈直线上升之势——客户质疑工厂按时交货的能力，纷纷转投其他铸造厂。利亚知道，铸造厂通常根本就不愁没客户，如果说公司出现了亏损，那么罪魁祸首很有可能出现在经理们的执行上，与财务状况无关。

（二）**4月份利亚的初次访问**。根据公司安排，利亚于2001年4月份利用三天时间访问了五家铸造厂。走进第一家铸造厂仅仅几分钟的时间，利亚的直觉就已经知道哪里出现了问题。

一走进第一家工厂，利亚就发现，生产车间的布置要比她设想的还要令人困惑。车间内十分嘈杂，肮脏不堪，而且昏暗无光，她当时推测，铸造厂就应该是这个样子的。车间地板由混泥土筑成，但是上面布满了模制过程中所产生的碎屑。在车间内要时刻小心，以免被火灼伤。工人们首先会在模具外涂抹上溶剂，再使用火炬切割掉多余的部分，但是他们不会及时关掉火炬（何苦将时间浪费在反复开关火炬上呢？），往往随手将它们丢掷在碎屑上。有时候，融化的矿石会喷溅出来，工人们就任其燃烧，直至其自然冷却为止。利亚在车间内走路时只得小心翼翼，以免踩到火焰。她还必须要时刻小心头上是否有起重机，又是否有铲车。

与她所看到的事物相比，更重要的是她所**未曾**看到的事物。利亚吃惊地发现，工人无法借助任何可视化的工具知道自己下一步应该做什么。车间里的每个人都在自己的区域内开工。每个人都仅关注于自己手头上的任务，没有人会注意到身边人的工作状态。车间内没有任何可视化辅助工具，墙壁上也没有张贴任何图表。

利亚曾经考察过其他诸多生产企业和机构，与之相对比，这家铸造厂居然欠缺如此重要的工作架构，令她倍感震惊。她很想知道工人们是如何判断自己是否按时完工的，因此，她向相关人员索要了"按时完工比率表"。表格上仅仅列出了当时正在生产的物品。生产车间的表格**并未**提供任何关于产品交付日期的信息。利亚又向生产部门索要了进度报告。该报告中有一列专门说明了向客户承诺交货的日期。结果发现，报告上的某些物品在一个月甚至更早之前就已经到期了。那也就意味着铸造厂错过了最后期限！难怪客户会倍感受挫。

利亚询问了若干工人："你怎么判断自己应该生产什么呢？"结果被告知，工人们每周都会收到一份清单。她又询问清单上的物品按照什么顺序进行生产。结果被告知，根据工人手头上所拥有的材料，能生产什么就先生产什么。再一次，这段对话能够揭示出很多问题。工人们的脑海中根本就不存在任何"日程安排"或者"最后期限"。他们只不过是在制造模具，将融化的钢铁注入其中，制造出更多产品而已。

利亚又仔细审阅了每周发放的清单。显然，这是一份极其漫不经心的文件——她发现这份清单放在领班的桌子上，上面布满了灰尘。她又发现了一道谜题：尽管工人们所拥有的数据极其稀缺，但他们对自己仅有的数据并未予以足够的重视。

利亚又问车间里的几名工人："你干这份工作本质是为了什么？"结果令她大吃一惊。工人们意识到了工厂正处于危机之中，为了替公司分忧，他们甘愿下大力气，尽可能生产出更多的产品。对车间内的工人而言，其目标就是没有一刻清闲、时刻努力工作。他们并不关心自己生产了什么——他们认为生产出来的东西将来总会有所用处。为了对得起自己的薪水，他们必须要努力工作，快速工作。公司既然付钱给他们，他们就希望让这笔钱物有所值。

一名领班告诉利亚，他的工作就是每天制造五十套模具。而且他也实现了这个目标。的确，某些生产出来的模具并未包含在清单之内，但是，他手头的材料和工具经常不足，无法严格按照计划制造模具。他不愿在万事俱备之前无所事事地闲坐，因此，他宁愿忙碌起来，利用手头材料制造出更多的模具。

所谓的模具，是又大又黑的立方体——内部精密异常，融化的铁水需要注入其中。走在铸造厂内，利亚感觉自己恰如置身于雕塑公园当中。车间内到处是多种多样的模具，形状、尺寸各有不同。模具遍布各处，占据了工厂的绝大多数空间。譬如，用于制造推土机引擎部件的模具，就高1.8米、长2.4米、宽1.8米。为了标示模具的内部结构——亦即其所铸造的产品——工人们在每个模具上面都贴了一张5厘米见方的便利贴，并注明了样品编号。某些情况下，便利贴会被烧毁，这就导致工人们直到在铸造完成、打开模具之后，才知道自己制作的是什么。

在聆听工人们讲述自己如何制造模具时，利亚意识到，他们实际上正在进行心理模拟。他们会将自己想象成是在模具中流动的铁水。他们会想象着自己如何流动，如何冷却，又会如何被定形。模具制造者之所以能够成功进行上述联想，其原因在于自身积累出的丰富经验。

将问题细分

对于铸造厂经营状况不良的这一谜题，利亚已经能够一窥其中的奥妙所在。既然客户非常希望能够按时收货，而车间又全然不清楚铸造产品的最后期限，那么铸造厂怎么可能按时交货呢？工人们根本就无从知道自己应该制造什么、何时应该完工、应该铸造多少。虽然工厂每周都会下发一张清单，但是上面并未列举出完工期限，而且还完全被束之高阁。

铸造厂对时间限制也毫不敏感，这同样让利亚迷惑不解。她被告知，如果铸造件迟交，则公司必须支付赔偿款；更严重的情况下，不按时交货还可能导致对方取消订单。可惜，每周产品清单上的若干物品迟交已经达六周之久。客户纷纷抱怨铸造厂总是无法按时交货，先后转投他厂。客户之所以通过铸造的方式生产完整的产品，就是为了在下游组装时更加节省时间，借此也缩短了向**他们自己**的客户交货的时间。这完全是一个以时间为生命的行当。倘若铸造厂不按时交货，那么制造精密复杂的模具也就失去了其意义所在。客户通常都会同时向多家铸造厂下订单，假设某一家铸造厂延误了工期，则该厂的订单就会被取消，转移给其他工厂。与之相对比，倘若一家铸造厂能够达到100%的按时交货率，就可以提高其要价，降低赔偿款项，同时提升其订货量。时间的地位如此重要，这家铸造厂却居然没有设置任何像样的工作日程表。

利亚通过自己先前执行的工作项目积累了相当的经验，她知道，以下几个问题是非常关键的：内部客户和外部客户的货何时到期，哪些已经到期，制造量是多少以及应该满足多高的质量等级？时机并非总是最重要的。但是在这个案例中，时机却是至关重要的。

经过更多的调查之后，利亚发现了这家铸造厂之所以对时间如此不敏感的答案。过去，铸造厂也总是推迟交货，但是并没有哪个客户介意这个问题。尽管如此，三年之前，这种情况发生了改变。当时，以汽车为代表的各行业纷纷转用塑料部件，铸造厂为这些行业源源不断地生产产品的机会已经烟消云散。新的客户对于时间极其重视。譬如，那些生产用于建筑工地的推土机的工厂，必须按时交货。因为建筑工程在一年中可以启动的时间窗口很窄。铸造厂知道，世界已经发生了改变，可惜，为了解决自身面对的问题，他们所做的，就只是不停地雇佣新经理。

公司怎么做

工厂经理们感到自身的问题出在"执行"上，但是他们解决问题的方法仍然因循守旧：强力推动生产，或者提高制造量，以此达到按时交货的目的。他们不知道，如果工人们更加了解交货日程表的相关信息，将对生产大有裨益。对他们来说，工人们不需要提出问题，只要加班加点地工作即可。他们完全不理解，为什么自己在敦促工人们按时交货时，得到的回答永远是："我们已经到了极限。我们已经没办法再努力了。"这只会削减经理们对员工的认可程度。

（三）六月份利亚的第二次访问。六月份，利亚对工厂进行了第二次访问。同时来访的还有她的副手斯特林·张伯伦以及若干制订高级业务流程图的专家们。这些流程图能够说明铸造厂当前的运营状态，并且计算出生产过程中的成本高低。利亚组织了一次为期一天半的焦点小组，来填充这些流程图，参加者包括十名中层经理和车间经理。

流程图填好之后，工厂经理们在上面进行标记，指出自己所认为的工作瓶颈之所在。

他们都会标记出"成本问题"。他们解释说，销售代表的报价过低。利亚认为这种观点不值一哂。她认为真正的问题在于，制造模具的成本过高。若仅仅提高价格，而不加强执行力，那么客户的流失量将会更多。

他们还会标记出"按时交货"。但是，参加焦点小组的经理们并不清楚为什么工厂无论如何加班加点还是无法提高按时交货的概率。他们的心理模型与工人相同：倘若我们更加迅速地工作，我们就可以按时交货。

他们标记出了"无法及时检索到模具式样"。所谓的"式样"，即为制造模具的指南。工厂内一共有超过两千套模具式样，想找到一个恰当的不啻于大海捞针。但是，对利亚而言，这也并非是问题的关键所在。

他们还标记出了"材料不足"。那意味着没有专人负责监督工厂所预订的材料。

他们标记出了"模具制造过程"——他们感觉到现有的制造过程存在问题。但他们并不知道现在的工作流程有何纰漏，甚至并不确切地了解现有的工作流程包括哪些内容。

看着参加者们纷纷作出标记，利亚对于自己先前的直觉更加充满信心了，工厂之所以无法按时交货，其原因就在于工人们无从了解自己工作日程安排。经理们标记出来的问题全都属于这一模式。由于工厂无法准确地预测自身需求，因此材料供应就会显得不足。模具式样之所以难以搜索，正是因为工人们在最后一刻才开始寻找。其根源的问题在于，工人不知道自己什么时间应该做些什么。

不过，参加焦点小组的经理们并没有意识到，所有问题都属于同一个深层次症结的不同方面。他们能够正确地意识到包含于这一症结的若干关键问题，但却无法识别出它们所形成的统一模式。他们无一例外地被困在自己的办公室中，对于工厂所面临的问题感到百思而不得其解。他们根本没有踏足到车间去找寻答案。

焦点小组举办过程中，主持人问经理们为什么工厂会超支。他们的答案又是什么呢？"或许是因为我们的客户量太少了。如果客户量再多一些，我们就可以把所有产品都轻松地卖出去。"听到这句话，利亚意识到，即便是经理们，也受限于"尽可能制造出更多产品"的心理模式，就算没有客户下订单亦仍然如此，他们认为，总有一天这些产品会被客户预订走的，这会让他们稍感欣慰。这不啻为一种荒唐可笑的工作方式。

所以，这些额外的、无用的东西——内核和模具——就被放在那里。有时候，经理们突然想起他们已经制造过客户预订的产品了；有时候，他们根本就想不起来。他们就任由这些内核与模具满满地堆放在工厂的储存区域——不得不说这的确是一家大工厂。模具或许摆放了四五层，要用起重机才能拿出最下面的一层。有时候，更加轻松省力的方法反而是制造出新模具。

经理们并没有意识到这样无休止地制造无用产品所带来的问题。他们认为，只要每个人都努力工作，问题就可以得到解决。除此之外，他们也不愿意看到员工们无所事事。让工人们再制造出已经完成的模具的复制品，对工厂而言似乎并无损失。不仅如此，经理们亦并没有意识到这些毫无用处的产品的数量之多。

在焦点小组进行期间，利亚抽空又去了几次车间。走访期间，利亚更加坚定了自己的信念，工人们必须要了解自己的工作日程安排。同时，她也形成了关于"日程安排中应该包含哪些内容"的思路。

返回到焦点小组，看到流程图，她又进一步坚定了自己的想法。工厂每铸造一磅零部件，要花费1.09美元，可是在售价方面，每磅则仅有98美分。仅此一项，就令工厂每年要损失至少三百万美元。

不仅如此，流程图还显示，为了应对紧急交货，公司也付出了惨痛的代价。在百分之四十的工时上，他们都要付出"浪费时间"和"加班率高达50%"的代价。心急的客户会要求工厂立刻铸造出产品，因为这是他们亟需的部件。这样的要求，会严重打乱工厂内其他正常的生产流程。但是在此之前，从来没有人衡量过他们所采取的做法的代价。

扭亏为盈的关键

因此，利亚制作了一份"铸造日程"报告，员工每天都应该阅读这些报告，以回答下列问题。

　　　　　　　1. 什么时候应该将产品交给客户？

　　　　　　　2. 什么时候必须将产品清洗干净？

　　　　　　　3. 什么时候必须要将产品运送到中央走廊上做最后的

准备？

　　　　　　　4. 何时应该进行灌注？

　　　　　　　5. 模具的交货日期是哪天？

　　　　　　　6. 内核的交货日期是哪天？

　　　　　　　7. 机床安装的截止日期是哪天？

　　　　　　　8. 模具式样是否可以随时使用并且放置于其储存槽中？

　　　　　　　9. 制造内核及模具所需的材料是否充分？

对于利亚和斯特林所制订的这份"铸造日程"报告，焦点小组的经理们的反应相当激烈。他们对其不以为然。他们认为报告毫无必要，脱离实际，而且毫无用处。按照他们的观点，该报告之所以毫无必要，其原因在于工人们只要完成自己的职责就好，不需要去关心其他人在干什么（利亚知道这个观点并不正确。为了实现严密的组织协调和日程安排，工人们必须随时跟踪他人的工作进度，并及时作出调整）。该报告之所以脱离实际，原因在于铸造厂无法提供报告中的全部数据（利亚认为工厂可以提供绝大部分数据，也可以精准地预测出其他数据）。经理们还指出，如此细致入微的报告，行数这么多，而且每行或许多达136个单词，实在不易于阅读（利亚和斯特林知道，只要工人们了解到这份报告的重要性，他们就会认真阅读）。该报告之所以毫无用处，原因在于它无法促使工人们更加努力地工作（当然，利亚认为经理们的心理模型存在谬误，"更加努力地工作"并不应该成为大家孜孜以求的目标。工人们所需要的不是工作压力，而是更加明确的指导）。

铸造厂经理们并不认同"铸造日程"报告的理念，而且坚持认为工厂真正需要的是，针对每一个岗位都制订出详细的指导清单。

对于经理们的反应，利亚和斯特林并不感到意外。他们不止一次地发现经理们普遍对自己的工人缺乏信心，尤其会质疑工人们从事概念性任务——譬如阅读复杂的日程安排表——的能力。因此，尽管铸造厂经理们对报告加以抵制，利亚的决心亦并无动摇。她的直觉是，这种抵制她之前曾经经历过，而且这种态度本身就属于问题的一部分。

这时候，轮到斯特林出场了。他解释道，针对不同的岗位制订详细的指导清单将花费大量的时间（其实，斯特林十分清楚，这一说法并不完全符合事实）。机不可失，时不再来。"铸造日程"报告非常简洁明了，只需几天就可以付诸实践。考虑到公司目前所面临的窘境，经理们最终屈服了。

（四）设计干预方案。在第二次访问之后，利亚和斯特林返回到圣地亚哥，思考如何开展下一步工作。他们有五天的时间，二〇〇一年六月二十五至二十九日，来设计出一份干预方案。

利亚与斯特林的思路是，设计出一种模拟练习或者模拟游戏，要求公司的员工们以小组方式进行合作，切实地制造或者组装起具体的实物。可以参照的示例包括：对于公共汽车维修，模拟游戏就是在迷你公共汽车上进行练习；对于冰箱组装，模拟游戏就是举办工作坊，参加者需要组装起微型的冰箱。那么，对于铸造厂，利亚和斯特林应该设计出何种类型的模拟练习呢？

首先，利亚和斯特林知道，他们必须要让铸造厂理解"按时交货"的含义和要求。"按时交货"与"加快工作进度"并不完全相同。前者意味着要按照承诺的时间出货。

其次，利亚和斯特林确信，铸造厂工人必须能够阅读到"铸造日程"报告，即便经理们认为这样做既不合适亦无必要。

虽然经理们并不信任工人的学习能力和计划能力，利亚在六月份的访问中却曾经亲眼见证过工人们在车间内的状态。她的直觉认为，工人们可以很好地利用"铸造日程"报告。

利亚的直觉是，不论他们要设计什么样的模拟游戏，都必须要以铸模为中心。整间工厂内都堆满了模具，所以，利亚感到，如果游戏以模具为中心，那么铸造厂工人们会更加有代入感，亦可理解如何将游戏的精髓带回到实际工作中。"游戏的参与者必须要制造模具。"利亚对斯特林说。斯特林反驳道："在小型的模拟游戏中，设置模具制造的场景实在太不现实。"利亚却毫不动摇，她坚称："游戏的参与者**必须**要制造模具。"

接下来的几天，利亚、斯特林和他们的团队测试了不同种类的材料、烧瓶和浇注罐，并且设计出了一套桌面模具练习工具。他们列举出了所有需要进行铸造的模具清单，并且总结出了客户到期日列表。他们设置了一系列金融参数，与铸造厂在现实世界中所面临的情况保持一致。他们还设置了售卖价格与迟交货时的罚款金额。根据他们设定的规则，只要参与者相互协调、精心计划，并且及时作出调整，就可以确保铸造厂盈利。

（五）**七月份，改变心理模型**。干预工作一共进行了三天，从二〇〇一年七月二十四日至七月二十六日。第一天，铸造厂经理们和关键员工本来想单独组成一个小组——但是利亚和斯特林认为，应该让车间工人负责计划、销售和预算制订，经理们则需要负责模具制造，这样更加有趣，因为双方都可以进一步了解对方的工作状态。

他们进行了模拟练习——结果一塌糊涂。不论众人如何努力，还是无法避免亏损的结果。工人们感到自己的老板很可悲。经理们只会往死里催促员工，命令他们制造越来越多的模具。为了弥补差额，团队只好接受"特殊订单"——下单时间较晚但是价格较高的订单，紧急生产"追加产品"。接下这样的订单后，其他所有生产线都将会受到不利影响。整个团队一直都处于匆匆忙忙的状态下，只能对陆续出现的新情况草率应对。这和铸造厂的现实情况完全一样。练习结束的时候，所有人都感到筋疲力尽，铸造厂人员的士气亦倍受打击。利亚向团队总结了练习情况，她指出，正是因为员工们没有重视内部交货的截止日期，练习结果才如此糟糕。她还比较了铸造厂实际表现水平与理想表现水平之间的对比反馈曲线，借此清晰地显示出由于工厂不按时交货所承受的巨大损失。

团队成员开始互相交谈，探讨如何才能提升工作业绩。首先，他们开始协调每个人的工作日程安排。其中一人会询问道："你什么时候需要这些内核？"当听到对方回答说"真正交货日期之前的几天"时，他的反应是："真希望我早点知道这个情况。"

第二天用来进行商业周期图的下一项内容。这一次的主题集中在游戏中所使用的商业流程上。团队成员们成功地制订了一套使员工之间更加协调的解决方案，也就是对利亚和斯特林先前所提供的"铸造日程"报告进行改造。这就是利亚和斯特林的工作诀窍。他们不会强迫一个团队去放弃旧有的心理模型并采纳新模型。相反，他们会通过模拟游戏及后续评述来帮助企业认识到过去的心理模型为何效果不佳，并且积极主动地去尝试新的模型。

第三天主要用于介绍"铸造日程"报告，并且会通过一次新的迷你模具制造练习来将报告的思想付诸实践。

最后，整个团队都被自己优异的表现震惊到了。与第一天的大幅亏损相比，这次的利润幅度达到了20%。按时交货率达到了100%。不仅如此，与原本的工作日程安排相比，现在还增加了50%的额外订单。同时，公司还拥有了充裕的时间去革新模具制造过程，尝试出人意料的创新策略，借此提升生产进度。

练习参与者返回到铸造厂之后，不仅全部成为了"铸造日程"报告的忠实信徒，而且完全笃信按时交货的极端重要性。虽然没有达到模拟游戏中20%的利润幅度，但是6.8%的利润幅度已经足以说服银行减缓催款，亦远高于铸造行业2%的平均利润幅度。自此开始，铸造厂就一直处于盈利状态。

此外，废金属比亦从12%降低到了6%。其原因在于，工厂现在的工作进度没有加快，反而放缓了。他们现在更加小心谨慎，因为他们无需头脑发热不停地生产无用的模具。同时，他们也不再存储任何无用的模具，以免其受到破坏和损伤。废金属比每下降1%，工厂每天就可节省五千美元。在此之前，从来没有人能够认识到这一点。

如今，他们已经很难重返"尽可能制造更多模具"的旧有心理模型了。倘若"铸造日程"报告被拿走，他们会拒绝开工。他们会问："没有报告我们还怎么开工呀？"原话如此。

THE POWER
OF INTUITION

第三章

如何保护你的直觉

INTUITION
WAYS TO
SAFEGUARD IT

13

执行意图：如何传达你的直觉

● **决策练习八　采取立场**

　　假如你是IMPART——一家制造精密零件的公司——某一部门的主管。你的一位重要客户，卡拉巴什工业的乔治·约翰逊已经有一段时间未曾付款了——最早的账单甚至可以追溯到六个月之前。你的上级经理詹妮弗，告诉你她已经失去了耐心，如果卡拉巴什不将款项付清，她就不会再继续供货。在与瓦尔特——一位同行——聊天时，你发现，乔治同样已经有好几个月未向瓦尔特的公司支付款项了。不止如此，瓦尔特还说，他知道还有另外两家公司遭遇到了同样的情况。

　　你和瓦尔特决定展示一些"强力"。你们两人都会要求到乔治的办公室进行会面，同时还包括两名来自其他两家公司的代表。这将只是一次债权人的会议，暂时还不会让律师牵涉其中。你们将会提出一份偿还日程表，要求对方在三个月之内将所有账单还清，同时在这段期限内按期进行分期付款。如果乔治不同意，你们就会发起集体诉讼。你们不会再向卡拉巴什提供任何部件（此处你们的筹码更多，因为你知道乔治既要依赖于你们公司的零件，还要依赖于瓦尔特公司的零件），而且你们在未来的工作项目中都会冻结卡拉巴什公司。

你向詹妮弗报告了会议安排。"很好，"她评价道，"一定要签订书面协议，一份书面的偿还日程安排表，还有不遵守合约的赔偿金。"那么，詹妮弗这句话的意思是：

（一）她更看重于收到货款，并不愿意与一家不可靠的客户继续做生意。

（二）至关紧要的是要签署一份具有法律约束力的文件，借此避免反反复复的软硬兼施，即便在偿还金额上作出妥协亦在所不惜。

（三）这家客户令本公司倍感痛苦，她希望客户受到羞辱。

（四）对这家客户的态度要强硬，但是不能影响与该公司其他部门之间的关系。

（五）她非常满意于你没有让问题继续恶化，而是及时采取了行动。

你认为哪种解读方式最为恰当？请用两分钟的时间来斟酌自己的观点。

什么？很困难吗？詹妮弗的意图极其不明朗，对吗？

这时候，该轮到直觉上场了。如果你曾经与詹妮弗共事多年，那么就能够了解到她的真实想法。你们两个人所掌握的背景信息相同。某种程度上，你感到自己可以阅读她的心灵——亦即关于她内心所愿的直觉。与之相比，一名新员工则很难从上述五个选项之中作出正确的选择。詹妮弗的言语含混不清，你需要共通的背景信息——直觉——去译解她的用意。

现在，我们开始进入练习的下一个阶段：

如果乔治作出下列提议，你会接受其中哪一个？

- 我们刚刚签署了一份新的工作项目，我会让你们公司也从中分一杯羹。

- 你们所负责的工作项目比例将多于我所亏欠你的金额。

- 今天我会支付70%的款项，马上支付，但就此为止了。

- 我会把所有的钱都还给你，但是还需要半年的时间。

- 现在我会还给你一半钱，另一半三个月之后还。但是我不会签署书面协议——我们不希望影响到本公司的信用评级。

本决策练习的第一部分，要求读者描述詹妮弗的意图。之所以这样做，是因为意图描述是指导个体管理不确定性的一种方式。倘若你不知道詹妮弗希望你做什么，你就无法恰当地回应乔治的提议。而倘若你是詹妮弗，那么你就无形间增加了下属工作的难度，因为你没有明确解释清楚自己的意图——你无法将自己的直觉转译成为直观的言语。

运用直觉决策的难点之一，就是如何清晰地表述出自己的直觉内容。重大的决策作出之后却无法付诸实践，亦属徒劳无功。这个问题是双向的：一方面，我们要将自己的意图传递给下属；另一方面，我们还要尽力去解读上级指示的意图。

我们需要找出"将意图清晰地传达给下属"的方式。倘若他们无法理解我们直觉背后的深层原因，就无法恰当地应对意外的问题和情况。正因如此，读者才很难在决策练习的第二阶段确定应该如何回应乔治。

而当我们从他人处——譬如决策练习中的詹妮弗——**接受到**指令或者意图时，我们必须要一窥该人言语之外蕴含的深意。

以下是一个常见情景：你参加了一个会议，主管说明了自己想要什么。围坐在桌子旁边的人纷纷点头，包括你在内。主管看起来非常满意。散会后，大家陆续走出会场，回头瞥到主管不在附近，于是众人纷纷问道："我们到底应该做什么呀？"

即便主管当时所说的话语非常清晰，一段时间之后，你才意识到，其中包含着巨大的模糊性。你当时误以为自己知道主管想要什么，但是随着你卷入到相关的工作项目之中，你才发现，有很多问题自己其实是应该尽早向上级请教的。本书第四节中的决策练习——"按照董事会要求谨慎地选择软件"就是一个生动的案例，倘若个体并不十分清楚自己应该实现什么目标，就只能擅自行事。

再次重申，如果意图没有得到清晰的表述，那么上下双方的直觉都将受到影响。如果你指派他人执行一项任务，但却没有清楚地表述该任务的愿景或者目的，那么直觉决策的效果亦将大打折扣。更糟糕的是，你还可能会损害被指派人的直觉。你需要赋予下属高效而灵活地处理各种情况的能力。他们越困惑于工作的目的，就越难以运用自身的直觉。

假如上级的意图表达不清，那么即便是简单的任务布置，其他人对于命令的解读也往往会让上级大吃一惊。

● 示例二十二 掩护火力

1993年，洛杉矶陪审团宣布殴打罗德尼·金的警察无罪。消息传出之后，洛杉矶爆发了骚乱。为应对紧张的局势，陆军国民警卫队奉命前来协助洛杉矶警察局、加利福尼亚高速公路巡警以及洛杉矶郡治安局的工作。

在一次执行任务的过程中，执法人员判定犯罪分子躲藏在了一座建筑物内。最后的决策是各部队突袭该建筑物。郡治安局将冲击建筑物，并强行进入。国民警卫队从旁进行支援，负责提供掩护。各方对于此计划都表示完全同意。

郡治安局的人马做好了攻击的准备。在发动攻势之前，他们向国民警卫队做出手势，说明时机已到——他们将会强行进入。

随即，国民警卫队就开始使用自动化武器扫射该建筑物的所有窗户和门。

郡治安局目瞪口呆，马上宣布暂停行动。双方迅速挤成一团。结果发现，"掩护"这个词对郡治安局（防备敌人突然出现，如果敌方有威胁行为，迅速击毙）和部队（进攻部队发动攻势时，击毙敌人）而言，其意义存在差异。

为了避免上述示例中出现的混乱局面，应对之策就是各方共同协作、共同演习，直至达到言语、术语、概念及例行程序都获得一致理解的程度。这些共通的经验，将帮助团队成员构建起关于他人真实意图的直觉。

尽管如此，即使拥有了共通的经验，但若个体无法清楚地将直觉表述出来，其工作效果亦将大受影响，如示例二十三所示。

● 示例二十三　为什么他那样做

劳伦斯·沙图克上校（现就职于西点军校，担任美国军事学院行为科学与领导力系的主任）曾就读于俄亥俄州立大学，在其博士论文中，他开展了关于意图沟通的实验。作为一名陆军军官，沙图克重点关注的是军官如何沟通并且解读意图。在制订军事行动方案时，军方会加入一个部分，叫作"指挥官意图"说明，用于解释整个计划的目的。

沙图克收集了一系列旅一级的命令，并获得批准，调动了四个营来参与自己的研究。在每一个营中，沙图克都会将旅一级的命令传达给营指挥官，并作出如下指示：试想，你从旅一级的指挥官处收到了这些命令，请将这些命令传达给你的下属。沙图克要求营指挥官以书面和口头方式，将命令及自身意图下达给连指挥官。

对每一个营，沙图克都研究了经过营指挥官修订的计划，并且设置了意料之外但是完全可能会发生的事件，这些事件足以令行动偏离正轨。之后，他又单独访谈了各连级指挥官。

沙图克会突然要求连队指挥官设想发生了意外事件。他提出的问题是："倘若发生了这件事，你认为自己的营指挥官希望你如何进行应对？"沙图克还将连队指挥官的回答过程录下影像。对每一个营的全部三个连队，沙图克皆重复了上述过程。

在此之后，沙图克再次访谈了营指挥官，并且令他们设想同样的意外事件，但是提出的问题是反向的："倘若发生了这件事，基于你描述自身意图的方式，你希望自己麾下连队指挥官如何进行应对？"在写下营指挥官的答案之后，沙图克亮出了自己的王牌——他展示了连队指挥官回答问题的录像片段。

听到自己麾下连队指挥官的回答内容之后，营指挥官的典型反应是："他们为什么要这么做呢？"事实上，连队指挥官的做法符合营指挥官预期的情况所占比率仅有34%。而当沙图克将营指挥官的期待告知给连队指挥官时，他们的典型反应则是："他们凭什么认为我们能够理解这些想法啊？"

上述事例表明，仅仅构建起共同的经验，尚不足以强化个体凭直觉感知到他人意图的能力。

不过，通过一系列技巧的学习，个体能够更加高效地沟通直觉决策背后的原因。首先，我认为，当务之急就是要明确"执行意图"的概念及其重要性。

让对方明白你的目标

所谓"执行意图"，亦即个体在要求他人执行任务时，所希望达成的目标。执行意图这一概念来源于"指挥官意图"——这是战斗计划中所包含的一个重要部分。军事领导者非常清楚，假设下属不明白计划的真正目标，那么既定的计划就很容易走形。尽管"清晰地描述意图"在商业领域同样不可或缺，但却未曾受到与军事领域内同等程度的关注。

倘若你仅仅告诉下属应该做什么，却未说明这样做的原因，那么，虽然工作部署变得更加简单，但计划的不稳定程度也难免大幅增加。之所以要告诉下属工作背后的原因，就是为了培养他们的独立性，提升他们随机应变的能力。如果下属并不理解上级意图，那么在发生意外情况时，既定计划很有可能就被抛诸脑后，因为他们并不了解应该如何恰当地进行调整。他们无法在多个目标之间进行权衡。这一点非常重要，因为日常工作中某一时刻仅仅存在一个活跃目标的情况简直凤毛麟角。在同时存在诸多目标的情况下，不同目标之间经常发生冲突。我们不得不找出通过权衡解决上述冲突的方式。下属越能体会上级意图，就越能够轻松地按照上级的预期去解决目标之间的冲突。

理解了上级的意图之后，下属在面对意外情况时，无须等待命令，即可展开行动。理解上级意图的下属，能够及时抓住机遇，实现上级的目标——虽然这些目标并未出现在既定计划中。这样的下属能够分清轻重缓急，并可在权衡利弊后作出决策。他们有能力运用自己的直觉，不至于被限制在计划所规定的工作流程和步骤当中。

不止如此，当下属发现上级所作出的假定存在疏漏时，他们会及时进行沟通和对质，不至于愚蠢无脑地盲目执行任务。

以下是联合信号公司设定的1996年度的首要企业目标：

- *将客户满意度作为我们的第一要务；*
- *通过整合世界一流的工序，促进企业成长，推动生产力提升；*
- *确保公司践行所有的承诺，包括净收益与现金流。*

联合信号公司声称，客户满意度是其第一要务。那究竟是什么意思？经理们如何判断公司是否实现了这一目标呢？客户满意度应由公司投入的多少来衡量，抑或由投资结果来衡量呢？满意度取决于公司所收到的投诉数量吗？取决于公司邮寄出去的客户满意度测评卡片的结果吗？客户满意度可以经由抽取小部分消费者样本进行电话访谈而测量吗？高级经理能够从员工与客户的互动过程中一窥其端倪吗？

从本书第十节可知，对于绝大多数的工作项目，其目标界定都是不完整的。假如真正开始行动之前，必欲对目标进行完美地界定，那么我们就难免停滞不前。为了避免这种情况出现，我们只能尽己所能地描述目标，在实际工作中对其进行澄清。

回到客户满意度这一话题。让我们假设，你，和公司一样，希望将客户满意度作为首要目标。但是，你并不能够明确地表述其具体含义。这时候，你首先可以告诉员工，公司需要对不满意顾客所提出的问题迅速作出回应，而且，倘若公司不及时作出变革，那么消费者忠诚度就会降低，最终将导致企业利润受损。整体的目标是令消费者相信公司非常在意他们对于服务是否满意，并令他们感到自己受到了公正而尊重的对待。你虽然无法精确地定义目标，但应该将其作为终极追求。如果有下属提出问题，你则可以举出正面及反面示例。

即便目标并不精确，只要你能够将下属的波长调整至与自己相同，众人齐心合力，那么，当紧急情况出现时，你们即可更加从容地随机应变。

高效说话术：传达丰富的有效信息

陈述自己的目标时，应该提供有意义的信息。这意味着必须避免索然无味的口号式话语。向下属陈述自身意图时，必须要说明自己希望达成的工作结果（如果你能够描述出来），你尽力去避免或者解决的问题，抑或你希望作出的改进之处。

以下是推测你所陈述的意图是否有效的一种方法：你可以自问，是否会出现其他结果，而且这些结果并非你所乐见的。如果你无法设想出其他任何结果，那么你实际上没有为下属提供任何有用的信息。恰如一名足球教练告诉自己的队员他希望赢得下一场比赛一样，他实际上并没有提供任何新鲜的资讯。

本节起始部分的决策练习——"采取立场"，就生动地描述出在信息匮乏的前提下将出现哪些情况。詹妮弗经理所说的话看似是一句命令："一定要签订书面协议，一份书面的偿还日程表，还有不遵守合约的赔偿金。"可惜，我们却能够感到这句话是多么的模糊不清。她的言语表面看起来似乎十分明确，但却并没有降低下属所感受到的不确定性——那只不过是激励下属的语句而已。

信息的决定性特征就在于它能够降低不确定性。倘若我只是说自己希望公司本年实现盈利，那并没有提供多么丰富的信息。那么我还应该做什么呢？想要将自己的话升级到成为信息的层次，那其中就必须要包含我所力图拒绝的、合理的替代性立场。所谓的"客户满意度是我的第一要务"只能算是公关辞令，并非信息。

与之相对比，如果我说："客户满意度需要得到提升，我愿意用0.5%的利润率换来客户满意度提升10%。"那才可称之为信息。倘若我无法说明自己为了提升客户满意度所甘愿承担的代价，那么我就只是在说一堆废话而已。太多的意图表述事实上不过仅仅是鼓舞士气的演讲。它们竖起大旗，声称要让公司成为"第一名"、"跻身世界一流"、"将质量作为首要之务"——可惜，这一切都毫无意义。

简明扼要的表达意图

为了令执行意图发挥效力，你必须要对任务作出简短的描述，并且说明任务的重要性。

卡尔·维克，现就职于密西根大学商学院，曾经制订过一份下达命令的方案：

这是我认为我们所面对的情况。

这是我认为我们所应该采取的行动。

这是个中原因。

这是我们应该多加留意的地方。

现在，请与我沟通。

我将维克的观点总结归纳为一个首字母缩略语：STICC，即**情境、任务、意图、关注**，以及**校准**。

情境（这是我认为我们所面对的情况）。描述那些促使你采取行动的事件或者事态变化，如此一来，每个人都会使用同样的方式去看待问题。如果大家观点不一，那么你就需要静下心来思考个中原因。你对于情境的描述一定要能够"抓住"下属的注意力。必须要让他们意识到为什么双方之间的沟通是必要的。你要告诉自己的听众为什么他们需要集中注意力，告诉他们为什么你所讲的内容对他们而言十分重要。

任务（这是我认为我们所应该采取的行动）。这部分内容在起始阶段应该十分简短。一旦众人看清了全局情势并且了解到你的意图之后，你就可以再进一步进行详细解释。

意图（这是个中原因）。你需要向下属解释他们执行某项任务背后的原因何在。如果你心中对于最终的工作结果有所设想，那就要明确地表达出来。这种意图与情境描述不同——它关注的是任务的目的，也就是你希望解析情境的方式。

关注（这是我们应该多加留意的地方）。这并非一个强制性的步骤。当然，你最好要告诉自己的下属，他们应该更加审慎地注意哪些地方。你应该讲清任务中比较棘手的部分，让自己的团队做好准备。

校准（现在，请与我沟通）。这一步比较关键：当下属心生疑虑时，必须要能够随时找到你。如此，他们方可更加深入地理解自身的角色。

● 示例二十四　使用STICC

周五深夜，我在一座小机场租赁了一辆汽车。上路之后，我就发现那辆车会发出嘈杂声，令人心神不宁。接下来几天我都需要开车，但是这辆车的状况实在是太差。之后我突然想到，所幸，周日下午我要送一个人去同一家机场，到时我就可以换一辆车况较好的车了。

我给机场打了电话，在接二连三的语音信箱之后，竟然被转接到了紧急道路运营部。这并不符合我的心意。我又打了一通电话，并且解释说是我租的车出现了问题。再一次，我被转接到了紧急道路运营部。我又打了第三通电话，并且告诉客服代表，我在该机场租了一辆车，但是车子性能存在问题。结果，我又被转接到了紧急道路运营部。万般无奈之下，该轮到STICC出场了。

我最后一次给机场租车柜台打了一通电话。这一次，我说道：

● 下午两点左右，我要去你们柜台换一辆车租用。（情境）

● 到那之后，我希望你们准备好相关手续和文件以及一辆新车。（任务）

● 因为我希望能够尽可能迅速而顺利地更换旧车。（意图）

● 如果到时候在柜台值班的是其他人，我希望他不要对此一问三不知。（关注）

● 你还有什么问题吗？（校准）

这次的对话既简短又令人愉悦。周日当天，我非常顺利地就换到了新车。

示例二十四显示，STICC除了可以用于制订长期计划，还可提升日常交往的质量。

请注意，在示例中，关键之处在于我从一开始就描述了汽车出租公司员工即将面对的情境以及为什么这一情境至关重要，而没有一味执着于我所面对的难题。而且，我还表明了自己的意图，说明了为什么我希望客户代表将一切手续都准备好。我并没有解释自己为什么要更换汽车。车辆的噪音问题与接电话的职员无关，只有在我抵达机场后，才有必要跟那里的职员说清楚事情的来龙去脉。噪音问题与我所要求的服务——在我到达之前准备好所有手续和文件之间并不存在联系。

沟通意图还有一个窍门，那就是灵活运用"反向目标"——亦即你所不希望出现的事物。在换车这一示例中，我就可以使用反向目标的形式表达自身的意图："我不希望自己等太长时间。"当时我的确在"关注"这一部分内包含了反向目标："我希望他不要对此一问三不知。"

STICC的第五个成分——"校准"能够确保大家对问题的认识保持同步，并且提供了一个提出意见和建议的机会。采取何种方式进行校准是至关重要的。我就曾经观察到一种现象，某人在提出"大家还有什么问题吗"的一秒钟之后，就马上开始讨论其他事项。如果你真心希望自己得到反馈，那么就要给他人留出一点时间，注视他人，以此显示出你的诚意。要假设其他人并不确定自己应该做什么，然后询问他们："大家还有什么问题吗？"鼓励大家作出回应。人们在听到某项指令或者命令之后，由于明白每一个字词的意思，所以往往无法更进一步，去为可能出现的困惑做准备。在STICC的校准阶段，你需要尽力将下属从被动的聆听者转化为主动的聆听者。你要让他们去想象如何执行你的意图。

为了确保校准的实效，你还可更进一步。利用简短的预演失败策略去了解下属的想法。

请容许我再次着力强调一下这个建议：如果你要率领团队完成一项重要的任务，那么，拿出额外的时间，针对任务和意图开展预演失败分析是完全有所价值的。给每个人几分钟的时间，令他们写下自己可能会感到困惑或者处理不好上级意图的情况。之后，再以他们的反馈为基础，强化你对自身意图的陈述。工作开展之初，这小小的投资，将为未来的工作省下许许多多的时间、许许多多的会议。

我在传授执行意图概念的工作坊中，亦会加入预演失败练习的相关内容。我会将参与者划分成若干小组，请组员轮流发表其意图陈述。他们所表达的意图和布置的工作都是真实不虚的，是自己在回到工作岗位之后必须完成的任务。其他成员则须进行预演失败练习。大家在作出反馈之后，需要共同讨论如何制订出一份更加合理的意图陈述。

预演失败练习不仅能够帮助参与者表达自身的要求，同时也给参与者提供了一个培训的机会。

在一个类似的工作坊中，执行意图陈述来自于内部培训的负责人，她希望找到一份培训公司的清单，来为本公司提供复训。

情境：她准备启动新一轮的培训。

任务：她会指派自己的团队分别负责不同的区域，考察各区域的培训公司，并且制订出一份可为本公司提供这项服务的企业清单。

意图：为本公司位于各地区的技术人员进行复训。

关注：她坦承她也不知道自己需要什么，而且她担心整个团队会因此将过多时间都浪费在调查上，错过复训的时间窗口。

校准：由于她的意图陈述过于模糊，因此预演失败练习揭示出了很多的问题。团队成员希望了解以下情况：

- 她所感兴趣的培训类型究竟包括哪些？
- 是否有一些公司是你所并不认可的？
- 我们需要与培训公司协商价格吗，还是将这件事留给你来做？
- 我们倾向于使用他们的场地还是请他们来我们公司？
- 你希望让我们去旁听哪种类型的培训课程？
- 应该选择一对一课程还是团体课程？
- 你什么时候需要获得这些信息？
- 这项工作相对于我们所负责的其他工作是否具有更高的优先层级？

上述问题让这位主管耳目一新。在进行这个练习之前，她坚信自己是一名优秀的意图沟通者。预演失败练习的结果则显示，她还并未达到十分优秀的程度。上述大多数问题都紧紧围绕于情境、限制条件和她所关注的内容。她对于"将来应该向下属传达什么"的直觉，借助于此种类型的反馈，进一步得到了增强。

在另外一个工作坊中，我们所合作的公司主要与若干大公司共同开展业务。负责传达意图的工作人员——黛比倍感受挫，因为这些公司中没有一个人能够给予她以指导，她无从知晓如何更加迅速地使合同定形，从而解决价格、利润、知识产权等方面的问题。一个特别小组本来需要负责这些事务，可他们却无所事事。

情境：特别小组尚未形成联合报价的指导方针，而联合报价明天就需要提交。特别小组当天下午将召开会议。

任务：按时确定明天所需的契约条件。令大公司中的某人负责此事。

意图：黛比希望特别小组能够形成一套实用的一般准则，但是她的当务之急是要确定明天的报价。

关注：黛比希望让行动小组行动起来，但她认为自己并不具备相应的影响力，而且她也不想在团队磨合期表现得过于严厉。她还担心，没有一般原则的指导，报价将会一塌糊涂，对各方合作产生不利的影响。

校准：预演失败练习的结果显示，特别小组按时为明天的报价提供出一般原则已经是不可能的了，但是大公司还是希望明天能够提出报价。"意图"必须紧紧围绕于明天所需要的具体报价。

练习结束之后，黛比感到，自己已经形成了一份优秀的意图陈述，可以用作下午开会的开场白——按时准备好报价，不要就一般原则的需求开展大规模的讨论。第二天早晨，我们与黛比进行了交流。发现昨天的会议非常顺利。她的意图陈述为工作定下了基调，也确定了日程安排。

表格三是针对执行意图开展预演失败练习的建议形式。

表格三　执行意图练习的指导方针
（一）每个人都要确定自己在返回公司后所需要下达的一个命令。参与者可以使用STICC的形式表述自己的命令，但是着重点应该放在意图沟通上。如果有人使用STICC，他们无需确定最后一个成分，因为这一练习本身就是一种校准。 （二）一名参与者主动将自己的命令分享给团队。 （三）这名参与者带领团队开展预演失败练习："假设在两周之后（或者任何恰当的时间框架），我们发现下属误读了命令所蕴含的意图，并且误入歧途，他们所实现的目标并非你心中所想。考虑到你所下达的意图陈述，请用三分钟的时间，写下他们错误地开展工作的方式以及这种情况出现的原因。" （四）团队成员介绍自己的答案（请参见本书第七节中的预演失败练习操作指南）。 （五）团队共同讨论提升意图陈述质量的方式。

还有一种方法可用于校准大家对于意图的理解方式——那就是观察在计划出现问题的情况下，众人将作何反应。大多数情况下，人们都会假定计划将得到完美的执行，假定任务可以在不横生枝节的情况下顺利完成。不过，上级之所以要解释自己的意图，其原因之一，就是为了帮助下属在遇到麻烦时可以随机应变。所以，在解释自己的意图时，为何不预先就完成这一练习呢？

如欲采取这种方法，只需事先准备一个简单的情景即可——几句话就可以，无须长篇大论——然后询问你的团队，如果出现这一情景，他们将如何进行回应。或者你可以将下属提出的问题转化为练习内容，譬如："如果出现了某种情况，我们应该如何应对？""好的，让我们假设出现了这种情况。现在，请在纸上写下你会怎样做，我也会写下我期待你会怎样做，然后我们对比一下两个人所写的内容。"

在我自己的公司内，在每个新项目开始之前，都会召开一次启动会，参与者为团队成员，加上消费者。启动会议程的第一项，往往就是描述项目领导者的意图以及消费者的意图。如此一来，每个人即可知道为什么我们要开展这个工作项目以及什么样的结果才说明该项目最终获得了成功。

学会类似于STICC的工具固然重要，但更重要的是，发展出自身的直觉，明确为了实现并且调整你的决策，其他人应该知道什么。不过，若你能够感觉到下属的心理模型，感觉到他们理解情境的方式，感觉到导致他们产生困惑的事物，那么你就可以更加轻松地解释自己的意图。

倘若下属尚未发展出较为优秀的直觉又将如何？或者，他们因为经验不足，从而未能形成心理模型，或者未能掌握相应的模式和行动方案，无法执行你所设定的计划、难以实现你的目标。如果你提携他们的速度未能满足自己的需求又将如何？这就是下一节的主题：推动下属直觉决策技能的提升。

·14·

指导他人发挥强大直觉

领导者需要培训自己的继承人。这属于他们的应尽之责。他们要培训自己的团队，使成员迅速进步；他们还要培训自己的继承者，以便自己在升迁高位时后继有人。

诺埃尔·蒂奇在其著作《领导力引擎》一书中指出：成功的组织一项最基本的特征就是，它们都拥有教学相长的文化氛围。领导者会将自己的知识传授给他人，并且帮助他人积蓄能量，进而成为一名导师。其结果就是，一个组织从顶部开始，每个层级都遍布有导师存在。迪克·斯通希弗曾经执掌通用公司电器部门长达五年之久，他就坚持亲自培训自己的高管们。与此相反，诸多公司都倾向于聘请咨询师和学者前来授课，那些人本身都不是领导者，他们虽然擅长于进行与商业相关的演讲，却无法传授商业领域内不可或缺的技能。为了让知识落地生根，导师必须是组织内部真正的领导者。

蒂奇还举了另外一个例子，那就是百事公司的首席执行官——罗格·恩瑞克。

成为首席执行官的前两年，恩瑞克花费了一百二十多天的时间，专门用来培训和教导百事公司的下一代领导者。他亲自设计了一个项目，叫作"构建商业"，并且用了一年半多的时间，先后主持该项目达十次之多，每个班次都包括九名参与者。

恩瑞克意识到，只有现任领导者承担起培训其他领导者的责任，百事公司方可长盛不衰。其结果，不仅只是领导力和直觉决策技能的提升，恩瑞克自身的水平亦获得了提升。不止如此，下属们对恩瑞克的了解亦更加深入，在他接任首席执行官之后，双方的工作效率都极其令人满意。

当然，还有一名典型人物不得不提，那就是杰克·韦尔奇，通用电气公司的前任首席执行官。"十五年间，韦尔奇每隔两周都要莅临克洛顿维尔高管培训中心……在他的日程表上，还列有数以百计的视频会议、开会、视察工厂以及培训会议。"

不仅仅是首席执行官，经验丰富的职员、经理以及同行们，这些人全部都整齐划一地认同上述理念。据估计，70%的职场学习都发生在课堂之外。男人衣仓——曾被《财富》杂志评价为"全美最适合工作的100家公司"之一，就曾夸赞他们的公司并不需要进行在职培训，也不需要聘请外部的咨询人员提供培训，相反，他们会让各经理负责培训其麾下员工的工作技能。

那么，上述培训方法存在哪些问题呢？答案很简单：直觉在这一片混乱中很可能丧失容身之地。随着你逐渐地成为某一领域的专家，你会发现，自己越来越难以解释开展工作的方法。跟随他人的规则行事时，解释自己的工作很简单。但是，一旦你形成了自己的模式、行动方案以及心理模型，从而预期到潜在的问题并且相应地加以克服，将上述内容解释给其他人就变得难上加难。

直觉技能既然对于专业知识的积累而言如此重要，那么如何才能将其传承下去呢？倘若你并不拥有提升他人直觉能力水平的工具，那么彼得·圣吉所大力赞颂的"学习型组织"或者"教导型组织"即都无异于镜花水月。

当人们并不知道应该如何传授直觉决策技能时，他们就倾向于夸夸其谈。他们会不停地阐述自己最中意的理论，他们还会制订出种种工作流程——尽管他们自己都并不会遵从这些流程。太多太多经验丰富的决策者其实并不知道如何传授自身的决策技能。他们就像是示例二十五中的飞行员，无意之间将自己的员工全部"蒙在鼓里"。

● 示例二十五　蒙在鼓里的副驾驶员

我因公出差的次数多如牛毛，但是最为惊险的就属这一次。那一次属于夜间的短期航程，从旧金山向北到加利福尼亚州的雷丁。乘客一共十名，坐在一架小型螺旋桨飞机上。

起飞过程中的加速期间，小飞机开始偏航——如同司机在冰面上踩完刹车而且车尾打滑后汽车前后晃动一般，先是向左，然后向右，前前后后抖动不停。乘客们紧张兮兮地看着彼此，都不清楚究竟发生了什么事。不过，我心里知道，飞机尾部设有稳定器，能够防止其完全失控。真正令我胆战心惊的并非偏航。

最后，飞机成功起飞，偏航亦停止了。当时是夜间，因此我们什么都看不到。有些人打盹，还有些人在读书。我们都忘记了刚刚的偏航。大概一个小时之后，飞机着陆了。减速期间，又出现了些许偏航的现象。

下了飞机之后，我登上移动房车，准备去宾馆休息。无巧不成书，副驾驶员也在房车里，坐在我附近。作为一个生来就爱管闲事的人，我问道："刚才是怎么回事，为什么偏航了？"他坦白地说自己也不知道。

一无所知。房车之所以迟迟不开，就是因为机长正在撰写事件详情的报告书，以便机组成员能够检查飞机并且修复问题。我又追问道："你完全不知道是哪里出了问题？"他坚称自己毫不知情，态度极其诚恳。问题非常诡异，他自己也迫不及待地想在明天知道答案。

大概二十分钟之后，机长也上车了，恰好坐在我旁边的座位上，房车开始行进，送我们去宾馆。尽管已是深夜，我爱管闲事的个性却毫不"打盹"。"那个，"我问道，"刚才是怎么回事，怎么偏航了？"他耸耸肩，向我表示他丝毫不以为意。他解释道，考虑到当时飞机运行的速度，他认为取消起飞并不十分安全。他推测，偏航的原因或许是由于前轮发生了黏连。他早就预测偏航会随着飞机升空而消失，后来也的确如此。发现自己的理论得到验证之后，他就在脑海中暗暗牢记，着陆降速时，一定要小心翼翼，让出现问题的前轮离地，防止再次偏航。正因如此，飞机在降落时直到最后一秒我们才又感受到了偏航。

这时，我才真正地感受到了恐惧。我突然意识到，这两个男人在飞行的四十五分钟时间内全都蒙在鼓里，并肩而坐，但他们却从来没有探讨过飞机出现的问题。

在示例二十五中，有多少宝贵的教导机会白白溜走，又有多少提升专业素养的机遇被视而不见呢？将自己的直觉沟通给他人是一项极其困难的技能。在上一节中，读者已经知道，从短期视角而言，将自身意图和指令传递给他人，以便他们在工作过程中能够利用自己的直觉随机应变，是多么的重要。在本节中，我们主要的关注点是，如何利用自身的专业知识帮助他人发展并且利用自己的直觉。

充分理解他人的想法

诚如我之前所说，分享自身的直觉技能之所以如此困难，其原因之一，就在于我们并不总是知道自己所知道的事物。人类在进行决策时，往往都是根据自身的直觉，但却几乎总是无从知晓这些直觉来自何处。

所幸，我们可以通过一些方法来"打开"人类的直觉。认知任务分析法恰恰能够实现这个目的。在工作中碰壁之后，你询问专家："您怎么就能顺利完成工作呢？"其结果无非有两种情况：或者是专家茫然无措地看着你；或者是专家滔滔不绝地教导你。他的话虽然听起来十分有道理，但却并没有切实解除你内心深处的疑惑。我通过大量的研究发现，要想获得对方更加具有针对性的回复，我们就不应该提出那些大而化之的问题（"你是如何知道……？"），相反，应该针对具体事件进行追问。我会请专家为我举出另外一个相似类型情境的例子。之后，我会深入分析该事件，理出时间线，并且明确所有关键的判断及决策点。我会询问专家有哪些线索和模式可供借鉴。之后，我再请专家将自己的做法与新手（譬如我自己）的处理方式进行比较。在一次优质的访谈之后，专家有时会向我表达感激之情，因为他们终于挖掘出了所有事件的真相之所在。

为了解释并且分享直觉技能，我们应该将关注点放在本书第三节所探讨的专业知识层面上：难以侦测的线索，心理模型以及个体所识别出的模式和行动方案。很可惜，个体在应用上述知识层面时，往往难以有意识地对其加以思索。正因如此，向他人描述以上内容才难上加难。出于同样的原因，我才提倡我们应该针对具体的事件进行研讨，因为惟有如此，专业知识的微妙层面才会露出其庐山真面目。

本节所介绍的一些方法和理念，或将有助于读者将自身的直觉传授给他人——借此，读者亦能够成为一名更加优秀的导师和领导者。辅导他人的直觉决策技能与普遍使用的术语"主管培训"有所不同，因为后者具有较为强烈的个人发展意味。我的关注点在于在职培训。我坚信，读者可以帮助他人发展出对方所需的直觉，以此应对日常工作的挑战——尤其是在处理艰难任务时更为如此——虽然，这样做的难度很大。示例二十六中的着陆信号官就是一位实际工作中的优秀培训师。

● 示例二十六　直觉式着陆

　　我的朋友道格·哈灵顿曾经是一名海军飞行员。他非常优秀，也十分热爱自己的工作。但是在职业生涯中期，他则险些被海军"清洗"出去。

　　道格一直在驾驶F-4战斗机，并且成为了一名飞行教员。他生来就是一名教师，天赋异禀，能够帮助年轻的飞行员克服恐惧，在航空母舰上顺利着陆。的确，航空母舰相对你而言总是在不断移动，飞机甲板着陆区域的角度亦在不断变化。的确，风浪导致甲板上下摇晃，有时候还会左右偏移。的确，你有时候不得不在夜间着陆。但是所有这些问题都可以得到解决，而且，道格为人既很有耐心，还意志坚定，工作能力极强。

　　之后，道格不再驾驶F-4战斗机，开始准备驾驶A-6战斗机。他马上就掌握了A-6战斗机的动力系统，并且准备参加航空母舰着陆资格考试，以便自己有资质加入到全新的战斗团队当中。为了获得资质，道格必须要在昼间完成六次航母着陆，之后再在夜间完成四次。考虑到道格所积累起的经验根基，这看起来似乎不过是小菜一碟。

　　终于，轮到他参加资质考试了，这是他第一次驾驶A-6战斗机完成昼间航母着陆。他小心翼翼地将飞机对齐，准备进行一次完美的着陆。这时候，着陆信号官却告诉他要"向右侧移动"。这很奇怪——因为他已经将飞机完美地对齐了。尽管他认为着陆信号官肯定是出错了，他还是稍微向右侧调整了一下飞机。"向右，向右！"，对讲机里的声音反复提醒。他又将飞机稍微向右调整了一下，但还是不够。此时，着陆信号官开始连连挥手。他不得不复飞，重新着陆。

　　最后，道格还是让飞机着陆了。最后，他完成了昼间的六次着陆。

可惜，没有一次是特别漂亮的。每一次都是充满了纠结和挣扎。考官告诉道格，他还没有资格进行夜间着陆。他必须要在第二天再次进行昼间着陆。如果他再次搞砸，那么以后就没有机会了。他会失去A-6战斗机的驾驶资格，而他在海军中的职业生涯亦将戛然而止。

所有人都很同情道格，很多朋友都想伸出援手。"道格，明天你必须要加把劲儿。"说的就像道格其实不够努力一样。"道格，你必须要完美地着陆！"说的就像道格不知道今天的着陆一塌糊涂一样。"道格，你必须要集中注意力啊。""道格，这件事对你而言很重要。""道格，你就按照自己的方式去考就行了。""道格，不要让今天的事情影响你明天的考试。"听着这些言语，道格更加感到心烦意乱。

当天深夜，有人敲响了道格的门。来人正是那名高级着陆信号官。道格已经不想再让其他人帮助自己了。他对信号官说，自己想要好好地睡上一觉，他已经不愿意再与人进行交谈了——大家的话只会让他的疑惑变本加厉。信号官拒绝离开。道格的言语变得更加强硬。他说自己已经不想再听其他人指手画脚了。"我不是要对你指手画脚，道格，"信号官说道，"我只是想要学习一些东西。"道格心一软，就让对方走进了自己的房门。

高级着陆信号官果然言而有信。他并没有提出任何建议。看起来，他只不过是发自内心地感到好奇而已。他请道格为自己演示了一下他在着陆时所应用的策略。

"我的策略和从前完全相同。我会将飞机头对准中线，然后开始降落。"

这让高级着陆信号官更加感到好奇。"你先前驾驶的……是什么飞机？"

"一架F-4战斗机，"道格回答道："我是一名飞行教员。"

"我知道了。那请告诉我，F-4战斗机上的座椅是如何布置的。"

"我会坐在受训者的正后方。"

"也就是说你的身体中线与他的一致，而且也与飞机头的中线一致。"

"对的。"

"现在请给我介绍一下A-6战斗机。"

"我会坐在左手边的椅子上，旁边是一名A-6战斗机飞行教员。"

"也就是说，你的身体中线与飞机头中线并不一致。"

"没有对齐，但是我的座椅距离中线只有45厘米的距离，顶多60厘米。机舱里还是比较拥挤的。"

"也就是说，你着陆时会将A-6飞机头的中线对准地面上的中线，就像以前驾驶F-4时一样。"

"你说的没错。"

高级着陆信号官终于收集到了自己所需的信息，这也在他的表情上体现了出来。他那聚精会神时才有的眉头紧锁转换成了放松的笑容。他解释道，尽管座椅与中线之间的距离不大，但是，其所产生的"尖角效应"却超过了道格的预期。信号官让道格拿起一支笔，放在自己的眼前，以其比喻F-4战斗机的机头，然后，闭上一只眼睛，对着门口的垂直线进行降落。道格成功探测到了地面实况，实现了完美的着陆。之后，信号官又让道格把头向左移动15厘米，再让道格去判断要把笔向左偏离多少角度，方可与门框线对齐。

"就是因为这个，所以你才一直告诉我要向右、向右。"道格恍然大悟。

"正是如此，"高级着陆信号官表示赞同，"忘掉飞机的机头吧，那样只会让你一败涂地。只要把你自己的身体中线对准地面中线即可。你会偏离几十厘米，但那样完全处于误差幅度之内。"

第二天，道格的着陆非常成功。接下来一天的夜间着陆亦令人满意。每次着陆时，道格都会忽略飞机的机头，专注于将自己的身体对准中线。

着陆信号官拯救了道格的职业生涯：他没有告诉道格任何事情，他只是用心地在倾听而已。

卓越的培训

假如我们大家都身怀那位高级着陆信号指挥官的培训能力，固然是好。可惜，事与愿违，绝大多数人都无法做到这一点。只要随意看一下美国少年棒球联合会大赛，或者观察一下家长是如何培训孩子踢足球的，就可一窥大多数人的培训能力之匮乏。我们或许误认为自己是优秀的培训师，但那只不过是因为我们并不了解真正优秀的培训师是什么样子而已。

我曾经研究过一组消防员，他们的队长们本身就是组训人员。其中一位队长跟我说，他是一名优秀的培训师。我问他为何如此优秀。他解释道，自己的策略简洁明了。"我会告诉他们应该做什么，如果不起作用，我就再说一遍。然后根据具体情况所需，我还可以再说一遍。但在那之后，我就不管他们了，他们也知道这一点。"对我而言，这是一种极其简单的策略，尤其是与另外一位队长所使用的策略进行比较就更加明显了："我会向他们解释应该怎样做，如果不起作用，我就会亲自示范应该怎样做，一边示范一边解释，这样他们就能知道我在做什么了。如果还是不行，我就会让他们执行任务，同时他们要解释出自己每个行为的目的，这样一来我就能够理解他们的策略了。"两个人都自认为是优秀的培训师。但对比过两个人的策略之后，我相信谁才名副其实已经一目了然了。

请读者思考一下自己曾经遇到过的培训者——尤其是那些并不优秀的培训者。努力去回想，他们哪些行为反而干扰了你对于他们尽力传授的内容的理解。我们每个人都曾经见证过无数拙劣的培训。当我研究消防人员时，我通常都会"赋予"他们一个演示拙劣培训的机会——只需让他们"帮助"我穿上消防服即可。研究部队人员时，见证拙劣培训的方法也很简单——只要让他们帮助我戴上防毒面罩即可。看起来，上述工作坊中的人员，十分乐于亲身展示那些最为滥用又最为无用的培训方法。

对于培训机会，绝大多数人都难免或者视而不见，或者无法加以正确利用。数年之前，美国陆军为我和同事提供了一笔基金，用于研讨优秀和不优秀的培训各自具有什么特点，以此解释为何有些人能够掌握直觉决策技能而其他人则不能。我们研究了音乐教师、护士、高管以及体育教练。以下是我们所确定的优秀培训的几大障碍。

不敢批评他人。我们知道，其他人对于批评非常敏感，我们自己也是如此。因此，只要能够避免，我们都不会对他人提出有益的批评。即使无可避免，我们也会对批评含糊其辞，以免伤害到对方的感情。不幸的是，含糊其辞无法助人学有所得。可以尝试的一种策略是，要将批评集中在你所注意到的行为之上。"当你向团队描述工作目标时，我感到有些困惑。我相信，其他人中有些人可能也会感到困惑。所以我把你描述工作目标的方式记录了下来"这种类型的评论与针对个体本身的批评相比"你的问题就在于你的表述并不清楚"，冲击力更轻。

时间不足。我们忙于为他们所犯下的错误收拾残局，以至于没有足够的时间对他们进行培训，以避免将来再次出现同样的错误。又或者，当我们进行培训练习时，我们在两个小时的时间里填鸭式地安排满活动，留给评价的时间却不足十分钟。读者可以遵从的一条经验法则是——培训时间的一半都要用于事后讨论。

难以描述微妙的技能。我们的注意力集中在工作流程上，却忽略了直觉。你的下属的确需要学习工作流程，但是他们同样需要掌握哪些工作流程才最为适用，包括恰当地开展工作以及如何对其进行调整。上述问题较为难以解释，因此，读者要善于利用例子，来描述受训者可能遭遇的绊脚石。

欠佳的时间管理。培训期间，如果我们观察到了六个领域的薄弱点，那么在剩余的二十分钟内，我们是要将六个薄弱点全部点到，还是仅仅挑选其中的一到两个进行阐释呢？大多数人都倾向于面面俱到，其结果就是相关的探讨都较为肤浅。讲究技巧的培训只会阐述一到两个课题，将剩余的问题留到以后。

在我们对于培训课题的研究中，卡洛琳·扎姆波科是一名领军人物。她曾经调查过一个团体，以确定他们对于在职培训及受训的反应（请参见表格四）。她吃惊地发现，提供培训的人们所表达出的抱怨（左侧一列）以及接受培训的人们所表达出的抱怨（右侧一列），居然如此相似。

无法得到他人的指导时，员工们会感到失落。不过，若让他们从自己的日程表中挤出时间去培训他人，同样会令其心情欠佳。了解受训者的进度快慢之所以如此困难，是因为受训者通常羞于提出问题或展露自己的无知。

表格四　同一枚培训硬币的两面	
提供培训过程中的挫折	接受培训过程中的挫折
介绍全局 ● 解释错综纷杂的信息碎片以及它们与大局之间的联系。	**理解全局** ● 关于全局的信息不足。
耐心与节奏 ● 必须重复指导； ● 保持耐心； ● 不可假设受训者已经掌握了某些知识和技能（亦不可高估他们的熟练程度）； ● 理解学习曲线的存在； ● 不确定雇员是否切实理解了所有培训内容； ● 理解不同的学习风格； ● 某些情况下学习材料和信息会让受训者不堪重负； ● 并不了解受训者的特点。	**耐心与节奏** ● 不敢提出过多的问题； ● 对于满足他人对自己的期待并不总是充满信心； ● 犯错时感到自己十分愚蠢； ● 感到自己毫无能力； ● 培训师选择的起点水平过高； ● 不理解术语或者不认识相关人物； ● 被人轻视。
反馈 ● 持续提供反馈。	**反馈** ● 没有反馈。
冲突 ● 由于观点不同而面对抵制或者挑战。	**冲突** ● 与培训者的价值系统存在冲突； ● 感觉自己无法说出自己的观点。

续表

提供培训过程中的挫折	接受培训过程中的挫折
工作负担 ● 找出额外的时间去进行培训； ● 打断了我自己的工作。	**工作负担** ● "好吧，你们肯定都懂了！下次再见！"的态度； ● 后续产生的问题无人给予解答。
指导技能 ● 学习我自己优秀的报告技巧； ● 组织课程； ● 解释复杂的概念； ● 将复杂的任务分解成为易于完成的子任务； ● 确定培训包括哪些内容； ● 准备好相关的示例。	**指导技能** ● 培训者的指导经验不足； ● 培训者准备不充分； ● 缺乏固定的培训模式； ● 缺少相关的文件或者参考文献； ● 与培训者之间的沟通及其所提供的指导皆不完整； ● 培训者的知识匮乏。
学习者的积极性 ● 保持受训者对于枯燥课题的学习积极性。	**学习者的积极性** ● 暂停时间过多；内容无聊。

成为培训大师

在我们对于培训的研究中，重中之重的课题就是"培训大师何以脱颖而出"。纵观不同的领域和情境，我们发现，培训大师在若干重要层级上都遥遥领先。具体如图十所示。

通过加强上述三个维度，读者可以强化自己的培训技能。在培训微妙的直觉技能——这些技能是你通过自身经验方才获得的时，这一点将体现得更为明显。

| 评估与诊断 |

培训大师不会贸然地为学生所面临的问题提出解决方案，而是小心翼翼地探查学生在哪些方面出现了问题。之后，他们才会分析个中原因。正因如此，一位技艺精湛的音乐教师，同时还是一支久负盛名的高中管弦乐团领

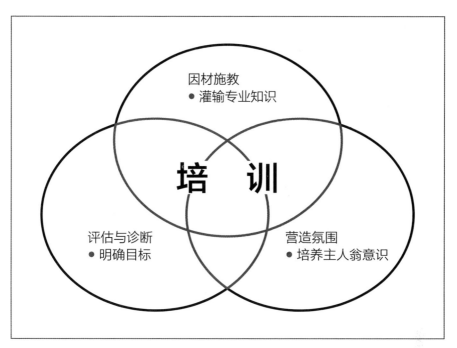

图十 培训大师的模型

队，曾经讲述过这样一个故事。有一次，他发现，乐团中一名女孩的技艺水平与过去相比有所下降。音乐教师仔细观察，用心聆听，他推测，女孩一门心思希望将手腕锻炼得更加灵活，由此导致她在击弦出现错误时难以专心致志，无法立即作出改正。可见，真正的问题并不在于发生了什么（击弦出现诸多过于尖刻或者过于平淡的情况），而在于没有发生什么（对于错误的纠正较为缓慢）。在海军飞行员道格的相关示例中，高级着陆信号官在为道格提出纠正问题的建议之前，首先做的恰恰也是评估与诊断。

评估与诊断的流程中，包含了"有能力设定切合实际的目标"的相关内容。只有目标合理地设定在受训者的掌握范围之内，并且其重要性能够得到受训者的充分重视，教练和培训者方可最大限度地取得成功。譬如说，青少年刚开始学车时，仅仅能够把车行进在道路内部，可是，教练却要向他们讲授行进中的车距应该维持多大；当他们的眼睛还直勾勾地盯着前面车辆的排气管时，教练们却要教导他们如何恰当地使用后视镜；当他们连变线都不敢时，教练们却要他们掌握如何行经圆形交叉路口的晦涩信息。我们总是急于将大量的信息打包教授，却不管受训者是否真正地学有所得。我们似乎认为，只要我们展示了相关信息，那么受训者学习效果不佳的原因即无法归结到我们的头上。

评估与诊断的过程在教授直觉决策技能中之所以如此重要，就在于它能够阻止培训人员采取僵化固执的姿态——如同那些消防队长在掌握了万无一失的技能后，就认为自己只需将其解释清楚即可一样。当你热切地去评估另一个人时，你实际上也在某种程度上亲身示范着评估技能，这对于直觉决策能力的发展是至关重要的。道格在与高级着陆信号官接触之后，不仅变成了一名更加优秀的飞行员，也成为了一名更加优秀的教员。

| 因材施教 |

培训不仅仅是办讲座。为受训者提供获取经验的机会，或者让他们在讲述自己执行任务的方式的同时进行深刻反思，都不失为一种培训。道格·哈灵顿在向高级着陆信号官描述自己的着陆策略时，实际上也对A-6战斗机的着陆技巧形成了更加深刻的认识。在培训中，效率最为低下的一种方式就是，喋喋不休地介绍如何执行一项任务。正因如此，优秀的培训师才必须掌握多种多样因材施教的方式。通过研究培训大师开展工作的方式，我们总结出了数十条指导实践的策略和技术。以下是其中最为高效的代表性内容。

- **向受训者展示任务，同时进行有声思维式的介绍，以便受训者理解每个工作步骤的目的及其与整体目标之间的联系。**为了协助受训者掌握直觉决策技能，你还可以强调自己所注意到的线索和模式，你所使用的以及未曾使用的行动方案。

- **讨论工作出现差错的情况以及如何尽早留意到相关征兆。**将此作为一项迷你预演失败练习。

- **勇于让受训者犯错**。不要警告受训者不可犯错。事实上，犯下错误之后，若能检视其结果，反而可以建构起更加丰富的心理模型。如果这样做的风险过大或者耗时过多，那么你们可以探讨可能出现的结果是什么。错误对于填补我们的心理模型而言价值连城。

- **请受训者一边执行任务一边报告自己的思维过程**。通过请受训者进行预测并且描述他们预期会发生哪些事情，你可以促进他们直觉能力的提升。你还可以站在受训者的角度上看待问题。不要对他们的错误视而不见，应该去探索其目的、意图，以明确受训者为什么会犯错。

- **令受训者指导培训者**。借此，你可以知晓受训者的心理模型在哪里存有缺陷，双方亦可意识到受训者的困惑之处在哪里。

- **帮助受训者探索其他可行的行动方案**。其目的在于帮助受训者学习如何使用不同的方式完成任务。须防止受训者形成不成熟的工作例行程序。通过让受训者探索其他例行程序，你可以帮助他们建构起更加丰富的心理模型，同时也能够帮助他们提前做好准备，在遇到意料之外的阻碍时随机应变。

- **提出开放式问题**。与封闭式问题相比（如，"如果你以这种类型的方式进行补救，你就需要其他人员增援，对吧？"），开放式问题不止有一个"正确"答案，而且可以促使受训者进行反思（如，"如果你以这种类型的方式进行补救，可能会出现哪些问题？"）。

- **注意到受训者的进步所在**。不要总是讨论他们的弱点。

- **高效地管理时间**。那通常意味着选择一两个重要议题——永远不要超过三个，并花费时间进行讨论。切忌蜻蜓点水般地在十五分钟内一下子讨论十个议题。

- **超越工作流程**。这是培训直觉决策技能的核心之所在。受训者应该能够对工作任务产生直觉性的感觉，不能总是机械地执行工作步骤。培训大师能够描述出在工作步骤失效之时他们为了进行判断所使用的线索、模式和行动方案。或者，他们至少能够让受训者意识到这些直觉是能够培养出来的。

一位美国海军教员是运用电子信号识别飞机的专家,他对我们说,自己刚参加工作时,一位老兵曾向他展示如何仅仅通过电子信号即辨别出某些特定型号的军用机和商用机。年轻的士兵根本无法听出任何区别,但是,因为他知道这是可以培养出来的,所以,他加倍刻苦练习。每当飞机进入监控区域时,他都会研究其信号。最终,他终于能够凭借直觉正确地作出区分了。

| 营造氛围 |

培训大师的第三个特征,在于他们所确立的态度。他们的态度是充满敬意的,不一味苛刻,亦不品头论足。他们不会问:"你们能够学会这个吗?"他们会问:"我们如何找到一种最合适的方法,令你们变得更加优秀呢?"他们会将课程看作是教师与学生之间的一种合作。

正因如此,受训者感到有责任去提升自身技能。倘若你希望帮助他人发展其直觉决策能力,那么对方一定要是一名积极主动、全心投入的学习者,不能是防御心重、消极懈怠之人。

我们曾经为消防队长们组织过技能培训班,一共包括三大块时间,每两块之间的间隔大概都在数周左右。之所以这样安排日程,是为了让队长们能够亲身实践我们所传授的技能,并且带着自己的问题和困惑回到课堂中来。我们希望培训的技能能够融入到队长们的日常工作当中,而不是在上过一期培训班之后就被束之高阁。

在第二次培训班上,一位队长询问我们,除了将所学方法应用于训练之外,是否还可以将其应用在解决人事问题及冲突上。我们对此不以为然。我们不想妄称该培训方法可以解决所有类型的问题,也没有理由认为上述方法可以用于人事问题。

几个月之后,在最后一次培训班上,那位队长再次提及此问题,并且告诉我们,我们之前的想法并不准确。在他的部门,有一位消防员的工作态度问题十分严重。该消防员完全听不进其他人的话,拒绝服从命令,而且还目中无人。上一次培训班之后，那位队长的团队曾经去执行过一次灭火任务，结果，该队员又一次把一切都搞砸了。

按照以往的惯例，队长就会质问他："我跟你说过多少次了不要那样做？你的能力实在太差了。等我把你赶出我的部门后，我会将这些情况都写在你的档案里面。"

但这一次，队长决定尝试一下自己刚刚学到的培训技能。大家都返回消防站之后，队长刻意安排自己与该队员单独相处。队长说道："上一次你这样做的时候就让我非常吃惊。我很好奇你这样做的原因是什么？"（此话的依据是"采用受训者的视角看待问题"。）那名消防员解释了自己的目的，队长听后觉得其中不无道理。虽然这些做法并不符合队长的预期，但那也并不意味着它们愚蠢至极。队长解释了自己希望队员所采取的策略，并且说明了其优势之所在，但同时，他也指出，队员所采用的策略亦有其可取之处。

"你们知道吗？在那之后，"队长在第三次培训班上告诉我们，"我们俩的关系一直就不错。那名消防队员再也没出现过态度问题。可见，这些培训方法也可以应用在人事问题上！"

培训大师的三个特征——评估/诊断；因材施教；营造氛围——能够帮助读者成为一名更加优秀的培训师。同时，也不要忘记直觉训练项目中的核心方法。读者可以使用决策需求表格作为评估/诊断工具，借以证实受训者的需求；还可以使用决策游戏，一方面确定下属的能力水平，另一方面亦可作为因材施教的一种手段；还能使用决策评价方法，作为一种培训工具——借此审视自己或受训者处理事情的方式。

向杰出人士学习

读者并不会永远担任培训师的角色，某些情况下，你也注定要接受某种形式的培训。当你需要他人协助的时候，你要怎么做？倘若足够幸运，你的上级即可将他的专业知识传授于你。可惜，多数情况下，上级都无异于示例二十五中的飞行员，他不会将自己的见解分享给副驾驶员。

假如你能够接触到优秀的决策者，但他们却并不擅长培训，你又该如何抓住这转瞬即逝的时机呢？双方之间的互动很有可能是需要由你主动开始的。根据培训大师的模型，本书为读者提出如下建议。

| 合理行动 |

- **探寻具体的事件和故事**。这并不等同于聆听"战争故事"。在所选择的故事中，必须要真正地需要直觉，而且专业知识亦须受到挑战，之后，再进一步去探究细节。

- **询问关于线索及模式的相关问题**。明确专家在理解类似情境的过程中所注意到的事项。你需要揭示出专家们所能作出的分辨类型以及所能识别出的模式类型。可以借助决策评价来确定需要提出的问题。

- **继之以"如果……"的问题**。可以借助假设性的问题，对事件进行更深层次的挖掘。

- **请专家指出新手会如何处理同样的问题**。你可以让自己担任所谓的新手："像我这样的人在解读那条信息的时候会犯哪些错误？我很可能会采取哪些行动？你能够观察到的哪些模式会让我感到困惑？"

- **促使专家在与你交谈的过程中另有所学**。不要让专家一味重复自己熟悉的素材，要让专家回想挑战性较高的事件，然后探讨是否可以使用全新的视角去看待该事件。请专家回想那些微妙的线索和模式。你或许会发现，这种类型的敦促会使专家意识到自己是如何克服任务中的困难部分的。专家一方如果能实现此种类型的学习，那就充分证明你已经触碰到专家直觉的关键部分了。

| 注意事项 |

- **不要寻求宽泛的建议**。多数情况下，你所听到的都是口号和格言。

你会听到类似于"将客户满意度作为第一要务"的话语，但却根本不知道如何将其付诸实践。

- **不要鼓励专家高谈阔论自己的"一般性法则"**。多数专家都乐于分享自己关于宇宙万物的一般**性**法则，这些理论却并不一定属于专家直觉的一部分。专家之所以这样做，很有可能是为了搪塞他人所提出的晦涩问题。某些情况下，上述关于如何开展工作的一般**性**法则的确可以帮助你纵览全局，但是，若专家的长篇大论并没有解决你的任何疑惑，你就要请他们举出具体的示例。

- **不要满足于现有的信息**。现有的信息你大可自己去搜寻。与专家共处的时间非常宝贵，不可如此浪费。

- **如果双方中任何一人感到无聊都不要继续下去**。感到无聊说明你没有获取到关键的知识。

1999年，美国海军看中了本公司在直觉决策和在职培训领域的探索成果，聘请我们为其开发一个提升培训质量的项目。由于舰艇长期在外，所以海军士兵们有大把的时间可以开展在职培训，但同时，课堂培训的时机则少之又少。甲板上拥有专业知识的官兵不计其数，关键在于如何将这些知识根据需求传授给他人。我们的任务就是，要培训他人成为更加优秀的在职培训师以及如何从培训过程中学有所得。

我的同事所设计出的项目既针对于培训者，亦针对于受训者。我们使用了本节所介绍的各种方法，来帮助专家们审视如何开展更加优秀的培训。与此同时，我们还帮助受训者审视他们应该如何提出问题并且掌控自己的学习进程，从而最大限度地吸收专家们的经验。之所以设计出这种合作性的项目，目的是为了拓宽受训者的知识面，提升其思考问题的层次，并且加强其执行日常任务的能力。

海军与我们公司相互协调，评价了这一项目的有效性。在反馈会议上，相对于控制组而言，培训者不仅使用了范围更加广泛的策略，而且还涵盖了更多的相关议题。更加重要的是，与控制组相比，参与到培训项目中的受训者在解读情境时，更加类似于其培训者。

可见，培训技能显然是可以得到教导的。除此之外，这种教导不仅对培训者有利，对受训者亦有好处。双方都必须要清醒地认识到，培训是一个合作的过程。

你不仅能够和下属一起拓宽他们的模式、行动方案和心理模型，而且还要多加注意将上述知识应用于实践的方式。为了帮助他人培养出直觉决策的能力，你要让他们对于艰难决策的敏感程度进一步提高。你要帮助他们了解自己应该将注意力放在什么地方，这样才能在问题未发展到不可收拾的地步时就见微知著，立刻出手干预。你要帮助他们认识到各种各样的不确定性，同时拓宽其干预手段的丰富程度。你可以协助他们去评估情境，你可以帮助他们构思出全新的工作方式，你还可以让他们做好及时调整和随机应变的准备。

关键要点

当与他人分享你的直觉技能时：

- 向受训者展示任务，同时进行有声思维式的介绍。
- 讨论工作中的潜在问题。
- 探索错误的后果。
- 请受训者一边执行任务一边报告自己的思维过程。
- 令受训者针对如何执行任务指导培训者。
- 帮助受训者探索其他可行的行动方案。
- 提出开放式问题。
- 注意到受训者的进步所在。
- 每次培训仅仅选择两三个问题予以重点关注。
- 鼓励受训者超越工作流程的限制，对工作任务产生直觉性的感觉。

· 15 ·

克服数据的局限性

鉴于直觉有些时候会误导人类，因此，我们通常都希望运用客观的测量标准去追踪事件进程。为了实现这一目的，人类发明了数据，记录下我们需要知道的事物，不论是改变的幅度、发展的程度还是其他特征，都能够帮助我们作出决策。所谓数据，就是对于重要指标的测量准绳。举例而言，"平均击中率"这一数据即可帮助我们评价一名棒球运动员的优秀程度；"市场占有率"这一数据则可令我们判断一家公司在相应领域内的地位。

直觉和第六感实际上无法帮助我们计算出经常性开支比例或者制订预算方案。直觉来源于情绪反应和知觉，与数字无关。第六感总是突然出现在人类的大脑中，不会留下任何其形成过程的蛛丝马迹。与之相对比，数据则能将决策过程扎扎实实地记录下来。倘若他人对决策提出质疑，我们大可借助于具体的数字进行解释。

不幸的是，数据并不总是比直觉更加可信的。很多情况下，外表看似确凿的数字，反而更加难以获取、难以解释、而且难以应用。将情境中的各要素量化并不一定确保我们能够作出优质的决策。

数据甚至还会**干扰**决策。确凿的数字所反映的状况，并不一定能够厘清事件序列，解开我们心中的困惑。假如数据有助于决策的提升，即使其存在干扰作用，亦无所谓。不幸的是，数据不仅不会总是帮助我们，有时甚至会**误导**决策者。

尽管如此，我们也不可忽略数据的作用。它们会强迫我们将自身的直觉调整到与现实保持一致。譬如，正是由于数据，项目领导者才不会被盲目膨胀的信心所蒙蔽，从而无视错过的最后期限、超出预算的开销以及令人失望的进度。

● 示例二十七　依赖于数据的银行

杰瑞·科柏，曾经担任美国公民银行的首席执行官长达二十五年之久。他极其依赖于数据去发现问题并且评估情境。他会竭尽全力来确保整个银行及各大关键部门都有合理的衡量标准。他十分看中的四个数据分别是：投资回报率、净资产收益率、资产收益率以及效益比例（收益减去支出，再除以员工数）。

他使用这些指标去衡量某一部门所提供的服务是否足够高效、盈利是否令人满意。而且，他自己会每季度进行一次回顾，以判断某一部门的情况是变好、变差抑或原地踏步。倘若一个部门的情况持续变差，他就会在下一个季度再次对其进行核查，并且最终会考虑银行是否应该继续提供该产品或者服务。

科柏知道，部门领导，作为本职工作的佼佼者，很容易在工作中掺杂进感情的因素，数据能够帮助科柏保持项目评审的客观性。

将这一点付诸于实践并不像听起来那样轻松。示例二十七中的杰瑞·科柏，其出身是一名会计。因此，他了解各项数字是从何而来的，他为其他人建立起了这些衡量基准，而且，他会小心翼翼地考虑那些可能会导致数据出现异常值的因素，如经济增长或者衰退等。他能够清醒地意识到，一项服务之所以遭遇到麻烦，或者是由于缺乏营销层面上的支持，又或者可能是因为经理们未能直面挑战。引入衡量标准，是为了引起杰瑞的注意，而非作出最终的决策。正因如此，包括科柏在内的首席执行官才希望自己麾下的首席财务官拥有管理经验，只有这样，他们在报告各项数字时，才能理解数字背后的含义。

可见，真正的挑战在于，我们要找出一种融合直觉与数据的方式。这一挑战与我们在第五节中所讨论过的问题——融合直觉与分析十分相似。我们既不希望抛弃数据，也不希望被其所愚弄。我们需要探索出高效利用数据的方式，借以支持并且纠正自己的直觉，从而同时受益于这两种不同的解读事件的方式。

数据的功能

人类之所以需要数据，有若干原因：

设定目标。我们可以利用数据来定义目标。譬如，所谓的"目标管理"法，就依赖于我们衡量目标实现程度的能力，由此，决策的好坏，即可与目标的实现程度联系起来。

设定"绊马索"。我们可以利用数据来为自己设定闹钟。"一旦合约所规定的85%资金都已花完，即需对工作项目进行审定。""当现金存储连续四个月下降时，就要启动调查程序。"

明确趋势。数据可帮助个体监控事态随时间的发展趋势。

意义建构。数据可以将诸多数据结合起来，描述出事件的基本情况。

管控表现。数据可为我们提供反馈，帮助我们调整工作表现。参加跑步比赛时，选手必然要判断自己跑完每公里需要多长时间以及自己的步频。如此，方可确保自己不过早就达到身体极限。

确保服从。当上级不希望下级自作主张时，有时可设定若干数据，供下级应用。这可以让下级无须思考即开展行动，亦无须承担个人责任。"股票价格达到54美元时，给我买2000股。"

进行比较。通过数据，我们可以在同一个维度上去对比不同的行动。比如，科柏即可通过投资回报率来衡量银行内部四大部门的盈利情况。

评价并且奖励工作表现。数据可以提升绩效，比如，将薪酬与生产出的产品数挂钩，与工作时间脱离关系。

提倡公平。数据可帮助我们制订出公平的政策。其中比较鲜明的一个例子就是，向少数族群发放房屋抵押贷款。假设银行员工在此过程中完全遵循信用评级等客观指标，不掺杂自己的个人判断，那么他们固然无法形成信用判断的专业知识，却也不会因为种族偏见而不予贷款。另外一个例子是，教师在给学生进行最终评定时，其依据应该是考试分数，教师不可以给所宠爱的学生额外加分。如此，数据即可催生出一批精英管理阶层。

帮助个体建构故事和心理模型。我们可以利用数据去理解那些令人感到困惑的事项。这也指明了将数据与直觉结合起来的途径。当我们运用数据去建构更加丰富的心理模型时，我们实际上也就是在积累专业知识。

示例二十八表明，在不了解数据来源——数字背后的故事的情况下，仅仅依赖于经济指标进行判断是多么得困难。后文将再次涉及此一主题。

● **示例二十八　海军陆战队将军的经济学教育**

最近，退役海军陆战队将军安东尼·C. 兹尼作为特使，来到了中东。退休之前，兹尼是中央司令部的司令。在他受此任命之前的几年，我们有幸就索马里以及俄罗斯等地的军事行动采访了他。在此过程中，反复出现的一个课题是，他需要通过分析各种数据去理解当地的经济情况。

兹尼及其海军陆战队分遣队来到了索马里执行任务，目标是控制当地的紧张局势和暴力程度。任务开始三个月之后，兹尼询问下属工作效果如何。下属们上报的一个数据是：当他们刚刚抵达索马里时，俄罗斯AK-47步枪的单价是50美元；三个月后的现在，价格已经上升到了300美元。这看起来是个好消息——这意味着美军没收武器的举措已经初显成效。他们的行动导致枪支短缺，由此价格亦有所提升。之后，有人指出，价格之所以提升，还可能是因为枪支需求大幅增加了——或许是由于局势太过危险，所以才有更多的人渴求高质量武器。这时候，兹尼就需要作出判断了（最终，他综合分析了其他数据，并判断价格之所以发生改变，原因在于供应降低，而非需求提升）。

在俄罗斯执行任务期间，兹尼同样需要判断局势有否有所好转。他们获取的一个数据点是肉类价格有所下降。因此，更多的人能够吃上肉了。但是，进一步的分析表明，价格之所以降低，是因为能够买得起肉的人实在太少，而且，农民们负担不起家畜的养殖费用，开始大量宰杀，从而提升了供给。看起来其乐融融的景象实际上暗藏玄机——需要引起决策者的警觉。

数据可能误导我们

即使一个人列举出了各种数字，我们也并不一定要相信他所得出的结论。与基于经验的直觉相比，数字并不一定就更加可信。下面就是两个拿数据和直觉进行比较的例子：示例二十九提示我们，不要过于信任确凿的数字；示例三十则警示我们，不要过于依赖数据。

● 示例二十九　愤怒的来电

数年之前，一家原创信息技术公司发布了一款产品。该产品可利用自身的数据库，为消费者记录其他个体的位置信息。在这些记录中，不仅包括常规的姓名及地址信息，还有数以千万计的公民社保账号。这种对于个人隐私的大肆入侵注定要引起骚动，导致投诉电话呈现出雪崩之势。但是，几天之后，投诉电话在到达峰值之后出现了稳定态势。一些经理认为，电话量的变化态势说明公司已经挺过了最艰难的阶段，问题马上就可以平息了。尽管如此，打电话进行投诉之人的语气还是一如既往地充满了恶意。高管们在听过部分电话录音之后，很难相信事态即将如数据所预测般获得平息。他们的直觉告诉自己，事态一如开始时严重，甚至程度还有所增强。

数字拥护者最终获得了胜利，公司仍然按照既定设计生产了该产品。然后，公司才发现，投诉电话数量之所以趋于平稳，是因为当地电话公司的交换器容量不足，缺少空闲电路连接通话。实际的投诉电话量要比真正接通的电话量多好几倍。

最终，公司不得不关闭了这项新服务。事实表明，心存疑虑的高管们的直觉，才是正确无误的。

● 示例三十　计量薯条

在快餐业的竞争中，汉堡王常年落后于巨头麦当劳，居于第二位。汉堡王的汉堡在口味评分上要高于麦当劳，麦当劳的法式炸薯条在消费者评价上却名列首位。大家认为汉堡王的炸薯条像是浸过水一样，过于柔软，而且经常冷冰冰的。这导致汉堡王无法吸引到更多的消费者，同时，在公司收入上，它也是一个薄弱环节，因为法式炸薯条在所有快餐类食品中的利润幅度是名列前茅的。汉堡王下定决心，要去挑战麦当劳在土豆制品上的优势地位。

汉堡王的市场调查员认为，消费者喜欢的法式炸薯条一定要外酥内软，而且一直保持热度。科学家们经过实验，发现原来在薯条上覆盖一层淀粉，可以保持热度并且提升脆度。麦当劳并没有在其薯条外加盖淀粉，因此，汉堡王认为此举将是一种突破，并且宣布该公司会花费七千万美元发动一场营销战役。1998年1月2日，"免费薯条星期五"，汉堡王在全美范围内共下了一千五百万单法式炸薯条。

要想让全国范围内的广告攻势生效，汉堡王遍布全美的所有加盟店就必须要有能力同时售卖这款新式炸薯条。每家供应商都要装配新机器，三十万名餐厅经理和员工须接受培训，获得制作新式薯条的"资质认证"。汉堡王制订了一份长达十九页的法式炸薯条标准规格文件，并且在其中提出了通用的要求："对于每一口法式炸薯条，其脆度应该达到以下标准，'清晰可辨的嘎吱声，咀嚼七次左右仍有声响……且须达到测评者可以听到的程度'。"

起初，新款法式炸薯条大受欢迎。但是，六个月之后，薯条的质量开始走上了下坡路。其原因之一，就在于"咀嚼七次仍应听到嘎吱声"的数据。为了达到"七次嘎吱声"的最低要求，餐厅开始添加更多的面粉糊、更多的淀粉，以符合标准。结果，土豆的味道被冲淡了，而且薯条变冷的速度亦大幅提升。"七次嘎吱声"这一数据代替了其他更加重要的标准。最终，汉堡王不得不承认失败。新款薯条推出三十个月之后，汉堡王迅速停止了这款餐点。新式的薯条出炉了，淀粉量有所减少，而且七次嘎吱声这一数据也被废弃了。

一旦我们弄清楚数据的本质，我们就能找到"戏耍"它的办法——即便工作并未取得实质性的进展，按照官方制订的准则，我们仍然可以得到较高的分数。以数字进行管理却惨遭失败的一个经典案例就是，罗伯特·迈克纳马拉曾经试图运用自己在福特汽车公司所发明的数据控制方法来掌控越南战争。其结果是，美军在消耗战中一味强调清点尸体，而不注重去征服敌人。士兵们开始吹嘘尸体的数量，从而夸大战功。

数据如果选择不当，将会给工作带来困难，这一点无人质疑。但真正的问题在于——数据在**本质上**是存在局限性的。即便精妙地应用了数据，其仍然存在两个基本问题：缺失关于数据采集及分析过程的**历史**信息以及缺乏关于如何理解数据的**情境**。

缺失历史信息。数据的优势之一，就在于它能够为我们展现出一幅数据快照，而且摒弃了获取这幅快照过程中的种种细节。这种历史信息的缺失能够加快沟通。但是，由于数据的获取过程通常并不为人所知，我们在判断数据意义时，即只能局限于其表面的数值。当其他人以总结数据的形式向我们呈现数据时，我们无法了解对方在收集数据过程中所使用的逻辑，这也就令我们难以判断是否应该信任这些数字。

缺失背景信息。数据的优势之一，就在于其能为我们提供流水线式的数据。通过将情境抽象化，数据可被用于比较不同的情景。那些数字本来就是脱离情境而生的。

问题在于，在情境之外分析数据可能会导致我们误读信息。不仅如此，数据的这一优点——为人类提供了一个简明的答案——同时也是其缺点，因为简明的数据几乎总是并不全面且具有误导性的。

数据越简明，其误导性越强。有鉴于此，优秀的首席执行官，如杰瑞·科柏，他会依赖一系列数据，而不会以一个衡量标准决定全部；他们使用数据的目的是为了查明工作重点，而非作出决策。可惜，他们属于例外情况。更典型的情况是，公司要求数字运算者将分析简化到单一维度上，以便于决策者使用。大多数情况下，时间压力和经验的缺乏都迫使商业领导者进入到一种"我们上个月的情况如何"的心理模式，仅仅想获得一个"是"或者"否"的答案。

由此，我们即陷入到了矛盾之中，矛盾双方分别是——"呈现出数据所有层面及细节"的需求以及"浓缩上述数据"的需求。"把关键情况告诉我就行"是我们都听过也都表达过的一个短语。

对于某些首席执行官而言，他们的关键数据就是现金流。对其他人来说，则是留存利润。在苹果公司，则是每售出一台电脑所获得的边际报酬——即每笔交易中公司所获得的利润。在其鼎盛时期，苹果公司的边际利润一直居高不下。不过这一数据也导致了苹果公司在二十世纪九十年代灾难性的衰落。苹果公司的产品定价太高，导致市场占有率下降，又导致软件开发者为Mac电脑编写软件的热情受阻，因此市场占有率进一步下降、电脑上可用的游戏及其他类型的软件亦越来越少，如此往复循环不止。

高管与经理们同样喜欢简明的数据，因为这样他们就可以轻松地为员工设定工作目标了。我们已经见证了汉堡王是如何误用目标管理为其命途多舛的薯条建立标准的过程了。

大多数情况下，组织和个人都会进行自身调整，以符合简单数据的标准。譬如，目前，航空公司的评价标准是飞机准点率。各公司对此的回应方式是：延长飞行时间，为自己争取更多的缓冲期，以实现准点率目标。与过去相比，在不同城市之间穿梭所需的官方时间要更长。航空公司还将飞机拖出登机口即视作起飞，以此达到准时出发率的标准。

某些情况下，粗制滥造的简单数据的确会造成问题。这一现象被称作"反常动力"——其效应与设定绩效目标之人的原本打算截然相反，因为雇员们为了满足这些目标而采取了雇主事先所未曾预料到的方式。

英国曾经为公共服务部门设定绩效目标，以敦促各部门履职尽责，却不幸导致了反常动力。当时，英国政府下定决心，要缩短医院的候诊名单长度，并且设定了绩效标准，要将候诊人数减少到十万人。医疗服务部门的确实现了这一目标，但是却采取了改变工作优先等级的方式。由于小病处理起来相对于重病更快，因此，医院经理们迫使外科医生暂时放下大手术，先做小手术。

简单的数据会让我们无视广阔的背景信息，难以运用自身的直觉。单一的或者简单的数据无一例外可被操纵，这将对组织产生不利的结果。反向动力属于常态，并非个例。

试想，你是一家小型企业的首席执行官，先前两个月一直在旅行，几乎没有处理过任何公务。上班之后，会计部门的领导告诉你，公司的现金流得到了改善，仅仅使用了银行信用额度中的五十二万五千美元。最高值是七十二万五千美元。由此，即留下了二十万美元的缓冲。现在，应该购买董事会一直在催促添置的会计软件了。

你是否同意呢？希望你不要冒下结论。你需要去了解数字背后的故事。公司的信用额度变化情况如何——上升抑或下降？下个月的预期收入是否会超过花销呢？五十二万五千美元是从上周开始、上月开始，还是从上一季度开始的呢？是否存在任何异常花销或者收入会扰乱公司财务大局呢？

数字或许说明公司即将亏损，也可能预示着企业的长久繁荣。如果不去深入挖掘，你根本无从知晓答案。

我认为，我们并不应该摒弃数据。相反，我们需要更加优良的导航工具，去深入挖掘数据，了解数字背后的故事和背景。

数据与故事

我们可以利用故事来整合数据和直觉。故事描述了事件的进展情况——我们所试图理解的结果是由哪些主要因素导致的。我们可以利用故事来为数据添加情境——而数据则可帮助我们厘清故事条理。

在示例二十八中，兹尼将军只有在掌握了索马里AK-47的价格以及莫斯科肉类价格的相关故事之后，方可解读数据。兹尼不赞成仅凭印象和观点执行任务。一个数据，譬如AK-47的价格，必须要融入叙述性事件中，才能说明任务的执行情况。在兹尼围绕数据建构起故事之后，他才发现：一种不同的、不那么乐观的解释也是可行的。他头脑中关于比率的心理模型由此亦更加丰富。

不妨将数据看作是拼图游戏中的碎片。没有故事，没有观看整体示意图的机会，我们就没有办法形成关于"如何将上述碎片拼接起来"的直觉。我们固然可以逐个比较碎片，但那实在既单调又费力。与之相对比，看到包装盒上碎片拼接完毕的效果图后，形成"某一碎片大致应该放在何处"的直觉则轻松很多。

将数据与故事结合起来，可以达成以下诸多目的。

（一）**意义建构**。我们可以使用数据和故事来理解某一情境。就像拼图游戏一样，我们既需要示意图（故事），也需要碎片（数据），才能完成拼图。兹尼将军的直觉是，美军已经使索马里的局势稳定下来。否则，兹尼就必须要首先回想起自己刚到索马里时当地的局势，再将其与眼前的局面进行对比，借此判断局势是否有所缓和。这种基于记忆所形成的印象能够检测到明显的异常现象，但却并非估测工作进展程度的可靠依据。正因如此，兹尼才去搜集数据——借以检验自己的直觉。

（二）**故事对比**。如果存在互相矛盾的故事，我们可以搜集数据，借以从中作出选择。玩拼图游戏时，我们有时会意识到，一组碎片看似同时可用于两个不同的位置。此时，我们就会去搜寻特定的某些碎片，从而破解这种模糊性。在索马里示例中，兹尼将军就发现，AK-47的价格曲线这一数据并不可靠，因为同一套数据支持两个相反的故事——既可说明美军使索马里局势变好，亦可说明局势变坏。类似于这种不一致的现象，可以帮助我们调整对不同故事的信心程度。

（三）**目标设定**。我们可以利用数据和故事来沟通工作目标。在玩拼图游戏时，我们可以比照包装盒上的示意图，来为团队成员分配任务。在商业领域中，倘若一味以数据为工作目标，则会出现反向动力的问题。类似于"将消费者满意度作为我们的第一要务"的意图，如果没有相应的衡量完成程度的数据则毫无意义。同样，提出数据，却不说明其背后的目的，往往也会导致搪塞和捏造等现象出现。两者都是不可或缺的。

（四）**评价数据**。通过解释数据的来源，我们可以借助故事来评价数据。较为常见的一种情况是，在个体揭示出数据的搜集过程之后，本来充足的信心就消失不见了。有鉴于此，我们需要通过故事来解读数据。一位已经退休的老教授曾经告诉我，他至今仍然清晰地记得，他上研究生的时候，有一次正在课堂上报告自己读到的一些数据，结果教授问他："那个数字出自哪里？"他只好坦承自己并不清楚。"从那之后，只要我在论文里看到一个数字，或者是任何类型的数据，我都要确保自己能够查到其出处！我在不计其数的学术委员会上也是这样要求自己的。"

（五）**评价故事**。数据并不一定要取直觉而代之。我们可利用数据来开展分析，进而为我们的直觉赋予意义并作出校正。倘若数据与预期不符，亦不要将其敷衍搪塞过去。要严肃地对待这些数字，并且批判性地反思自己的直觉。借助于数字的力量，你可以摆脱自己在某一错误解读方式上的固着状态。

多数情况下，数据都没有发挥出上述效用。在军事演习期间，指挥官有时候会问："我们赢了吗？"士官倾向于用数字进行回答："我们损毁了多少多少坦克，多少多少飞机，同时我们自己的损失是……"这并非指挥官想要听到的内容。他们真正的目的是形成关于己方战况的一个判断，形成直觉。数字仅是印象的一部分。指挥官对于战况的印象，主要是基于己方进行调整和随机应变以及削弱敌方适应性的能力是否有所提升。即便己方损毁了敌方大量坦克和飞机，也有可能是因为敌方正在进行战略性撤退，为将来孤注一掷、背水一战的反击做准备。

施瓦茨科夫将军的过人之处在于，他的目光能够超越种种数据事实，并且去想象战场上的一举一动（具体请参见示例三十一）。虽然可以参考的数据很少，但是，在收集到少许数据之后，施瓦茨科夫就能够组合起一个故事，借此，他才可以解读事实真相。倘若施瓦茨科夫一定要等待所有的公文上交，等待所有需要被挖掘的数据，等待所有需要计算的数据，那么他很有可能会阻滞美军进攻的势头。他所使用的数据并不在原本的官方信息收集计划之内，但是他仍然运用这些数据，成功构建起伊军防线已全部崩塌的故事。

● 示例三十一　施瓦茨科夫启动了攻击

沙漠风暴行动中，美军在发起空中攻击狂轰滥炸伊拉克一个月之后，决定派遣地面部队。充当先锋部队的海军陆战队步兵师取得了意料之外的极大成功。负责整个作战行动的诺曼·施瓦茨科夫将军当机立断，决定将作战序列提前二十四个小时，借以巩固战果。观察家表示，这一决策的依据仅包括以下四条信息：

（一）海军陆战队第一师之前报告，他们突破科威特境内伊拉克军队防线的速度超出了所有人的预期，伤亡极少。（二）在他们向伊拉克守军的第二道防线进发时，下一波海军陆战队部队以摧枯拉朽之势突破伊拉克防线，几乎毫无阻碍。（三）海军陆战队第一师发回报告，他们已经突破了伊军的下一道防线。（四）大约一千名伊军士兵举手投降，并且被收为俘虏。

● 示例三十二　麻木与数字

1996年，美联储加息的压力愈加增大。企业利润率一直上升，同时，失业率也下降到了5.5%——从历史经验来看，6%的失业率会引发高通货膨胀。艾伦·格林斯潘，作为美联储主席，必须要平衡利率上升的效应——经济增速放缓以及避免通货膨胀的需求。

但是，格林斯潘认为通货膨胀并不构成问题。过去几年间，官方所报告的核心通货膨胀率一直比以往几十年的数据都要低，仅为2.6%。

在审阅过数据之后，格林斯潘认为，尽管失业率较低，工作者也不会被高工资所煽动；他还认为，多数工作者都比较担忧岗位的不稳定性，不会贸然采取行动，强迫自己更换工作。自二十世纪九十年代早期开始，工作者即已获得相当程度的提升，当前，他们对于工作的依附感更高，生产力也更高。此一模式应该从1994年和1995年即已显现，并且有持续不变的趋势。

这种生产力提升的假设也能够解开另外一个谜题。商业利润大幅上升，但是商品价格和工资水平却稳步不变。格林斯潘所能想出的唯一解释就是，生产力也相应地获得了提升，企业将自身利润投入到新科技之中，大幅提升了生产力。尽管如此，数据却显示，生产力——工作者每小时的产出——正在下降。这一矛盾现象并不合理。倘若价格、劳动成本和非劳动成本毫无变化，生产力下降，那么利润根本不可能上升。他对其他几个方面的因素——利润，价格，劳动成本及非劳动成本的变化都比较肯定，据此推断，生产力应该是上升的。

格林斯潘无法将这些数据整合起来，他不知道该如何向美联储的同事解释清楚。他所预见的景象并未出现。格林斯潘最后下定结论，数字一定是出错了。

为了揭示出数字背后的故事，格林斯潘指导美联储的员工将数字"去聚合"化。为探明生产力的变化趋势，他不希望将数据统合在一起，反而划分出了不同类型的商业领域，包括农业、制造业、矿业、公用事业、金融服务公司、车辆维修公司、健康服务以及零售商。他希望理解每个商业领域背后的故事。

结果显示，总体而言，生产力有所提升，只有在服务业领域，生产力有所下降。不过，很明显，服务提供商的相关数据存在疏漏。大约三分之一的美国企业都属于服务类，而大家公认的事实是服务部门的生产力正在上升，而非下降。不止如此，这些存在疏漏的数据还拉低了整体的生产力数据。

> 通过渗入到聚合数据的下一层，格林斯潘终于找到了支持生产力提升的故事依据，并且顶住压力，没有加息，也因此使得美国经济继续繁荣昌盛达数年之久。至1998年底，失业率已经降到了4.5%，而且通货膨胀亦随之下降至2%。

在示例三十二中，我们介绍了所谓的补偿策略。艾伦·格林斯潘正是利用这种方法，来理解二十世纪九十年代生产力的变化趋势的。

格林斯潘并没有仅仅分析数字的表面值。他运用自己的经济心理模型以及识别模式的能力，建构起了一个故事，对现有的数据提出了质疑。在此之后，他就可以选择性地深入挖掘更加细致的数字信息，进而建构起一个更加合理的故事，解释事态真正的发展趋势。故事与数据需要互相提供信息，如同马可·波罗所作出的比喻一样：

　　马可·波罗描述了一座桥，那是由一块块石头组成的桥。

　　忽必烈汗问道："既然如此，支撑大桥的究竟是哪块石头呢？"

　　"大桥并不是由哪一块石头独自支撑的，"马克·波罗答道："而是由石头所组成的拱门所支撑的。"

　　忽必烈汗默然不语，心有所思。然后他又问："为何卿要为我描述石头呢。真正对我比较重要的是拱门啊。"

　　马克·波罗答道："没有石头，即没有拱门。"

数据的呈现方式要支持直觉

数据和数据的呈现方式必须要支持直觉，这一点特别重要。否则，数据和直觉之间可能产生不必要的冲突。举个例子，诸多统计学家和决策研究者都曾经抱怨道，普通人并不知道如何使用基本概率。所谓的基本概率，亦即某一事件出现的一般概率。

请用下述示例来检验你自己的判断：

> 一位四十岁的女性罹患乳腺癌的概率约为1%。如果该女子的确患有乳腺癌，她在X光检查中检测结果为阳性的概率为90%。如果她并未患有乳腺癌，她的检验结果为阳性的概率仍然高达9%。那么，一位女子如果检测结果为阳性，她罹患乳腺癌的概率到底有多高？

你的估算值是多少？

现在，请解答下一个问题：

> 假设有一百名女性。其中有一名患有乳腺癌，她的检测结果基本上就是阳性了。其他九十九名并未患乳腺癌的女性中，还有九名的检测结果也将是阳性。也就是说，总共有十名女性的检测结果将为阳性。那么，在这些检测结果为阳性的女性中，有多少确实患有乳腺癌呢？

这个问题一点都不难，但与上一个问题的本质完全一致。这个版本的故事叙述没有采取概率的形式，反而仅提供了简单的频率。读者很容易即可答出：在总共十名检测结果为阳性的女性中，仅有一名的确患有乳腺癌。

格德·齐格兰泽在其新书《计算出的风险：如何判断数字是否欺骗了你》中指出：人类通常都可以较为合理地进行估计，但前提是他们所分析的数据必须以支持直觉的形式进行呈现。

我们面对着不计其数的数据。作为有所见识的公民和消费者，我们的任务就是要理解它们。齐格兰泽介绍了一项研究，参与者为一千名德国人，问题是"40%是什么意思"。候选项包括三个：（一）四分之一；（二）十个之中抽出四个；（三）每第十四个人。大约三分之一的人都没有选对（正确答案是〔二〕十个之中抽出四个）。

齐格兰泽认为，概率数据并不适合于人类的直觉。不过，同样的数据，如果以频率的形式呈现——亦即计数，譬如"在九十九名并未患乳腺癌的女性中，还有九名的检测结果也将是阳性"，而非"如果一名女性并未患有乳腺癌，她的检验结果为阳性的概率仍然高达9%"——对于人类来说则实属小菜一碟。其原因在于，我们的大脑非常适应于自然的频率，尤其是当我们能够将其形象化时，更为如此。

齐格兰泽还指出，艾滋病医师经常会因为概率数据而感到迷惑不解。正因如此，医师总是会误读筛查检验的结果。某些医师认为，只要检测结果为阳性，则受检者一定患有艾滋病，尽管该人事实上极有可能并未感染艾滋病——艾滋病检测并不完全精确，一如前文所提及的乳腺癌检测结果也不完全准确一样。记录显示，曾有数人因为在艾滋病检测中结果为阳性而自尽，而事实上，他们都并未感染艾滋病。看来，对于数据并不精准的表征及解读方式，甚至会对人类的健康产生威胁。

游戏给我们的启示

全美国都弥漫着一个巨大的地下"阴谋"，它让那些本来工作认真负责的个人成为了数据和数据教派的奴隶。我所说的正是《梦幻棒球》这款游戏。1992年，我决定解开这个"阴谋"，厘清其来龙去脉。我同意参加了公司内部所组成的一个梦幻棒球联盟。为了推动科学进步，我在接下来的十年内，一直坚持进行观察。我不甘心做一个被动的观众，而是积极主动地参与到自己的团队比赛中。有些人可能觉得我游戏瘾太重，但是就我自己的内心想法而言，献身科学事业应当如此。

为了记录研究的相关数据，我们联盟的成员偶尔会填写一些数据表格，记录下自己所作决策的背后原理。我们还会召开一些系统性的口头汇报会议，确定优质决策及欠佳决策背后的原因。《梦幻棒球》这款游戏要求玩家不断地作出决策，并在不同选项中选择：引进哪名球员，放弃哪名球员。

棒球与数据之间的联系并非总是反复无常的。没有哪项运动像棒球一样经得起数据的检验，也没有哪项运动像棒球一样如此执着于数据分析的实施与运用。而且，在棒球领域，能够像《梦幻棒球》一样满足我们需求的手段屈指可数，因为这款游戏将所有无关变量都排除在外了，包括实际的身体优势，或者经纪人与球队老板所进行的干扰等。这简直就是对数据最为纯粹的练习。

读者如果并不了解《梦幻棒球》，请阅读以下简介：当棒球赛季开始的时候，梦幻联盟的成员会将现实联赛中的球员征募到自己假想的团队中来。球员的选择通常以某种拍卖的形式完成。通常情况下，每支球队都有二十五个球员空位，包括十名投球手和十五名击球手。一旦赛季开始，每名"球队老板"都要按照事先确定好的数据类型计算点数。对于击球手，你需要看中的数据包括：全垒打数，打点数，得分数，盗垒数以及安打率（安打次数除以击球总次数）。对于投球手，也有相应的类别需要计算。每一周，联盟球队的老板们都要计算自己的球员完成了多少全垒打、打点数、得分数、盗垒数以及安打率，就像是会计人员计算各种金融数据一样。球队表现比较抢眼（得分很高，击球数很高从而提升了安打率等）的老板排名就会上升。所有指标都是可以计算的。

以下是我以及同事经过多年观察而收获的心得：

（一）《梦幻棒球》涉及多个数据，这会让那些仅仅依赖于直觉的人束手就缚。我还记得，自己最初将托尼·葛文招募到球队时还倍感欣喜，因为他或许是同辈中最为优秀的击球手，而且拥有最高的安打率，或者至少位列前三名。尽管如此，当我进一步分析托尼的数据时，我注意到，他的全垒打数目并不高，盗垒数和打点数也并不令人满意。到他职业生涯晚期的时候，伤病已经成为了他主要的威胁，经常将他拖出首发名单之外。尽管托尼作为一名击球手饱受赞誉，但这并不代表他对于球队而言就是一笔宝贵的财产。《梦幻棒球》告诉我们，不可以过度信任自己的直觉，我们必须要把目光放在数字上。而且，我们不能把目光固定在某个单一数字上。我们必须同时追踪一系列数据，以此全面衡量一名球员的价值高低。**在商业领域，仅仅依赖于单一的数据同样具有较高的风险性，因为如此一来你的观点也必然是单一维度的。收集并且追踪多个数据虽然费心费力，但是它们却能更加全面地描述一个人的工作表现。**

（二）**棒球就是为了基本概率**。所谓基本概率，就是长期的平均值。某些研究者发现，决策者在谋划问题时并不总是能够将基本概率考虑在内。在《梦幻棒球》中，同样有一些人仅仅看到某些击球手在几场比赛中表现优异，就认为该球员在接下来的赛季中仍然可以保持良好的状态，这种想法无异于说明该玩家水平太差。举个例子，在某个赛季的第一个月中，某名球员的击球率超过了0.400（这是一个非常高的平均值），那么有些人就会开始臆测，该球员在整个赛季内都可以达到这个水平。实际上，自从泰德·威廉姆斯在1941年达到这个水平之后，还没有哪名球员能够做到这一点。因此上述臆测基本是不可能符合现实的。短期的成功不应被解读为典型的表现水平。基本概率的确举足轻重——这名球员在前一赛季的击球率如何呢？**商业高管同样需要坚持采取长远的眼光看待问题，不应该根据销售额的随机浮动而贸然得出结论。**

（三）**但是，我们究竟应该使用哪个基本概率呢**？在《梦幻棒球》中，还提出了过度依赖于基本概率所带来的问题。为了推测某一击球手当前的安打率，最佳的依据是他上周的相应数据吗？时间太短了。使用他今年以来的数据怎么样呢？不过，某些时候，球员们在某几个月的表现会特别突出或者特别萎靡，或者运气奇佳，或者受到伤病的困扰而心神不安。那么，使用他上一整年的数据如何？或者是球员整个职业生涯的数据呢？但是这样做又没

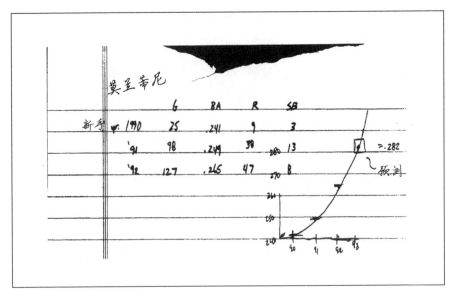

图十一　莫兰蒂尼曲线

有考虑到球员球技不断提升的事实。使用球员前几年的数据并且根据其趋势进行预测怎么样？这也正是史蒂夫·沃尔夫在向我出售米契·莫兰蒂尼时所使用的方法。图十一就是史蒂夫所绘制的"莫兰蒂尼曲线"，他认为，莫兰蒂尼在前三年分别达到0.241、0.249和0.265的平均击球率后，在下一年中，他的数据能够达到0.282。

　　对此我持怀疑态度。按照这一趋势，莫兰蒂尼将达到自己先前所从未企及的水平。读者对于莫兰蒂尼平均击球率的估计是多少：0.282（史蒂夫的观点），0.265（莫兰蒂尼前一年的水平），0.252（前三年数据的平均值），还是其他数值？基本概率的存在并不意味着它就是解决问题的良药。过分依赖基本概率不妥，而忽略基本概率更不可取。（1993年，米契·莫兰蒂尼的击球概率是0.247，比上述几个选项数字都要低。当然，莫兰蒂尼后来的状态有所回升。1994年，他的击球率达到0.292。1998年，这一数字甚至达到了0.296，这是他作为大联盟球员十一年间所达到的最佳水平。）

高管们对于确定合适的基本概率这一问题不会感到陌生。举个例子，2000年，相关人士就欧元为何估值低于美元这一现象展开了争论。与1999年1月份诞生时相比，欧元的估值相对于美元下降了27%，降到了0.86美元。尽管如此，假设欧元在1985年就已经存在，那么当时它的交易价将仅为0.69美元。因此，欧元的估值是上升抑或下降，取决于你所设定的基本概率的高低。

（四）我们需要利用故事来理解基本概率。还有一次，史蒂夫·沃尔夫看到，我在选拔哈尔·莫里斯时表现得犹豫不决。莫里斯的击球率的确漂亮，但是其力量有所欠缺。我并不在意跑垒有多少，但我希望我的击球手打出全垒打的次数要多于哈尔·莫里斯。不论我如何审视数据，不论我如何斟酌莫里斯过去的表现，我都认为他无法达到我心中击球手打出全垒打的标准。之后，史蒂夫提醒我，接下来一年的赛季中，莫里斯的击球顺序将从第二名调整为第三名。当你担任第二棒击球手时，你的任务就是要配合二垒跑垒员的移动。你可以短打，也可以放弃，这无关紧要。最好打出一个慢速的地滚球，让外野手首先拿到你的球，然后令跑垒者移动。这样要好过快速的地滚球，可以避免己方遭到双杀。与之相比，作为第三棒击球手，你的任务就是要四处移动，让跑垒员上垒。因此，击球顺序的改变已经使得莫里斯先前的数据无关紧要了。而且，事实上，在莫里斯调整到第三棒击球手的位置上之后，他击出全垒打的次数也的确有所提升。

至此，我的分析中还存在一个疏漏，那就是没有考虑到合适的基本概率。我应该采取某种形式，将球员在击球次序上从第二名调整到第三名之后全垒打次数的提升考虑进去。但是，倘若没有一个因果模型、没有任何故事，我如何才能做到这一点呢？倘若没有故事，只要局势发生一点变化——调整了新的二棒击球手、变更了第六棒击球手、球员交易卡上出现了新名字等，我都要胡乱地忙作一团。变化永远都在发生，我如何判断哪一个才是最关键的呢？我固然也可以采取数据驱动的方法——研究所有的变化情况，并且全面考虑到所有可能产生影响的因素。但是，这样做既笨拙又累赘。与之相对比，我相信，我需要根据故事去判断哪些变化将对数据产生影响。

在审读一名投球手多年以来的数据时，我们偶尔会发现，在过去的几场比赛中，该球员的表现每况愈下。这或许是一种失常现象（短期内的趋势并不可靠）。但也可能是因为该球员已经受伤了。有一次，史蒂夫·沃尔夫听到有传言说，辛辛那提红人队的总经理正在市场上收购几名先发投手，这引起了史蒂夫的怀疑。查阅资料之后，他发现，过去几场比赛中，约瑟·里霍（辛辛那提红人队当时的明星投球手）的表现并不突出。更令人担心的是，在所有先发的场次中，里霍从来没能够坚持到第六局。这就促使史蒂夫开始着手交易里霍。里霍又坚持打了几场比赛，才坦承自己受了伤，并且同意登上伤员名单。

在商业领域，对于故事的强劲需求更加明显。当我撰写本节时，安然公司的大戏帷幕正徐徐拉开——一年前市值还高达六百亿美元的公司居然在短时间内轰然倒塌。安然之所以能够欺骗投资者如此之久，其所使用的手段之一，就是将关注点仅仅放在一个数据之上——每股收益。这是分析师和投资者全都重点采用的一个关键数据。同时，它也比较容易进行调整。安然使用了一系列手段——包括开发资产负债表之外的实体，来充当该公司2000年度约三分之一的每股利润。某些分析师预见到了此一数据背后的故事，并且表达了自己的质疑。但是绝大多数投资者都只是满足于每股利润的表面数值，进而因为安然的倒闭而损失惨重。

（五）《梦幻棒球》既是作出决策，也是解决问题。我们很快就了解到，在替换那些因受伤而登上伤员名单的球员时，需倍加小心。起初，我们将其视为决策问题——在剩下的球员中应该选择哪一名？之后，我们意识到，我们应该将这种人员花名册的变动作为解决问题的一个良机。戴维德·克林格及其子乔什必须要面对失去三垒手马特·威廉姆斯的事实，后者因为被球棒击中而腿部受伤。以下是戴维德在我们的数据日志上写下的内容："马特·威廉姆斯——世界上最伟大的棒球运动员的脚受伤了……我要用来自科罗拉多的金格利来顶替他的位置。我会将杰瑞·金调整到第三名击球手的位置，令金格利负责自由位置。"其背后依据何在？"金格利每天都在练习，击球率为0.300。他不会拖球队的后腿。此外，他还是一名外野手。当威廉姆斯返回赛场或者球队进行了其他交易时，金格利仍可保留在人员花名册上（假如他状态良好），同时，倘若巴克斯的表现不好，则须将他交易出去。"

因此，所谓的交易，既要满足当前的需求，又要为将来预留一定程度的自由空间。假设还有三垒手，他的数据要比金格利和金都要稍微优秀一点，那么，按照计算方法，就应该选择这名球员。戴维德·克林格和乔什·克林格就没有纠结于球员当下的表现水平，反而用它来作为交换，来获得球队随机应变的空间以及替换状态不佳之球员——巴克斯的机会。

> 商业高管们时常会将决策转化为问题解决的平台，并且引入其他问题、其他机遇以及其他类型的议事日程。只有新手才会仅仅着眼于决策本身并且将其他考虑事项排除在外。

对于棒球领域内数据的讨论以及本节的整体内容，都与本书第五节遥相呼应。直觉与分析/数据并非相互冲突、水火不容的对立力量。两者都未臻十全十美之境，同时又都是不可或缺之物。两者都是理解情境的一种不完美的工具。我们的任务，就是要找出将两者加以整合的方式，达到1+1>2的效果。

·16·

科技的便利让人类怠于思考

信息技术之所以产生，其本意是为了提升人类的生产力，可惜，它们的应用同时也带来了弊端。我们所使用的电脑程序、决策支持系统、搜索引擎、数据库以及分享软件，有可能会消减自身的直觉和专业知识。聪明无比的科技或许会令我们变得愚蠢不堪。

关于"如何避免信息科技对人类所造成的损害"这一问题，我尚未形成具体的想法。我在本书中所能做到的，不过是就信息技术对于直觉和专业知识所带来的不利影响向读者提出警告而已。

我自认为是信息技术的大力支持者。多年以来，我一直在与该领域的许多专业人士进行合作，其中就包括迪克·斯托特勒以及安德里·韩吉，他们两位在加利福尼亚州的圣马特奥经营了一家应用人工智能企业。我有幸亲眼见证了这些技术所蕴含的深远价值。但是，如同任何工具一样，对于信息技术的应用既可创造奇迹，亦有可能误入歧途。

环顾任何一家医院，目之所及，满是有毒的物质和尖利的仪器。研究者估测，每年，医院中由于不慎使用仪器——不论是药物还是解剖刀——而造成的非必要死亡案例数多达数千。尽管如此，我们也不能呼吁关闭医院。深谋远虑的专业人士孜孜以求的就是如何令医院变得更加安全。

我们不会因为医院是一个危险的场所就将其关闭，同理，我们也不想拒绝信息科技。我们永远不会放弃电脑转而使用打字机。我们知道，在计算利息时，电脑会更加迅速。我们坦承，使用计算器之后，我们的计算能力的确有所下降。电话推出便捷拨号功能之后，我们所能记忆的号码数量也直线下降了。科技经常会导致某些技能因为疏于练习而有所退化，但是，这种得失转变通常是物有所值的。

很可惜，某些情况下，这种得失转变却是风险极大的。值得作出得失转变的前提条件是，"人类＋电脑"这一新组合的效能要大于"人类"本身。当下列情形出现时，则须引起我们的深切关注：（一）由于科技干扰了人类的直觉，新组合的效能不佳；（二）"人类＋电脑"的新组合效能仅仅在有限的情境下才大于人类本身，在其他情况下则一塌糊涂；或者，（三）当我们发现了科技的局限性时，已经丧失了自身的直觉技能。

信息科技主要会带来三方面的弊端：首先，它会令那些本来就已经比较老练之人的专业知识**无法启动**；其次，它会**降低工作者的学习效率**，导致大家构建起直觉及专业知识的时间大幅增长；最后，它会**传授一些失衡的技能**，进而干扰到工作者在未来获得专业知识的能力。

对于第一个层面，所有人都比较熟悉。信息科技会阻止我们搜寻数据的步伐，导致我们无法作出决策，亦难以积累起专业知识。譬如，某些电脑显示器上会塞满各种信息，令工作人员难以查询到最关键的数据。我们将越多的精力放在决策支持系统的操作方法学习上，留在情境分析上的时间也就难免越少了。

除此之外，信息技术还会降低学习**效**率、教导失衡的技能。为了了解这些具有持续性的弊端，请思考个人在面对大量数据时所惯常使用的方法——数据解读的所谓"瀑布"模型。这种模型的理念是，办公室人员需要审阅并且筛查数据，逐级上报并且转化数据，如此一来，顶层经理人员只需要理解这些经过提取而留下来的数据的精髓即可。信息科技正是寄望于依赖这一模型，来将我们从数据的洪流中拯救出来。技术开发者需要使用各种算法将数据转化为信息、知识以及理解。

我先前也较为认同这种瀑布模型，直到1997年，我的公司开展了一项关于优秀天气预报员的项目，方才改变心意。当时，美国空军邀请我们公司去调查哪些因素能够造就一名优秀的天气预报人员。空军希望我们使用认知任务分析方法，去一探那些顶尖预报人员的大脑内部。在此项目实施期间，我们总共采访了五十多名天气预报员，其中还包括1996年亚特兰大奥运会的天气预报团队。

我们发现，一般的天气预报员都能按部就班地进行工作。他们会按时上班，查看电脑的分析结果，写出总结，并且将结果发送给飞行员和航空管制人员。他们十分乐于使用电脑支持系统所提供的数据。

天气预报专家则有所不同。早晨离开家门时，他们会多加留意楼梯把手上的露水。他们会细心观察自己走过草坪时所留下的脚印。进入汽车之前，他们会抬头看看天空，大致分析一下当天的天气。到达工作单位之后，他们不会去查看电脑运算出的结果，也不会让他们前面的预报员向他们简单介绍一下天气情况。他们会花一些时间去研究前六个小时左右内的数据，建立起"从自己前一天下班之后天气情况发生了哪些变化"的心理模型。他们只有在理解了全局之后，才会去查看电脑输出的结果。很明显，天气预报专家们希望建构起自己对于全局的认识，而且希望能直接处理数据。以下是其中的原因所在：

- **他们的专业知识就在于认清数据中的趋势和模式**。他们对于模式的积累，使得自己能够识别出所谓的"消极线索"——那些本应发生却未曾出

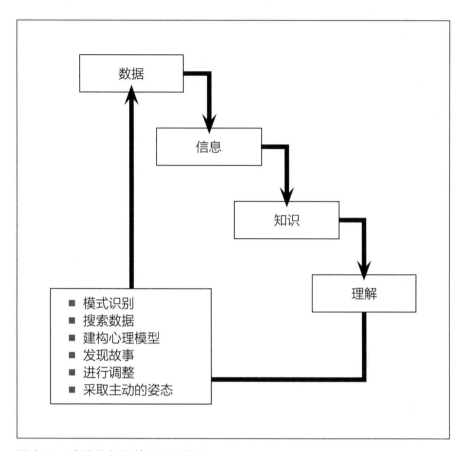

图十二　谁能将数据转化为理解力

现的事件。对于这些未曾发生的事件，他们只能亲自去查看数据，而不是单纯依赖于其他人的解读。

● **他们的专业知识使得自己知道应该去哪里搜寻更多的数据以及搜寻方法**。多数情况下，决策者事先都会设定好自己理想中的数据应该是怎样的。随着情境逐渐展开、同时故事逐渐构建起来，决策者才了解到哪些数据才是真正重要的。恰如其分的细致程度无法事先就设定完成——它取决于决策者孜孜以求的目的。除此之外，故事亦可提醒决策者：应该将哪些原本被忽略的数据和数据考虑进来，用于解读眼前的困境。

- **他们需要构建起自己的心理模型，不盲目依赖于他人的心理模型。**

- **他们需要理解数据搜集方式的相关故事。**

- **专家们需要具备调整能力——随着对于情境的了解逐渐加深，他们必须能够自由地改变研究数据的方式。**

- **他们的专业知识取决于自己所采取的主动姿态——主动地搜寻，主动地建构起心理模型，主动地进行调整。**

经验丰富的天气预报员如果满眼都是事先即分析好的数据，那么上述优势都将无法完全发挥出来。正因如此，他们才坚持首先查看前六个小时左右内的数据，建立起"从自己前一天下班之后天气情况发生了哪些变化"的心理模型，之后才会去观看电脑的预报结果，或者听取前一班预报员对天气情况的简要介绍。这些天气预报专家与我们所研究过的其他领域内的翘楚一样，都表现出了相似的主动姿态。

在这一框架之下，我们可以认识到，信息科技是如何干扰或者阻碍我刚才所列举的各种优势，进而损害我们的专业知识以及直觉的。

信息技术或将切断人类与数据的联系，进而破坏模式识别

直觉取决于我们的一系列能力，包括识别模式、判断典型性、注意异常现象、以及感受周遭发生的事物等。信息技术会损害这种能力，因为它自动将数据和信息呈现给我们，剥夺了我们亲自处理数据的机会。数据流量实在过大，超出了人类的承受范围；考虑到如此高的信息流量，上述机制（自动将数据和信息呈现给我们）几乎是在当今技术条件下应运而生的。绝大多数情况下，我们都无法意识到自己失去了什么，但是，那些老先生们，那些曾经习惯于手动记录数据之人，则能够分辨出过去和现在的差异之所在。

一般的天气预报人员当然比较喜欢平滑的显示方式。他们不会注意到那些螺纹和摆动，也因此并不会怀念它们。

● 示例三十三　过于平滑的显示方法

我们所采访的一位天气预报专家，曾经痛苦地抱怨那些代替了旧机器的新电脑系统。新的系统能够显示天气变化趋势、曲线图，并可完成其他各种"把戏手法"。这恰恰就是问题之所在。如果某一区域内部的温度差值过大，存在一部分过高而另一部分过低的现象，电脑就会将其予以平滑化，形成一条该地区的统一气温曲线。程序开发者的本意就是为操作人员呈现温度变化的趋势，故此，他们必须要将所谓的"噪音"去除。

但是，这名专家一直以来最为重视的，恰恰就是这些数据模式较为紊乱的区域。对他而言，紊乱即意味着某种类型的不稳定性。一旦他发现这种数据模式，就会加倍谨慎地审视相关区域，因为那表明某些恶劣天气正处于酝酿当中。诚如这名天气预报专家所说："现实条件下，冷锋或者暖锋在掠过地面时会发生摇摆。而且，正是在这些螺纹和摆动当中，相应的气候现象才会出现。"

新的电脑系统屏蔽了这一线索，使他对于气候变化趋势的感知敏感度降低，而且也降低了他履职尽责的能力水平。

技术切实妨碍人类高效开展工作的另外一个例子，来自于同事和我对于机载空中警戒管制系统（AWACS；其民用版本曾经装配在波音707-302B商用飞机上，军事版本增加了一个巨大的旋转穹顶，内部装有主雷达）武器指挥系统决策功能的研究项目。从老员工那里我们了解到，当他们担任地面管制人员时，他们会注视着雷达屏幕，同时使用油性笔对屏幕上的目标进行标记。现在，作为机载空中警戒管制系统的武器主管，尽管电脑会为用户自动输入并且标记各飞机，但是他们反而感觉，过去自己对于雷达屏幕所显示内容的理解才更加深入。过往的这种手动标记屏幕的做法，使得工作人员能够形成自己对于全局的认识。

我自己也曾体验过类似的问题。我的年龄已经不小了，还记得那些"美好的过往"。当时，电脑还没有广泛使用，在处理数据的时候，我们必须使用机械的计算设备来进行结果统计和方差分析。的确，那让人痛苦万分。但是，当我教授统计学时，学生们却对自己的数据了如指掌，因为他们能够看到不同的实验参与者对于数据方差及其分布情况产生了怎样的影响。学生们要在大白纸上记录下实验参与者的数据，当他们写下每个数字时，能够将其与前一个数字进行对比。他们可以观察到异常值，捕捉到错误，并且形成新的假设。可惜，一旦学界广泛使用电脑处理数据之后，学生们在统计结果时就非常容易忽视数据背后的"故事"及其原因。学生们只会输入数据，并且报告说实验取得了较好的结果。若你进一步提出疑问，他们通常都无法说出究竟是实验组的参与者表现更佳优异，还是控制组表现优异。他们只知道两组数据在统计上存在着显著的差异，但却无法说明具体的差异体现在何处。

让我们再将目光转向应用于汽车行业中的信息技术。如今的汽车都装有摩擦控制系统，它能够及时感知到车胎抓地不牢的问题，而且，在光滑路面行驶时，它能够自动向轮胎传送电力，维持足够的摩擦力。但是，多数装有摩擦控制系统的汽车都不会提示用户车辆出现了摩擦问题。因此，这样的设计就导致用户只能在对真实情况一无无知的情况下进行驾驶。驾车的时候，我们认为自己是安全的，却只有电子系统知道汽车出现了问题。这并非科技的失败，而是汽车设计师没有成功认识到驾驶员判断的重要性。设计出相应的警示系统，在路况异常时，系统发出声音提示"摩擦控制系统启动"，以此引起驾驶员的注意，从技术上而言是非常简单的。但是，没有厂商这样做。相反，电子系统自行作出了调整，而且其实现方式还剥夺了人类利用判断及专业知识的机会。某些汽车的确会作出提示，但其信息是出现在仪表盘上的，驾驶员只有将目光从复杂路况上移开，才能阅读到该信息。其结果就是，在危险的路况下，汽车通常都要比我们这些驾驶员更加"聪明"。

从这个角度上来看，将来的汽车或许会变得更差，而非更好。我们了解到，某些电子系统将负责监控本车与前车之间的距离，当间距过小时会自动降低车速。但是，相关信息并不会传递给驾驶员。这些信息在不良驾驶情境下是至关重要的——譬如在暴风雪或者大雨天中，能见度很差，驾驶员只能跟随前车的尾灯慢速前进。让信息科技与驾驶员成为搭档并不困难，可惜，多数情况下，两者实际上是在争夺对汽车的控制权。自动降低车速的智能系统只不过是令我们变得愚蠢的另一种方式。由于我们并不知道车辆为何减速（或许是摩擦系统出现了问题，也可能是汽油中掺进了水），我们可能会踩踏油门，令车辆增速，这反而恰恰催生出了信息技术所竭力避免的危险情境。

专家既不愿意也不需要审视所有的数据。但是，他们希望能够在必要情况下审视这些数据并且对其进行调查。倘若信息技术切断了这种联系，那么它不仅会令我们现有的直觉失效，同时也让我们难以形成新的直觉。

人类搜索数据的方式受限

信息技术会让人类淹没于海量资料当中。为了应对这一挑战，专家们所采取的一种方式就是掌控自己的搜索方式，如同示例三十四中这名优秀的天气预报员一样。

● 示例三十四　幽灵风暴

一名美国空军天气预报人员讲述过一个故事。在韩国的美军基地中，他曾经提前两个小时通报道：能见度将下降至仅有1.6公里，下雨夹雪，且飞机升限只有300多米。但是，其他天气预报人员都不相信他，因为当时天气极其晴朗。

天气预报人员注意到，在过去十二至二十四小时范围内的高空气流图中，出现了短波幅度的变动。根据他对该区域冬季气候模式的心理模型，他怀疑乌云马上就要从黄海赶来。但是，在最新的气流图中，上述短波幅度的变动却消失不见了。他知道，短波变动效应不可能毫无理由地消失，因此，他推测：由于该海域数据源较少，所以电脑自动将数据进行了平滑化处理。

他决定，不再受最新气流图的影响，反而在头脑中模拟风向的变化态势及其发挥效应的时间。他根据前十二至二十四小时的报告，重新人工分析了高空气流图。正因为重新分析全部是人工完成的，他才能够预见到即将出现的天气剧变。

其他天气预报人员一味相信电脑的结果，并且发布了预报。仅仅在两个半小时之后，天气就从"晴空万里"转变成飞机升限仅有360多米，并且下起了大雪。最终导致五架飞机不得不变更航向。

这一示例体现出数据分配的"瀑布"系统的另一弊端——该系统假设：人类可以事先设定哪些信息是重要的、哪些信息是不重要的。在此之后，编译数据的重担就压在了职位较低的助理或者电脑之上。事实上，并不存在所谓的"基本"细节，"恰当"的细节呈现取决于你进行搜索的目的。在这一案例中，相关数据甚至都没有出现在最新发布的报告当中。

由于人类很难事先就确定哪些"信息"才属于"相关数据"，因此，类似于艾伦·格林斯潘——意义建构的大师的专家们非常擅长进行深入挖掘，寻找到恰当的线索以及关键的数据元素。本书第十五节的示例中，艾伦·格林斯潘解读数据的方式就说明了这一点。在示例三十五中，我们则可以欣赏格林斯潘是如何积极进行搜索从而理解眼前事件的。

● 示例三十五　艾伦·格林斯潘如何理解眼前情境

艾伦·格林斯潘作为美联储主席，必须要正确地判断经济发展情势，方可决定应该加息、减息还是维持现有利率不变。经济趋势一般只有在经历六到十二个月的纵深之后方才明朗，待到局势清晰时，往往为时已晚了。正因如此，格林斯潘才会尽己所能地先知先觉。举例来说，经济学家直至二〇〇二年一月，才最终确认二〇〇一年三月即已出现的经济衰退。而格林斯潘则在很早前就成功地预测了此次衰退。从二〇〇一年一月三日开始，他就开始大幅减息，从6.5降低到三月二十日的5.0，又到五月十五日的4.0，最终，大幅降低到了2.0以下。格林斯潘预见到了此次经济危机之严重性，并且力挽狂澜，着力提升投资环境，其出手时机，要远远先于官方文件。

格林斯潘的预测方法融合了直觉与分析过程。他能够接触到成千上万的数据源，但是，一旦有组织削减其信息和数据流，他仍然会抱怨不迭。他的经验让自己知道这些数据是如何获得的，哪些数据需要进行审阅，又应该如何对数据进行解读。他很重视那些实打实的数据，这其中包括：某些特定的供应商完成工厂所提交订单的速度如何？这是通货膨胀压力正在累积的一个信号。当前工人的不安全感程度如何？为了回答这一问题，他需要计算那些自愿放弃上一份工作的失业者人数。为了估测通货膨胀压力，格林斯潘会时刻监控申领失业救济的人数。他还会留意加班时间、汽车销售量以及购买活动等。

大多数政策制订者都希望格林斯潘依据一套更加普遍适用、易于理解的指导原则行事，譬如：当失业率降低到6%时，即提升利率。但是他不会这样做，否则就会干扰到自己的直觉。

下属们会依照自己对于经济形势的理解向格林斯潘进行汇报。但是，格林斯潘不会依据这些只言片语去判断经济走势。凭什么他人的判断就要比自己的更为准确呢？他不会仅仅依赖于模糊不清的数据——其他人整合而成的事实或者数据，比如"总体生产率增长指数"——因为它们会掩盖经济的真实趋势。相反，他很看重细致入微的数据，譬如某一工业领域内部不同企业的投资率变化，或者不同经济板块内生产力的变化等。由于他对不同的参数、不同的工业领域和不同的公司都了如指掌，因此，他能够利用这些数据去证实或者证伪那些不大可信的故事。他进行判断的方式与医生诊断病情相似——亲眼观察、听取关键症状，同时提取自己脑海中的模式和典型特征。通过审视不同的工业领域、不同的公司、甚至是企业内部的工厂，格林斯潘可以建构起合理的故事，解释经济总体趋势的真实走向，并由此确定自己应该向政府推荐哪些举措。正因如此，格林斯潘才能早在1996年12月份就对美国的"非理性繁荣"提出警告。当时，道·琼斯指数高达6636，至2000年1月14日时已飙升到11722，但是在2001和2002年则大幅下跌到了8000左右。

我们不妨再次以拼图游戏作为示例说明这一问题。优秀的拼图游戏玩家不会消极地将每一块碎片分门别类，相反，他们会主动地去寻找那些能够填补到某一空缺处的碎片。

下面这个例子恰好是艾伦·格林斯潘的对立面。一位病人在失去了搜寻并且解读信息的能力之后，其生活就发生了彻底的改变。

1995年，神经心理学家奥利佛·赛克斯介绍了一个案例，主人公是一名五十岁男子，他于儿童早期就因为白内障丧失了视力，最近在做过简单的白内障手术之后，终于恢复了视力。赛克斯对这名代号为"维吉尔"的病人进行了研究，结果发现，对方仍然存在着一个严重的问题。维吉尔现在的视敏度不成问题，他也能够分辨形状和色彩。但是，数十年的盲人生活让他失去了"去观看"的能力。也就是说，他能够被动地接受一系列画面，但却无法自然而然地观看物体，亦无法去寻找物体。当与陌生人会面时，他不会实实在在地看着对方的面庞。"维吉尔有能力观看、有能力注视，但是只有在其他人要求他这样做或者指出这一点时才会这样做——一切都不是自发的。他的视力或许已经复原，但是，使用双眼观看物体，对他而言显然还远未达到自然而然的程度；他仍然固守着诸多盲人的生活习惯和行为方式。"赛克斯总结道：维吉尔在心理层面上仍是一名盲人。

信息技术十分倾向于将使用者转变成为被动的数据接收者，尤其对于那些不是特别熟悉硬件与软件设计理念的使用者而言更为如此，这使得他们难以独立自主地去解决问题。随着信息技术的产生，新一代的决策者或许在心理层面上都是"盲人"，丧失了去观看、去搜索的能力。

信息技术让我们难以成为格林斯潘，反而将我们变成了维吉尔。

试想我们在网络上进行搜索的过程。我们会将关键词键入到自己最喜欢的搜索引擎中，点击"搜索"按键，然后安坐在椅子上，等待着结果出现。最后，结果如愿出现了，可是，某些结果较为有用，但一些并非我们所需要的，甚至有很多则完全是莫名其妙的。你是否曾经好奇于这些页面出自哪里呢？是由于你使用的关键词、搜索算法的局限性，还是某些人为了吸引点击率而采取的巧妙策略呢？你一无所知。而且，你也无从知晓。倘若我们派助理去图书馆搜索信息，如果他拿回来这么多无关资料，我们一定会暴跳如雷。但是，在网络上进行搜索时，我们则对之安之若素。我们没有渠道去质疑搜索策略，但我们并不会抱怨。随着时间的推移，我们一步一步，变成了维吉尔。

决策者并不希望被死板的搜索类别所限制——根据搜索过程中出现的结果，我们会对类别加以更改。举例来说，你本来想要浏览一下我公司的数据库所列举的工作项目，借以了解本企业在直觉训练领域内取得的成果。如果你比较了解培训项目的典型特点，你或许会按照数量进行搜索（或者是项目金额，或者是项目持续时间）。上述方法若未奏效，你则可能会注意到在我们的工作项目介绍中出现了一个你熟悉的名字——黛比·博塔歌利亚并且回想起她曾经向你提供过若干决策培训资料。随后，你收集了所有黛比参与过的工作项目。但是，这些项目的报告材料实在太多——包括中期报告和最终报告，你没有时间和精力去逐份阅读。之后，你回想起自己所需要的信息或许出自本公司为海军陆战队撰写的报告之中，因此，你的关注点开始将资助商纳入其中，搜索那些既有黛比参与、又受到海军陆战队资助的工作项目。搜索结果却为空。这时候，你又注意到，大多数黛比名列其中的报告上，同时也有詹妮·菲利普斯的名字，因此，你又一次搜索了受到海军陆战队资助的工作项目，并且将黛比的名字改为詹妮。这一次，你找到了自己想要的东西。这种搜索方法并没有达到一蹴而就或者按部就班的效果，但却可能是最高效、最灵活的搜索方式。

前一阶段的搜索结果很可能提示你下一步应该搜索的内容。高效的搜索策略就像是一条不断扭曲和蠕动身体的长蛇，随着自己不断学到新事物而改变身形。

但是，某些情况下，"新事物"的数量会超出我们的处理能力。信息技术之所以如此激动人心，就在于它能够为决策者迅速呈现海量数据，乍听起来，的确美妙。直到我们意识到，人类根本无法承受如此之高的数据率。

事实是，人类根本无法完美地吸收海量的信息。信息技术就是这样在暗中削减了决策的质量。

究竟多少信息才属于"过多"呢？数项关于天气预报人员的研究表明，在他们明确五到十个关键信息之后，额外的信息就已经意义不大了，而且甚至会降低预报的准确率。1992年一项关于气象学专家的研究结果显示，随着信息的数量和质量不断提升，天气预报人员对于复杂天气预报的一致度反而会下降。

类似的研究结果提示我们：信息技术所提供的信息超出了人类所能吸收和消化的范围，将每一名用户都变成了维吉尔。

削弱我们的心理模型

随着我们在某一领域内不断积累经验，我们的心理模型亦不断丰富。个体用于理解世界的类别——我们所能明确的差异和联系——也不断进化。某些差异会被舍弃，还有一些差异则会进一步深化。譬如，假设你调整到了一个新的产品部门，正在翻查客户基本数据，首先你会关注一些基本的类别，包括客户订单的金额多寡、客户所从事的商业类别等。一旦你对新部门更加熟悉之后，你可能反而去分析一个全新的类别，重点关注客户使用产品的方式。

倘若信息技术将我们的思维限制在从一开始就使用的类别当中，那么，它就难免会对心理模型的构建能力产生破坏性的影响。请试想，为了准备一个新的工作项目，我们提前设定了电子表格管理程序。在新数据被输入之后，程序将自动对其进行分类和分析。可是，我们之所以搜集数据，目的就是为了了解新事物，而且，这种"了解"将会使我们认识到更加合理的"类别"与"差异"。假设我们事先设定出类别的目的仅仅是为了维持它们，那我们又如何能够学有所得呢？我曾经向一位从事研究工作的分析员提出过这个问题，但很快就被反将一军——"我必须要事先设定好类别，否则我就会陷入到数据的深渊中。"学习——本应该是研究工作者的终极目标——在这名分析员的头脑中却毫无地位。

若个体事先就设定好类别并且不求改变，他必然会很快忘记这些类别的工作机理。因此，当事态发生改变时，我们很难意识到其中的涵义。在海军陆战队的"猎手——勇士"演习中，指挥所员工被不计其数的电子邮件所"轰炸"，每个人都在抄写他人的情报。有鉴于此，他们设立了不同的信息组，以便海军陆战队的不同部门只需阅读其中某一到两个与自身职责相关的信息组，并且只需在某一两个信息组中发布消息即可。这一举措效果十分明显。但是，某一天，一名思维特别敏锐的年轻上尉来到控制台，询问海军陆战队同事们最近是否收到过直升机和F-18战斗机飞行员的信息。没有一个人能给出肯定的答案。这名上尉进行了调查。他发现：有人对一个信息组进行了更改。结果，飞行员的报告都被转存到了一个不再活跃的信息组中。正因如此，过去二十四个小时之内，指挥所中没有任何一个人曾经收到过飞行员的报告。更加糟糕的是，在那名上尉意识到这一疏忽之前，没有一个人发现如此严峻的情势——所有人都对自己的工作感到心满意足，不断阅读着电子邮件，并且给出回复。他们平静地保持着自己消极的并且在某种程度上抽离的姿态，永远无法转换到积极的心理状态中，永远无法去思忖飞行员报告出现了什么问题。他们处于一种"接收然后反馈"的模式，而非"主动地进行搜寻"的模式。

隐匿"思考"数据的方式

信息技术没有明确显示其如何进行推理的过程，也就是搜集并且分析数据、形成推荐意见以及其如何进行"思考"的方式。在本书第十五节中，我们了解到：精准地掌握数据的搜集方式是至关重要的。这一观点同样适用于信息技术的相关处理措施及其推荐意见。我们无法解读它们，也无法用自身直觉去信任或者修正它们，因为我们无从理解信息技术所提供的数据和决策。

信息技术可能会隐藏数据的来源，由此，我们并不了解数据的历史沿革，不了解其可信程度，亦不了解它们经过了多少次、什么类型的转变。

试想，你在与其他人共同协调执行一项任务——比如，就是和我进行合作。如果我真心想帮助你，我就会给你提供很多信息，说明我希望从你那儿获得哪些信息、我所困惑的事项以及我对于手头工作的观点。只有这样，我才会成为你真正的搭档。假设我想给你的工作添乱，我就会故作神秘，我不会说出任何心中所想，也不会表明心中的计划，任何线索都不予以透露。

不妨将信息技术想象成自己的搭档。如果它总是神秘莫测，那么你就无法与它同舟共济。

在某些领域，难以捉摸被视作一种优势。设计师会有意识地将系统运行机理隐藏起来，以便使用者不因程序的软件代码细节而分心。从某种程度上而言，这或许有助于提升用户体验。但是，使用者有时候会十分希望了解系统的运行机理。如果相关机理隐匿不见，使用者对于系统的使用就会受到阻碍。

多数网站都是难以捉摸的。读者是否曾经在网络上购物过呢？这些网站或许易于被设计人员所理解，但却绝对会让消费者感到困惑。分析师们惊异地发现，60%的潜在消费者——那些本来热衷于网上购物的人，最终却放弃了本来的意图，为什么会这样呢？因为他们无法弄清楚如何查找到自己所需的信息。他们并不知道网站会针对操作作出什么回应，因此，他们不敢更进一步。这样的网站根本就不是得力的助手，反而是潜在的陷阱。

在商业航空领域，飞行管理系统（以及自动驾驶系统）也因其难以捉摸而臭名卓著。厄尔·维纳研究了飞行员使用此系统的情况，他发现，飞行员最常见的问题是："这系统在做什么？它为什么这么做？接下来它会做什么？"飞行员知道系统正在运行，但是系统却并未显示它的下一步计划是什么。有些航空公司索性宣布：在紧急或者复杂情况下，飞行员应该直接关闭飞行管理系统。其原因在于，本来处理紧急情况就让人筋疲力尽了，如果不知所谓的电脑再从中作梗，那无异于是雪上加霜。飞行员为了解读电脑下一步会做什么，必须去阅读计算机的"心理"，这会让他们分心。

某些人掌握了"逆向推测"电脑心理的方法。我认识的一位海军技师就称其所使用的复杂电脑系统为"一个骗子"，因为它有时会输出错误的结果。这些故障会让新操作员烦恼不堪，但是对他而言却不成问题，因为他知道电脑为何会出错，所以他知道什么时候、使用什么方法来进行修正。

但是，绝大多数人都无法达到这种程度，甚至根本不会着手去尝试。我们很少发展出与电脑系统相关的成熟直觉。相反，我们会消极地接受电脑的运行结果，在不犯严重错误的前提下，胡乱地应付过去。

我发现，信息技术越为成熟和先进，人类所遭遇的挫折感就越为强烈。举例而言，某些软件开发人员会使用特定算法来克服信息过载的问题。这些算法会为用户检测并且整合数据，免去使用者整理数据之苦。

这其中的问题就在于，普通用户无法深入认识算法以理解其内在逻辑，也无法明确其所使用的数据，所以，我们与数据的遴选背景之间的联系被切断了。不仅如此，我们还要被迫去信任软件开发人员的技能和策略，但我们对他们本人却一无所知。

在某些情况下，如果决策者无法认识到电脑的思考背景，他们就会奋起反抗。举例而言，空军开发出了数套人工智能软件程序，借以自动生成空中作战任务命令。所谓的"空中作战任务命令"，会明确哪些飞机去执行哪种类型的任务，同时提供每次飞行的支持信息细节。一般而言，确定空中作战命令需要花费数天的时间，而且还要消耗大量的人力。人工智能程序则可以在短短几个小时内就确定空中作战任务命令。尽管如此，空军的作战计划制订人员却并不喜欢这套新系统。1995年，我的同事汤姆·米勒和劳拉·米利特罗受空军之邀去调查该问题。

空中作战任务命令数据量极大，而且极为详尽，因此，汤姆和劳拉发现，在人工处理出命令之后，没有人会对其进行全面的审核，这不足为奇。但是，他们注意到，在空中作战任务命令的制订过程中，参谋人员会对其进行评定。一位参谋人员提出了自己的见解，其他人则可能进行反驳，指出其缺陷之所在，或许还会提出改进意见。在空中作战任务命令最终出炉之后，参谋团队经过对计划细节和特定问题的争论，已经达成了完全的一致，即使出现意外情况，作战人员也都能够及时作出回应。

但是，若由人工智能软件生成空中作战任务命令，使用者则会失去对其进行评断的机会。空中作战任务命令会瞬时出现，参谋人员无从去探明其背后的基本原理。无怪乎使用者对这一全新的科技并不认同了。电脑会带来威胁，强迫使用者执行自己并不信任或者并不理解的计划——电脑并未给人类留出使用直觉的空间。用户对此的回应，则是抗拒科技。

不幸的是，当我向美国空军科学顾问委员会解释决策者为何排斥电脑生成的计划时，一位委员会资深成员回应道："那他们就必须要学会去信任电脑系统！"在他的心中，任何阻滞信息技术推广步伐的事物都必须彻底的被根除掉，不论其效果如何。

人类的适应性不断降低

信息技术会强迫我们遵循既定的流程步骤，从而降低了我们的适应性。若想让程序员所设计的电脑系统发挥最大效力，用户必须将任务分解为一系列步骤，并且按照正确的次序加以执行，不可随机应变，亦不可进行调整。在程序员的眼中，用户所承担的角色，必须要抛弃自身的判断和直觉技能，只需操作系统即可。我们应该假设，任务会按照既定方案加以执行，错误不会出现，调整实属多余。因此，电脑系统貌似十分易于使用——前提是每个用户都必须遵循既定方案。

信息技术之所以能够降低人类的适应性，其中一种方式就是在用户偏离既定流程时，施以重罚。信息技术会用无穷无尽的错误信息和警告来轰炸我们，又或者，它们会像那些未被满足的任性小孩一样，索性将系统锁定。

信息技术很难加以更改，这同样打压了用户的适应性。请回忆本书第十一节所举的例子，公司之所以最终抛弃了生产机器人系统，原因就是重新编程的工作量实在过于繁重。

信息技术还会引入一种全新类型的高级信息技术，称作"适应性系统"，这也将降低用户的适应性。适应性系统的前提是，信息技术能够针对决策者的需求进行调适。适应性系统可以感受到使用者的身份，使用者的需求以及应该如何设定偏好值。读者或许已经在杂志上阅读过相关报道——未来的家居能够在你踏入房门的那一刻就识别出你的身份，将房间的温度按照你的喜好进行设定，播放你最喜欢的歌曲，如此等等。假如走进房间的是你的配偶，则房间就会根据完全不同的另外一套偏好值进行设定。

读者或许认为，适应性系统会令决策者更加易于作出调整，但是，我怀疑，它们恰恰会产生相反的效果。适应性系统将我们置于电脑的掌控之下。电脑才是进行调整的一方，而非我们。在信息科技了解了我们所有的偏好值之后，我们最好不要作出任何更改。如果我们擅自作出任何调整，我们都会让电脑处于混淆状态，并引发各种问题。不能这样，对于相关各方——包括电脑和用户而言，最稳妥的方式就是按照典型惯例行事。

前面提到，我坚持认为，反馈对于直觉的构建是必不可少的。当然，事实上，反馈的类别也至关重要。读者或许会惊异地发现，计算机系统所提供的低消耗快速反馈反而会产生不利结果。即时的反馈在培训期间的确能够加快学习进度。但是，理查德·施密特和加布里埃尔·伍尔夫所开展的研究则表明，即时反馈对于最终的学习效果存在不利影响。在培训过程中，只要我们能够获得快速的反馈，即可取得不错的学习效果，学习曲线亦会比较漂亮。但是，一旦离开了培训的环境之后，我们就需要思考如何获得自身的反馈。我们需要监控自身的行为。在培训过程中，信息技术能够给予我们低消耗的高速反馈，这令人如痴如醉，但是，它也剥夺了我们在离开培训环境之后所必不可少的技能。

此外，还可以观察一下儿童玩国际象棋电脑程序的情况。想要在棋局中打败电脑十分困难。但是，程序通常都会附带一个棋步建议生成器。自然而然地，儿童每当碰到棘手的情况时，都会去被动地寻求电脑系统的建议。电脑给出了一个妙招的建议，儿童照做，接着下棋，直到下一个棘手情况露出水面，然后再去请求电脑的帮助。如此一来，儿童不是在与机器对弈，充其量只不过是在执行电脑的建议而已，他们不经意间成为了机器的仆人。

人类容易产生被动心态

信息技术会剥夺直觉决策者身上的积极姿态，并且将其转化成为消极的系统操作员。信息技术使得我们不敢使用自身的直觉；它延缓了我们的学习效率，因为我们已经变得不敢去探索新策略了。

很不幸，我本身就是这一问题的完美范例。由于不堪回首的痛苦原因，本书的稿件是在Word程序里完成的，没有使用WordPerfect字处理程序。Word软件无法使用"显示代码"功能来设定文字格式，我只能无奈地接受软件的默认值。最后也只能依赖自己的出版支持专家维拉尼卡·桑格来解决这些格式问题。所幸，维拉尼卡非常擅长使用Word软件。到最后，编辑对手稿的格式也未提出任何异议。

仅仅是消极行事就已经够糟糕了，雪上加霜的是，它还有可能进一步退化，导致决策者认为电脑知道什么是最好的，并且不再思考应该去做什么。在航空领域中，这种情况被形容为"自动化偏见"。飞机驾驶员与航空调度员如果使用智能系统，并且接受其推荐建议，所作决策的质量反而会降低。他们不会全身心地投入到任务当中，仅仅会依据系统所提供的建议行事——即便他们自己的判断优于系统的解决方案依然如此。

人类如何守卫自身

我十分重视信息技术对于人类直觉的不利影响。使用电脑会对手腕产生损伤已经广为人知，联邦政府还颁布了相关指导方针，降低反复敲击所造成的劳损和伤害。同理，人类的大脑也需要保护。我们必须找出防止重复性大脑损伤的方式，维持我们的直觉，守卫我们的专业知识。

为什么信息技术的发展趋势会危及我们的专业知识和直觉呢？对此，不同观点之间存在着尖锐的对立。对于绝大多数软件开发人员而言，人类的大脑不过就是"生理计算机"而已，人脑与电脑之间不应该存在任何冲突。

假如思维过程不过就是计算，那么，信息技术恰恰是弥补了我们自身的计算能力。

但是，人类的思维绝不仅仅是计算而已。它还包括模式识别、意义建构以及本书所有曾经讨论过的认知过程。人类的思维方式与电脑的思维方式之间存在着本质区别。

信息技术专家一向致力于设计出在技术层面上令人印象深刻的系统，并且将使用者视作整个循环当中的薄弱点所在。他们有时会将操作者看成是为系统提供反馈的一种方式，而且还竭力使操作者偏离既定策略的可能性降至最低。决策者如果做出了激烈的行为，譬如以程序员意料之外的方式进行调整，往往会让后者感到倍加紧张。对于程序员而言，理想的使用者应该遵从规则，操作各控制器，然后让系统自行其是。

有时候，人们会描绘自己内心深处的乌托邦——在那里，人类负责做自己最擅长的事物，机器负责做自己最精通的事物。这个乌托邦看似是可行的，因为机器能够完成某些人类难以执行的任务，譬如，长时间保持警戒状态、注意到微小的差异、在大量数据中进行搜索、进行复杂的运算，如此等等。理想状态是，计算机开展精准而可靠的运算，而创造性的任务则留给人类。

但这并不符合实际。一位人机交互领域内的著名观察家——唐·诺曼，利用自己在苹果公司和惠普公司的经验，描绘了现实职场中的场景：

> 信息技术认定：机器存在着某些需求，而人类必须要满足这些需求。人类所擅长的事物，那些与生俱来的能力，却无人问津。机器所需要的，是精准、精确的控制和信息。只要是机器所需要的事物，无论人类多么不擅长，亦必须提供。为了满足机器的需求，我们甚至不惜"量身定做"自己的工作。

波特与斯图尔特·德雷福斯早在1986年就提出了类似的警告：

在社会的各个层面上，计算机类型的理性思维都在全面胜出。专家已然成为了高危物种。倘若我们无法将逻辑机器置于恰当的位置上，无法将其作为人类专家直觉的援助，那么，我们就会沦为计算机的仆人，只能向电脑主人提供数据。假设这种计算性质的理性占据上风，就不会有人注意到某些东西已然缺失了。但是，现在，趁着我们还了解何为专家判断，让我们善加利用那些专家判断，并且确保其长盛不衰吧。

那么，我们应该做些什么呢？首先，我们必须要理解自身专业知识和直觉的根基所在。我们无法守卫自身并不看重或者并未留意的事物。因此，我希望本书——它说明了直觉的重要性，并且解释了直觉的基础是模式、行动方案和心理模型，这些是人类通过自身经验所获得的事物——在这一方面可以有所贡献。

其次，我们应该对信息技术干扰直觉的情况有所警觉。倘若我们一意孤行，无视问题之所在，那么，等到我们幡然醒悟，并且发现自身的损失时，一切都为时已晚了。

再次，在向程序员提出要求时，应该将他们置于"支持"而非"统治"的地位上。当我们选择电脑系统时，当他人就计算机系统的设计征求我们的意见时，当我们为了迁就信息技术而改变工作模式时，我们应该坚持使用那些尊重人类直觉的设计方法。我们应该更加清晰地表述自身的识别技能和意义建构技能，不能消极地束手就缚，任凭上述技能随风消散，因为，程序员在为电脑编程时，实际上也是在为我们的大脑编程。认知工程学领域内的部分专家，当前就正在致力于开发出能够满足决策者需求的高级电脑支持系统。

● **示例三十六　电脑模型还是电脑捣乱**

完成对天气预报人员的调研之后，项目主要负责人丽贝卡·布里斯克，在一次会议上向我们报告了他的研究成果。听众大多数都是天气预报员，丽贝卡主要介绍了专家与新手之间的差别在哪里。其中一个显著的特征是，专家都致力于建立自身的心理模型。

下一位报告者介绍了该公司所设计的新型电子系统，其目的是为了使天气预报更加简单。该系统中包含了一套关于天气现象的复杂而全面的模型。其原理是，针对多种多样的变量进行海量运算，并且为预报人员提供一整套的预报结果。

在他做完报告之后，丽贝卡本人虽然并非吹毛求疵之辈，仍然忍不住对其提出了批评。她指出，这恰恰是天气预报专家所不乐见的电子系统。专家们需要建构起自身的心理模型，他们还需要查看并且追踪各种数据。他们不希望沦为报告中所述电脑模型的助手和文书。

听众们为丽贝卡的发言大声叫好、群情激奋。专业性质的会议上很少有欢呼声出现，因此这一反应的确不同凡响。它显示出，专家们对于构建自身心理模型的重要性之感是多么强烈。

开发出与直觉相融洽的高级信息科技形式完全是可行的。包括认知工程学在内的学科，就致力于提供若干策略，鼓励软件开发人员与人因专家相互合作，提升设计过程的质量。认知工程学首先会确定决策者完成某一项任务所使用的策略及专业知识类型，然后根据这些要求来设计电脑支持系统。

我们无须纠结于机器是否比人类更为聪明——在某些层面上，它们的确更加聪明，但在其他层面上，人类则更胜一筹。我们也无须因为机器的每一次胜利——譬如深蓝战胜了加里·卡斯帕罗夫都咬牙切齿。当然，电脑正在越变越好、越变越聪明。对于一种新型智能的出现，我也乐见其成。

　　我的担忧非常简单：我并不介意电脑比人类更加智能，因为它们的智慧程度正在不断提升。我所介意的是，信息技术提升智能程度的方式是将人类变得更加愚蠢。这种情况很有可能出现，它也是我们所必须抵制的一个潮流。

·17·

直觉决策的十大秘诀

　　本书所介绍的直觉训练项目，是为了让读者跻身于与利亚·狄柏罗并肩的行列，她提升了生产流程的质量；以及杰瑞·科柏，美国公民银行的首席执行官；达琳，新生儿急救护理中心的护士；威廉·勒梅舒尔，结构工程师；还有我们一路走来所认识的消防队员和军事指挥人员。这些人当中没有谁生来就坐拥出众的直觉。但他们无一例外都从事自身职业至少长达十年之久，逐渐学会了如何更加透彻地观察这个世界，注意到各种可能性和潜在陷阱。

　　直觉决策者是什么样子的？如果读者秉信魔幻直觉论，那么所谓的直觉决策者就是那些对感觉和冲动持开放态度之人。这种描述当然符合上述几人，但同时也符合其他很多人的特征。它没能捕捉到那些杰出决策者令我们眼前一亮之处。第一段中所提及的决策者们都拥有丰富的经验，而且乐于依赖这些经验。他们同时还秉持着乐于钻研的精神，从而最大限度地利用自身经验。以下是这些决策者的特征：

- 他们的表现要显著优于平均水平。

- 他们十分了解即将发生哪些事情。

- 他们能够解释当前情境的发展历程。

- 他们了解自身的不可靠性。如果自己的观点被证明是错误的，他们能够想象到其他可行的解释方式。

- 他们充满自信，尤其是在面对时间压力和不确定性时更是如此。

- 他们能够及时预见到问题，从而尽快加以避免并且平息不利影响。

- 他们享受计划失败时所带来的挑战，因为这是寻找全新解决方式的良机。

- 当意料之外的事件发生时，他们知道应该如何加以应对。

- 他们了解例行工作方法，但他们同时也了解例行工作方法的局限性所在，所以不会被其所束缚。

- 他们总是竭力提升自己。他们知道自己并不完美。如果你询问他们所犯过的错误，他们会举出近期的例子，因为他们一直在对其进行反思，竭力思考什么才是更加合理的做法。

本书并非一味否定读者的既有决策方式，也并不主张在决策领域掀起激烈改革的风暴。相反，我们鼓励读者一如既往地使用自己的方式去解决问题——只不过要以更加坚实的经验作为根基。

熟悉了本书所介绍的各种工具后，又该如何作出决策呢？你可以运用行动方案的模式识别本领。你可以使用丰富的心理模型去侦测问题，管理不确定性，理解情境，并且随机应变。你能够将经验转化为实际行动。

直觉训练项目的目的就是提升你的学习曲线。这些工具的基础，是决策技能习得的理论框架——它更重视经验的累积，而非工作流程的确定。三大工具包括：决策需求表格、决策练习的使用以及决策评价。同任何重要的技能一样，直觉决策也是可以通过学习去掌握的，具体方法包括：明确培训目标（决策需求），提供恰当的练习（决策练习），并且确保及时反馈（决策评价）。

此外，还有一套工具：在读者没有时间参加直觉训练时，关于如何进行决策的有效建议。我们所有人都会遭遇在措手不及的前提下必须作出判断的情况。那么，我们应该怎样应对这种情况呢？

十大秘诀教你作出判断与决策

即便我们没有机会构建起丰富的经验，仍然可以使用自身的直觉。事实上，在面对陌生的情境时，我们总是要依赖直觉的力量。除此之外，别无选择。没有哪个人一出生就是专家，熟知如何选择大学、挑选专业、找工作、寻找结婚对象、推测团队中哪名成员更加可靠，或者判断某名医生是否可靠。我们一路成长，同时一路学习。在措手不及的情况下，我们可以运用下列建议运用直觉作出决策。

（一）**首先映入脑海之中的选项，往往是最好的**。这并非是完全正确的真理，却得到了许多研究的支持。因此，面对艰难困境时，必须留意自己的第一冲动。你应该批判性地思考这个选项。你可以驳回它。但是，如果你忽略它，你就错过了来自潜意识的"迅速"而"免费"的建议。此外，在对决策内容进行思考之后，倘若仍然无法在不同的选项之间作出抉择，你或许应该选择自己的第一冲动。

（二）**使用分析来支持自己的直觉**。这意味着你首先要了解自己的直觉内涵，再去应用自己的思维能力。在评价自己的第一冲动时，必须要利用自身经验——想象决策的执行过程以及可能出现的纰漏。这是消防人员和其他优秀的决策者在现实生活中评估事态走向时所采取的方法。他们不会将各选项从情景中抽离出来，使用一整套普遍适用的标准体系去衡量它们。若你使用这种方式将决策肢解分离，你实际上也就与自己的直觉断开了联系。

（三）**将更多的精力用在理解情境而非反复思考具体做法之上**。你可以终日思考，但若你并不了解眼前的事态，你对行动方案的选择也不会多么明智。你更应该将时间用在了解各前提条件及相应结果之上。只有这样，你的直觉才更有可能转化成为意料之外的灵光一闪。

（四）**不要将欲望与直觉相混淆**。它们完全是两种不同的事物。譬如，我们都知道，有一种女人总是和并不适合自己的男人约会，一次又一次地不顾"警告信号"而伤害自己。她们的直觉去哪里了？无影无踪。这些女人知道，新的男朋友有着和前男友类似的缺点。她们的直觉并无问题。她们只不过是忽略了自己的直觉，因为同时还有更加强大的力量在发挥着效力。她们接连不断的可悲感情经历不啻为一种警示，说明人类如果不顾直觉而生活将会是一件多么痛苦的事情。

（五）**当直觉误导你时，否决它**。切记，直觉并非永远不出差错的。需要对它们进行核查。不加反思而应用直觉的危险之处在于，使用者可能会出现固着的现象。我们或许在懵懂无知的情况下误以为自己已经了解了情境，并且据此敷衍搪塞掉所有反面的证据，使得局面雪上加霜。我们的大脑，十分擅长固执于错误的信念而无法自拔。为了突破己见，获得自由，必须测试自己是否出现了固着的问题。譬如，要问自己是否有证据能够推翻你的观点。如果答案是否定的，则你可能已经出现了固着的现象。突破己见的束缚并不容易——有时候，我们对于事物的固有看法坚如磐石。要试着去思索是否存在其他版本的故事，要给自己留下一些心理呼吸的空间，同时观察其结果是什么。

（六）**预先考虑**。直觉能够帮助我们先知先觉，它们能够令我们产生预期，连接起分散的事件点，指明不一致性，或者警示我们可能存在的问题。世事复杂，使用缜密的情景分析很难洞穿真相。相反，我们必须要依赖于直觉的力量。为此，我们首先要给直觉一个机会。举例而言，仅仅聆听上级的指示，并将其牢记在脑海当中，这样的员工还不够出色。真正能够展现出最优异的先知先觉之人，是那些主动去想象如何执行任务之人。他们会在心里进行彩排，想象情境将如何展开，并且判断是否会出现直觉层面上的警示信号。这种全身心投入的态度与常见的得过且过完全不同（预演失败策略，可以用于培养积极主动、不断搜寻的态度。当然，读者也可以在不适用任何技术的情况下，采取积极的姿态）。请亲身实践下面这个小练习。假如，你开车驶入陌生的地点是路况复杂、地图难以识别时，不要仅仅去记忆各处弯路以及需要转弯的路名。要在大脑中预想你将要行驶的路线，了解你要前进的方向，提前预判自己可能会迷失方向甚至迷路的情形，同时掌握更加详细的方向信息，从而将风险降至最低。这种途径就十分符合先知先觉的需求。

（七）**不确定性让决策更加激动人心**。不确定性是直觉决策与生俱来的一部分。面对不确定性时，大部分人都会倍感受挫。他们会任由不确定性使得自己束手束脚，或者为了摆脱迷茫感而做无用功，去搜索那些姗姗来迟的信息，却仍然无法解答内心的疑惑。不妨试想，倘若我们每时每刻都拥有充足的信息，世界还存在什么挑战性呢？对于直觉的培养能够帮助我们管理不确定性，从而接受不确定性是不可避免的，从而了解何时应该搜集更多的信息，从而感知什么时候应该不顾一切地去思考还没有答案的问题。事实上，如果不确定性完全消失，我们才应该感到警觉——这很可能意味着我们将很多重要信息过度简单化或者直接忽略掉了。举个例子，在作出艰难选择时，我们希望所有事项都井井有条。我们希望证明某一行为选项在每个维度上都确实强于其他选项，从而解决所有未知的琐碎问题。人类意识层面上的心理渴求一致性，正因如此，在一切都各就各位之前，我们都会感到极端痛苦。我们十分擅长将未知的琐碎问题敷衍搪塞掉。由于未知的琐碎问题是不可避免的，因此，这样做是大错特错的。如果一切事项都井井有条，那反而才是一个警示信号。倘若你在进行选择的过程中没有进行任何取舍，那只不过是你在自欺欺人而已。

（八）**使用恰当的决策策略**。某些情况下，个体需要依赖直觉；某些情况下，则需要全面分析与决策相关的各个要素。除非你能够用数字将关键的问题进行反映，否则，分析式决策通常都是并不明智的，因为这一过程太过于依赖随机性的测量，从而可能产生数据的扭曲化。不过，假如问题过于复杂，没有人对整体情境拥有合理的直觉，那么，与依赖第六感相比，采取分析方法反而更加合理。某些情况下，我们还必须接受一个事实——自己已经深陷"两可地带"，不论我们如何努力，也无法作出某一选项优于另一选项的结论。当多个选项的优点和缺点相互抵消时，两可地带即将显现。假如你还拥有精力和耐心，大可以在两可地带中挣扎，但是，与其这样，还不如用抛掷硬币的方式作出决定，因为不论是分析还是直觉都不能解决你的问题。

（九）向专家请教。在陌生的领域——如财务计划相关事项，与其相信自己的直觉，不如听从专家的。但是，哪些人方才能够称得上是专家呢？倘若声称自己是专家的各色人等向你提出了互相矛盾的建议，那么你就必须要在滥竽充数之人中遴选出真正的专家。真正的专家能够做到：捕捉到被你所忽略的微妙线索，使用关于事物发展机制的心理模型，同时提出从未进入你脑海中的行为选项。专家十分享受设计出变通方法的过程。专家通常要比我们普通人提前预想两到三步。即使如此，他们仍然不断追求上进，也因此十分了解自身的缺点。倘若某人从来不记得自己最近犯过哪些过错，那么，你就应该对其抱有怀疑态度。一旦你对某位专家产生了信任，就需要进入到他的直觉当中，具体方法是，提出具体的问题，询问先前的类似事件，或者询问你应该如何想象当前事态的发展趋势。

（十）随时警惕直觉障碍的存在。当你在公司中遭遇到下列任一情况时，必须要竖起警报的"红旗"：

● 公司建立起的体系使每个人都相信自己必须要遵循工作流程，倘若有任何人指出工作惯例中存在的局限性或者不一致之处，管理层就会失去耐心。

● 公司内部存在着一种文化氛围——只要一个人能够背诵出工作的先后步骤，他就会被认为是受到了良好的培训。

● 管理层并不重视核心员工的丰富经验。

● 上级希望下属完全遵从命令，但却不愿为他们作出进一步的解释。

● 管理层无法容忍不确定性的存在，并且冀图于使用大量的数据收集工作来管理不确定性。

● 公司体系鼓励每一个人使用简单的数字式目标去澄清事态。

● 管理层开始探索使用电脑系统代替人类专业知识的方式。

上述任一障碍都表明，你自己的直觉将无法得到他人的重视。但是，这些情境也可以成为良机。你应该预测到本公司将（如预期般）遭遇困境，同时准备使用自己的直觉去力挽狂澜。

训练绝佳直觉所需的态度

发展出优秀直觉的关键之处在于耐心和反馈。两者的运用皆可提升个体理解情境、发现问题、管理不确定性以及更加灵活地进行谋划的能力。

但是，为了提升自己的直觉，你就必须要练习这些技能。每个月健一次身，你是不可能拥有好身材的，那不过是浪费力气。同理，只有勤加锻炼，直觉决策技能才能提升。

某些读者已经开始强化自己的直觉了，但是，我怀疑，某些人在读过这本书之后，又会重新拾起旧的习惯。为了让自己的直觉训练项目物有所值，以下是读者必须竭力避免的一些借口和态度（注：括号中所列出的节对相应观点进行了反驳）。

经验会自动地结合从而形成专业知识，我不需要为之付出努力（第四节）。这种自我安慰的说法不过是对于懒惰的合理化而已。仅拥有经验还不够。真正的专家会严肃地对待自身的技能，在力图有所成就的领域内为自己设定目标。他们会围绕这些目标组织练习内容，争取每一次都能够实现一个具体的目标。为了培养专业知识，必须要这样反复进行训练。获得反馈同样也十分重要。第四节提供了若干工具，读者可用其掌控自己的学习曲线。

重温失败实在过于令人灰心丧气——最好抛下过去，昂首前行（第四节）。这一借口忽略了一个事实：错误和失败有时候恰恰是学习的最佳时机。

它们能够揭示出更加细致的模式和心理模型，可以供读者使用。重温失败并非是令人难堪的任务。当我失败——而且是惨痛失败时，我没有办法压抑它。事实上，失败会让我倍受打击。于我而言，超越失败最有效的方法就是仔细想想我当初应该采取的正确做法是什么。一旦豁然开朗，失败所带来的痛苦就会烟消云散，代之以"我还拥有再来一次的机会"的希望。

我已经忙的不可开交，无法再抽出时间去提升直觉技能了（第四节）。或许的确如此。但是，也许你之所以感到**忙**的不可开交，是因为你的方法存在问题。倘若你能够掌握高效的决策策略，你或许能够让自己跳出目前所处的深坑。假设你现在使用的策略并不见效，不妨尽力去提升自己的直觉技能。你现在的做事方式或许耗时太多，而且强迫你要不断地去查漏补缺。

我已经是一名非常优秀的决策者了，正因如此，我才获得提升（第四节）。请思考以下这四个人，对于有些人，读者或许非常熟悉：泰格·伍兹、迈克尔·乔丹、杰瑞·莱斯以及托尼·格温。伍兹是知名高尔夫球手（以他目前的职业阶段而言，是前无古人的）；乔丹是一名篮球运动员（所有人努力的标杆）；赖斯是一名接球员（公认为古往今来第一人）；而格温则是一名棒球手，他是同时代球员中的佼佼者。这些运动员在功成名就、能力得到广泛认可之后，被大家狂热崇拜、被大众传媒热切追逐，可他们全都拒绝志得意满。伍兹令人吃惊地改变了自己的高尔夫挥杆动作——从来没有哪位高尔夫球手曾经成功实现过这种转变。但乔丹不同，他刻苦训练，最终掌握了后仰投球的能力，并且提升了自己的防守质量，以弥补运动能力不可避免的下降。赖斯开发并且坚持了一套肌肉健身计划，这是绝少有其他人能够坚持下来。最后，葛文众所周知地观看棒球电影，借以研究自己的击球动作——以及对方击球手的动作——这些全部发生在他获得最佳击球手的那几年。这些运动员中没有谁需要如此高强度的训练。他们原本都可以平稳发展（绝大多数运动员也确实是这样做的）。但是，他们并没有选择这条路。你又凭什么安于现状呢？

● 示例三十七　最不需要提升高尔夫球技能之人

从1998年到本书付梓之际，泰格·伍兹一直被视作职业巡回赛中最优秀的高尔夫球手。尽管如此，二十世纪九十年代晚期，他却决定全面革新自己的球技。

具体而言，他对自己的击球感觉平平。回顾比赛录像，即便是他获得压倒性胜利的1997年高尔夫名人赛（最终他领先对手十二杆），他能够看出，自己的挥杆方法存在缺陷，一切都有赖于自己把握时机的能力和运动能力来加以弥补。可他意识到，随着年龄渐长，自己进行弥补的能力会逐渐变弱，也因此会提升败阵的机率。

还有少数几名高尔夫球球员曾经试图改变自己的挥杆方式，但皆铩羽而归。尽管如此，伍兹仍然意志坚定。与教练共同商讨之后，他掌握了如何令杆头击球面与球成直角的时间更长以及如何在挥杆过程中对球杆的掌控力更强。伍兹和教练估计，在学习新的挥杆法的过程中，他的比赛成绩将大幅下滑，从领头羊的位置跌落也会持续数月之久。他已经做好准备，去阅读那些声称他早期的成功不过属于侥幸的报道了。

而且他也的确陷入了低谷。接下来的十九个月中，他只赢得了一次锦标赛。他痛苦地学习新的挥杆法，却饱受挫折。但是，他仍然坚信，与获得每节胜利的自己相比，他正在成为一名更加优秀的高尔夫球球员。

最终，新的挥杆法成为了他自然而然的身体反应。他能够依赖于这个方法了。同时，他的比赛成绩也重见起色了。在1999年总共十四场锦标赛中，他一人就赢得了十场。2000年和2001年，他势不可挡。2002年，他获得了个人第三个大师头衔。他仍然在找寻自身所存在的弱点，并且努力地将其转化为优势。

　　成为优秀的决策者毫无意义——没有人会注意到我所作的决策是好还是坏（第四节）。倘若你所作出的优质决策很多，不合理决策极少，那么，即使下属并不了解你的任何具体决策，你的整体绩效表现亦会有所提升。请追踪自己的决策，并且了解其质量高低。倘若决策所导致的恶劣结果多于令人满意的结果，那就说明你的某些做法存在问题。要更加细致地观察你的下属，去推测他们是否在竭尽全力地成为更加优秀的决策者。

　　我们的工作性质经常发生变化，因此，成为当前工作的专家是一种对时间的浪费（第十四节）。恰恰与之相反，工作职责的快速改变，更加体现了学习效率的重要性。经常有人问我，如何提升新入职、经验尚浅的员工的学习曲线，因为他们对本职工作的直觉决策技能掌握极少。他们必须要在短时间内，通过自己的探索或者与同事的交谈，构筑起经验根基。同样的观点也适用于那些刚刚调整到新岗位并且需要迅速树立权威的管理人员。新上任的经理需要迅速适应新岗位，这样做既对自己有利，也对整个部门有利。

　　迅速的变革令我们过往的经验丧失了意义（第四节）。在当前环境下，变革的出现可谓前所未有的迅速（快速的变革对于分析式决策方法亦存在不利影响，因为用于决策的数据也有可能迅速过时）。为了应对瞬息万变的形势，你必须要掌握"构建起能够反映出全新局面之直觉"的方法。

　　● **示例三十八　动力不足的营销人员**

　　很多年前，我安排了一次与某大型企业市场部副经理会面的机会，向其介绍我用于进行市场预测的策略模型。该策略主要分析先前产品的发展趋势及销售数据情况，同时寻找相应技术来调整这些数据，再对当前的产品进行预测。

　　我向他解释了这一技术，他也认为这一策略能够使得营销部门的市场预测更加精确。但是，在我志得意满之前，他就告诉我，他不会尝试这个新方法。

"不妨想一下,"他解释道:"当别人要求我预测某一新系统能够卖出多少组件时,我会奉命行事。我知道,自己的预测会被应用一段时间,然后就会被封存在某个地方,被人遗忘。我的预测或许会影响到新产品的开发计划,但是,一旦资金阀打开之后,产品投入市场还需要一到两年的时间。之后,还要花费一年的时间去搜集销售数据。我敢保证,在获得全新的销售数据时,我的预测至少已经过去三年了。到那时,没有人还会记得我的预测。即便他们记住了我的预测,而且预测数据大错特错,我也可以逃避他们的质问,借口说竞争情境已经发生了改变,或者你们没有按照我所预期的广告策略行事,又或者任何我可以信手拈来的托词。如果真是这样,我为什么还要花费哪怕一丝一毫的精力去提升预测的精准度呢?"

或许这是巧合吧,不过,仅仅几年之后,这家公司就陷入到财政困难当中,最后又成为了恶意收购的靶子。

直觉与生俱来,无法通过后天努力获得(第三节)。没有任何证据表明直觉是与生俱来的。本书中所介绍的直觉依赖于经验和模式识别(参见第七节"专业知识"一节),这些能力并非人类生而具备的。某些人推测,不同个体对于自身直觉的开放程度有所差异。这个观点有其一定的道理,但是,这并不是说那些更加开放的人拥有更加合理的直觉。人与人之间的差距主要源自于工作的努力程度。譬如,二十世纪五十年代,棒球运动员乔治·舒巴被公认为是"天生的"击球手,因为他的挥杆姿势十分优美。退役之后,他向体育记者罗格·卡恩讲述了他自己"天生"的挥杆技巧。他将卡恩带到了自己家的地下室,那里尚存有他用于锻炼那"天生"挥杆技巧的工具。在正式比赛中,他使用0.9公斤重的球棒。不过,在地下室内,他所使用的球棒重量高达1.2公斤(在0.9公斤重的球棒尾端挖了一个洞,里面放置有0.3公斤重的铅，以增加其重量）。还有一团打成结的线球悬挂在平衡木上，作为棒球。舒巴回忆道：

> 在冬天……十五年来，卸下土豆或者忙完其他任何事之后，即便在打大满贯赛事的过程中，我每天也都要对着平衡木挥杆六百次之多。每天晚上，每挥杆六十次我都会做下"X"的标记。写完十个"X"标记，也就说明我挥杆达到了六百次。之后，我才会上床睡觉。

这才是"天生击球员"的养成方式。

提升下属的直觉决策技能——培训部门应对此负责，与我无关（请参考第十四节对于直觉训练的论述）。处理工作中的棘手事项——作出艰难决策，预测工作结果——需要你和其他老手所掌握的各项技能。培训下属如何成功地应对这些复杂情况是你的荣幸。

为何如此心急？倘若你今年不去学习直觉决策技能，或许你明年也能够掌握它。又或者，是后年。毕竟你认为直觉不会凭空消失。事实上，与任何没有得到练习的技能一样，直觉亦可能会凭空消失。不论我们多么赞同直觉决策的理念，直觉都有可能消失殆尽——包括我们自己和同事的直觉。在本书中，我们已经探讨了其消失退化的方式——无法传达意图、未能培训下属、误用数据以及对于信息技术的过度依赖。倘若这些因素与快速的变革节奏和高人员调整率结合起来，将对我们的直觉产生前所未有的消极影响。如果我们不严肃对待直觉，不去维系它、提升它，直觉就可能会受到"侵蚀"，并且变得毫无价值。

为了防止直觉可能受到的"侵蚀"，保持提升自身的欲望是必不可少的。倘若你像泰格·伍兹、迈克尔·乔丹、杰瑞·莱斯以及托尼·格温一样看重自己，那么，磨练决策技能就不会再成为一种负担。所有的专家都无一例外地全神贯注于一件事———一如既往地磨练技能并且纠正错误。

直觉决策过程中的常见问题与解决方案

以下是我在工作坊和接受访谈的过程中最常遇见的若干问题。

┃什么是直觉？┃

直觉就是个人将经验转化为行动的方式。它根源于个体先前生活中的一整套预感、冲动、领悟、第六感、预期以及判断。它不是魔法力量，也不是超感官知觉。人类意识层面上的心理活动会处理信息，但是，另有很多处理过程是处在意识之外的。正因如此，我们才能识别出问题并且确定快速的应对方式——即便我们无法理解这些应对方式的具体来源。

┃直觉值得我们认真对待吗？┃

你最好认真对待直觉，因为它反映了你所有的经验。不要被"这些感觉来自于你的潜意识"这一事实所愚弄，那并不意味着它们是随机出现或者偶然有之的念头。它们仍然是你心理活动的产物。同时，不要热衷于赞美你意识层面上的思维过程。你每次只能意识到一件事物。正因如此，意识才是瓶颈之所在。以中央视觉和边缘视觉的区别为例，倘若一个人并不拥有边缘视觉，那么将极难行走、驾驶、阅读或者确定方位。这一点同样适用于前意识思维（前意识，是人们能够提前预知他人或自己事态的发生及后果的意识。——译者注）。

┃为什么直觉在日常生活中如此重要？┃

因为你不可能在不作出任何判断和决策的情况下度过一天的时间。假如每作出一个决策之前，你都要停下来去审视所有的证据，那么，你的速度不会很快，深度也不会令人满意。除此之外，在大多数情况下，对于行为选项的有意识分析并不会奏效——或者信息过多，或者信息不足，或者信息的格式不对，又或者没有足够的时间去翻查所有的信息。假如我们无法全身心地信任自己的直觉，信任那些反映出先前经验的应对方式，那么，在绝大多数情况下，我们都会停滞不前。直觉能够让我们迅速辨识出他人的脸庞——我们不需要识别出面部特征，再将其与记忆中所有认识之人的清单进行对比。直觉能够让我们行走、驾驶，并且停留在认知的"自动驾驶"状态，由此，我们才能将精力集中到眼前最重要的事项上。直觉令我们能够回应那些自己几乎并不了解的线索。直觉让我们能够同时监控数段对话，并且将注意力转移到那段最重要的交谈之上。直觉让我们有能力在几秒之内就对个体及情境作出评价。直觉让我们能够对其他人及其意图形成相对较为精准的判断。直觉让我们在自己还不知道应该忧虑哪些事项之前，就发出危险的信号。直觉帮助我们去揣测什么才是得体的社交行为。直觉帮助我们不假思索地应对简单任务，以便我们能够思考接下来的工作安排。最后还有，直觉为我们提供了关于人类和问题的意外的领悟。

| 直觉如何推动我的职业发展进程？ |

某些任务令人热情四射，某些任务令人感到困乏，倘若你对此较为敏感，那么，直觉就能够帮助你选择职业。试想，很多大学生即便已经接收到了警示信号，知道自己起初经过深思熟虑的选择并不合理，但却仍然被困在本来的专业内，失望不已。直觉还能够帮助你选择岗位，当某一工作机会令人感到不快时，直觉会发出警告；当某一空缺岗位值得考虑时，直觉则会激起个体心中的热切之情。

很多年前，一家大型企业提出要收购我自己的研究及开发公司。我本来想接受这一提议，但是直觉告诉我，这样做是错误的。我拒绝了对方的提议，事后证明，这一决策是正确的。我之后才了解到，本来要担任我们公司经理岗位的人营造了非常糟糕的工作环境，随后，那家公司关闭了该经理的办公室。

进入一个新岗位后，很重要的一点就是，要迅速构建起自己的直觉，从而加快自己的工作进度，成为团队中值得信赖的一员。一旦你成为可信之人后，直觉的质量就能够决定你作出优质决策及判断的速度。这将帮助你在工作岗位上取得进展，不会陷入"每遇到一件事情都要进行分析"的无尽循环当中。而且，当你在一个组织中不断被提升之后，你的直觉就是你在这个组织中的价值所在。

采取直觉反应会令我们陷入到麻烦之中吗？

当然了。我们的直觉并不总是完美无缺的。有时候，最早出现的冲动反映了我们所"希望"发生的事情，而非将会"切实"发生的事情。对于重要的决策，首先，你要了解直觉告知了自己哪些信息，之后，再去细致地探索其是否合理。这才是优秀决策者的行事方式。他们会利用自身的经验去评估情境、识别出正确的应对方式、之后再去想象某一回应方式的后续效果。假如想象的结果令他们感到满意，他们就会勇往直前。假如他们发现了个中问题，他们就会努力去提升该回应方式的质量。假如没有提升的途径，他们就会将其抛弃，转而审视直觉所建议的其他回应方式。

我如何分辨自己的公司是否针对直觉设置了阻碍？

你可以亲身去观察是否存在一些普遍的信号。要回答下列问题：（一）你的公司如何对错误进行回应？如果高管或者经理的回应方式过于严厉，那么雇员很有可能不愿意表现出首创性或者使用自身直觉。（二）你的上级和同事是否会逃避作出决策的公开职责——他们是否会把自己躲藏在集体判断之后呢？（三）如果直觉告诉你某一工作流程并不合理，那么将会发生什么呢？公司会考虑改变工作方式吗？（四）你是否必须使用确凿的数字去为自己的判断进行辩解呢？在某些组织中，雇员感到自己并不敢开口说话——即使他们看到重大疏漏出现时，亦会如此——除非他们拥有证据作出牢不可破的论断。（五）假如上级的指令非常模糊，而你又提出了一些问题予以澄清，这是否会被认为是挑战领导威信呢？（六）学习某项任务是否包括记忆必须遵循的工作步骤呢？我们都知道，很多公司实际上是在不知不觉的情况下扼杀了员工的直觉的。

为什么你对流程怀有如此批判性的态度？

因为我认为它们的使用方式存在很大问题。不要误会我的意思。流程通常都是必不可少的——譬如，飞行员所使用的飞行检查清单等。我敢肯定，这些检查清单能够防止很多意外发生。对于那些聘用技艺相对低下的员工从事危险任务的公司而言，流程同样至关重要。某些工业领域潜存着复杂的紧急情况——比如核电厂——它们必须要依赖于工作流程（请切记，我的批判并非盲目地对工作流程予以攻击，因此，不要将工作手册弃如敝履。如果你真这样做，很有可能在工作中闯下大祸）。

我所不赞同的是，很多公司将工作流程视作员工出现错误之后所使用的"绷带"。公司不愿去理解错误背后的原因，反而通过颁布新的工作流程去防止同样的问题再次出现。又或者，管理层虽然认同经验丰富的员工的优异表现，但却不会采取直接的手段将这些员工提升至相应的职位，反而试图用流程手册去留存这些至为宝贵的技能。

随着时间推移，工作流程不断增多——有时候还相互矛盾——直到员工们对于自己应该做什么感到无所适从的程度。但是，他们却心知肚明：一旦工作出现了问题，管理层总是能够找到没有得到遵守的流程。员工工作的过程沦为了理解流程的练习，同时还要去猜测上级将如何作出拘泥于流程规定的解释。不仅如此，流程基本上永远无法做到及时更新。其结果就是，组织自欺欺人，误以为自己已经解决了各种问题。员工的直觉受到了压制，因为他们的关注点全局限在"工作流程"的范畴内，而不是如何履职尽责。一个组织如果被官僚主义所累，不断地向工作流程中整合进新的事项，那么其适应性必然要降低。更糟糕的是，大多数公司通常根本不会投入任何精力去帮助员工思考如何解读工作流程，这样后者也就无从判断哪些情况下不应该遵循工作流程了。那些最为强调工作流程的组织，通常也对本单位员工的技能和直觉最缺乏尊重感。

这种对于工作流程有欠考虑的运用，在制度建立之初，或许貌似较为合理。但是，在应用工作流程时，大家所未曾预料到的各式各样的复杂问题都会出现。不仅如此，面对棘手问题时，工作流程往往会失去效用，而这恰恰又是你最需要它们的时刻。组织一味地鼓励员工只要遵循"体系"即可，但这实际上就是在阻拦他们构建起自己的直觉。所以，当工作流程土崩瓦解时，雇员们就将陷入束手无策的境地当中。

| 为什么某些人在运用直觉时会遇到更多的麻烦？|

为了回答这个问题，请对比"精通"和"责备"之间的差异。那些追求"精通"的员工，一如既往地希冀发展自身的直觉。他们一般会用越来越艰难的任务来挑战自己。当任务变得风波不惊时，他们会感到无聊。当常规做法不再适用、要求个体必须随机应变、依赖于自身直觉时，他们却如鱼得水。其他人的观点则更加具有防备性。他们主要的动机在于不要因为犯错而受到责备。如有可能，他们十分希望眼前有一整套工作流程，这样他们就能够明确地知道任务的每一个步骤。但是，他们对体系追随得越紧密，他们的直觉发展程度就越差，应用直觉、或者严肃地对待他人直觉时的信心就越低。

| 你会采纳自己的建议吗？|

是的——如果我和同事没有亲身实践过这些建议，就根本不会将它们白纸黑字地写在书里。还有一个问题是，哪部分建议对于我而言最富有价值？多年以来，随着我对直觉决策的了解逐渐深入，我在自己的业务工作中变得越来越依赖预演失败策略。同时，我还十分重视"两可地带"这个概念，它让我免于为了作出完美的判断而踯躅不前。通过练习并且收获不同决策需求——譬如，市场估算——的反馈，我获益良多。我坚定地认为，集体头脑风暴不啻于对时间的浪费——与之相对比，我首先会让团队成员自行思考，然后再一起开会。最后，过去的几年让我意识到：在进行分析式思维之前，多加留意自己的第一冲动是多么的重要。这些就是我最频繁使用的技巧。

关于直觉，你会为公司及组织提供哪些建议？

我的建议十分简单：赋予那些发展出直觉决策技能的员工更多价值。当前，绝大多数组织都没有意识到这些员工所作的贡献。他们的直觉难以衡量，也难以获得认可——无法用在职时间去计算其大小。

这里，我们以橄榄球为例。球探会着重考察球手的速度（跑完40码需要多长时间）、力量（球员一次性完成225磅重杠铃推举的次数）、年龄、智商（冯德里克测验的得分）、受伤记录、身高以及体重。所有这些都是客观的数据。之后，他们会据此作出定性的评价。球探或许会指出某名防守球员"拥有良好的球感"。这句话是什么意思呢？你应该如何理解这句话？在我看来，类似这样的评论应该被重点考虑。直觉会帮助一名防守球员预测球的走向，但它常常被低估。同理，在职场中，拥有良好直觉的经理也可能被低估。

让我们进一步探讨这个问题，我曾经亲眼目睹过，大多数所谓的领导者在不得不作出决策时，会在任何能够寻找到的"盾牌"后寻求庇护。他们会召集起自己的下属，使得工作结果变成集体决策的产物。他们会积极搜寻先例，由此，如果出现任何差错，也可将其推脱给自己的前任。他们会小心翼翼地遵循工作流程，由此，即使事态一塌糊涂，也都属于公司的疏漏。他们会依赖于决策分析式方法而非直觉进行决策。他们可以做任何事，但就是不愿意勇敢地踏出一步，声明这是他们基于自身经验所作出的决策。

为决策承担个人责任需要勇气。同时，承认"判断的根源是我们的直觉，反映了我们的素质"也需要勇气。公司应该珍视直觉决策者的影响力，重视他们勇气的价值。

｜协调与平衡｜

最后，对直觉决策采取慎重态度也是至关重要的，既不能将其视作不明智的推理形式，亦不可误认为它是拥有魔力的天赋。要在直觉和分析之间寻求平衡。两者都是重要的力量之源，同时也都存在缺陷。

"依赖于直觉"这一理念起初可能会令某些读者感到震惊，认为其过于极端——但是，事到如今，该观点理应显得比较合理了。初读本书时，我对于分析和数据的批判，尚会让人感到过于激进，如今似应被视作合理的怀疑了；而我对于头脑风暴的疑虑，或许看似并不合理，但我希望诸位如今能够体会到其价值——即便对于那些并不认同这些观点的读者亦为如此。

甘地曾经讽刺过英国人，因为他们认为只要建立一套完美的法律系统，人民就不再需要变得多么优秀。同理，我们也有理由怀疑人类是否可以建立起一套工作流程系统，其完美程度足以令个体不需要锤炼自身的技能。直觉训练采取了与之对立的观点——那就是我们能够争取掌握任何一项任务，其途径并非工作流程，而是要依赖自身。

作为直觉决策者，你的成长难以估量，因为你抓住的绝大多数机遇都是无形的——包括成功躲开的灾祸、毫无用处的会议、豁然开朗的困惑以及得以突破的瓶颈等。真正能够看到的改变，恰恰在于你自身。在做出改变的时候，你不会再感到那么烦恼，也不会再那么忧心忡忡，你对于自己的直觉判断将会感到更加自信。

事实上，读者或许已经开始使用不同的方式进行思考了。对于异常现象，你将更加警觉；对于不确定性，你将更加精明；你还将更加擅长于指导并且培训他人。读者或许会发现：对于身边潜藏的机遇，你的察觉能力将大幅提升。倘若果真如此，那么恭喜你——你正是在驾驭着直觉的力量。